单片机控制技术及应用

主　编　范昭君　杨　维
副主编　王　刚

北京理工大学出版社
BEIJING INSTITUTE OF TECHNOLOGY PRESS

图书在版编目（CIP）数据

单片机控制技术及应用 / 范昭君，杨维主编.

北京：北京理工大学出版社，2024. 6.

ISBN 978 - 7 - 5763 - 4282 - 6

Ⅰ. TP368.1

中国国家版本馆 CIP 数据核字第 2024WP5654 号

责任编辑：封　雪　　文案编辑：封　雪
责任校对：周瑞红　　责任印制：李志强

出版发行 / 北京理工大学出版社有限责任公司
社　　址 / 北京市丰台区四合庄路 6 号
邮　　编 / 100070
电　　话 / (010) 68914026（教材售后服务热线）
　　　　　　 (010) 68944437（课件资源服务热线）
网　　址 / http://www.bitpress.com.cn

版 印 次 / 2024 年 6 月第 1 版第 1 次印刷
印　　刷 / 涿州市新华印刷有限公司
开　　本 / 787 mm × 1092 mm　1/16
印　　张 / 21.25
字　　数 / 486 千字
定　　价 / 94.00 元

前　言

《单片机控制技术及应用》一书以适应当前行业发展的职业教育理念为指导思想，以理论教育为基础，以技能培养为目标，将理论与实践紧密结合，突出实践性教育环节的重要性，注重专业能力的培养，力图做到深入浅出、便于教学，充分体现专业课教学的基础性、实用性、操作性等。

本书以 51 系列单片机为核心，以电子产品的实用设计项目为载体，采用项目导向、任务驱动的形式，将教学内容分为若干个相对独立的项目，每个项目由若干个任务组成，充分体现了工学结合的教学模式，力图在教学过程中充分发挥学生的主动性、积极性。每个项目都由直观的生活现象引入，使学生在有一定的知识准备后去完成任务。本书采用 C 语言编程，将 C 语言融入实际应用案例中，同时引入了串行数字温度传感器、A/D 转换器、D/A 转换器、液晶显示等知识，最后对 STC 高性能 51 单片机的应用进行介绍，并对需要用到的单片机开发软件环境 Proteus 和 Keil C51 做了简单的介绍，充分体现了教学内容的先进性与实用性。

本书由陕西国防工业职业技术学院范昭君和杨维担任主编，陕西国防工业职业技术学院王刚担任副主编，参加编写工作的有陕西国防工业职业技术学院仝敏和胡春龙。其中，范昭君编写项目 1、项目 3 和项目 8，杨维编写项目 2，仝敏编写项目 4，胡春龙编写项目 5、项目 6，王刚编写项目 7。书中部分内容的编写参考了有关文献，谨对书后所有参考文献的作者表示感谢。

由于单片机技术日新月异，加上编者水平有限，书中难免有疏漏之处，恳请读者批评指正，以便再版时修订，在此深表感谢。

目　录

目录

学习任务

本项目以单片机控制一个 LED 发光二极管的闪烁控制为实例，首先介绍单片机和单片机应用系统的基本概念，然后介绍单片机的外部信号引脚、最小系统、存储器结构和并行 I/O 口等单片机硬件系统，接着采用 Keil C51 软件对发光二极管闪烁控制系统编程，最后在 Proteus 仿真环境中观察单片机的硬件资源，强化对单片机硬件系统的介绍并进行仿真调试。

学习目标

知识目标

1. 掌握单片机的基本概念；
2. 了解单片机的内部结构；
3. 了解单片机应用系统及开发流程；
4. 掌握单片机外部引脚及功能；
5. 了解单片机最小系统；
6. 了解单片机存储结构；
7. 了解单片机并行 I/O 口。

能力目标

1. 学会 Keil C51 软件和 Proteus 软件的下载及安装方法；
2. 学会基本的编程调试方法。

素养目标

1. 能够采用多种信息化手段解决问题；
2. 能够根据任务，制订合理的实施计划；
3. 具备爱岗敬业、团结协作、分享沟通的能力；
4. 具备热爱专业、遵守规范的意识。

✍思维导图

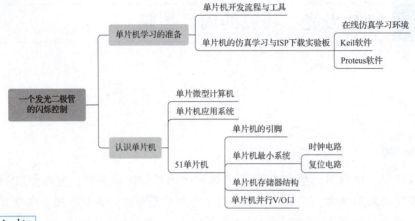

✍任务分析

1.1　实现发光二极管的闪烁控制

1.1.1　目的与要求

通过单片机控制一个发光二极管闪烁系统的制作，了解什么是单片机和单片机最小系统、单片机应用系统的制作过程。在万能板上焊接单片机控制 LED 系统电路，并将给定的二进制代码程序下载到单片机中，实现一个发光二极管的闪烁效果。

1.1.2　电路与元器件

单片机控制 LED 系统电路如图 1.1 所示，包括单片机、复位电路、时钟电路、电源电路及发光二极管显示控制电路。

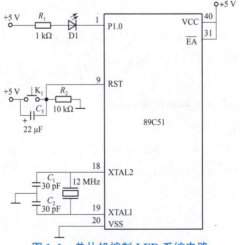

图 1.1　单片机控制 LED 系统电路

单片机控制 LED 系统电路的元器件清单如表 1.1 所示。

表 1.1　单片机控制 LED 系统电路的元器件清单

元器件名称	参数	数量	元器件名称	参数	数量
单片机	DIP40 封装的 51 单片机	1	弹性按键		1
晶体振荡器	12 MHz	1	电阻	1 kΩ	1
瓷片电容	30 pF	2	电阻	10 kΩ	1
电解电容	22 μF	1	发光二极管	LED – YELLOW	1

提示：图 1.1 所示电路包含了 51 单片机的典型最小系统电路。单片机最小系统是指能够让单片机工作的最小硬件电路，除了单片机之外，最小系统还包括复位电路和时钟电路。复位电路用于将单片机内部各电路的状态恢复到初始值。时钟电路为单片机工作提供基本时钟，因为单片机内部由大量的时序电路构成，如果没有时钟脉冲即"脉搏"的跳动，各个部分将无法工作。

51 单片机的 $\overline{\text{EA}}$ 引脚连接 +5 V，表示程序将下载到单片机内部程序存储器中；单片机并行端口 P1 的 P1.0 引脚与发光二极管的阴极连接，当 P1.0 引脚输出低电平时，发光二极管点亮；当 P1.0 引脚输出高电平时，发光二极管熄灭。

对电路中的主要器件介绍如下：

（1）单片机芯片实物如图 1.2 所示，单片机实质上是一个集成电路芯片，封装形式有很多种，例如 DIP（Dual In – line Package，双列直插式封装）、PLCC（Plastic Leaded Chip Carrier，带引线的塑料芯片封装）、QFP（Quad Flat Package，塑料方形扁平式封装）、PGA（Pin Grid Array Package，插针网格阵列封装）、BGA（Ball Grid Array Package，球栅阵列封装）等。其中，DIP 封装的单片机可以在万能板上焊接，其他封装形式的单片机须按引脚尺寸制作印制电路板（Printed Circuit Board，PCB）。

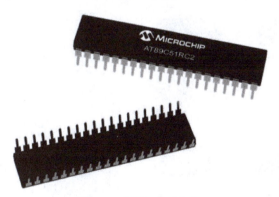

图 1.2　单片机芯片实物

注意：如果没有特殊说明，本书电路中的 51 单片机都采用与典型 8051 引脚兼容的 DIP40 封装。

（2）发光二极管实物如图 1.3 所示。发光二极管具有单向导电性，电流只能从阳极流向阴极。图 1.3 给出的是直插式发光二极管，其中较长的引脚是阳极，较短的引脚是阴极。发光二极管一般通过 3～20 mA 的电流即可发光，电流越大，其亮度越强，但若电流过大，会烧毁二极管。为了限制通过发光二极管的电流过大，需要串联一个电阻，因此这个电阻称为"限流电阻"。

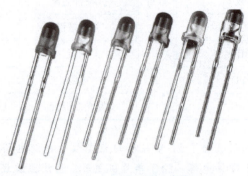

图 1.3   发光二极管实物

> **小经验**：当发光二极管发光时，它两端的电压一般为 1.7 V 左右（不同类型或颜色的发光二极管，该值有所不同），称为导通压降，当发光二极管导通时，其阴极接地，电压为 0 V。发光二极管导通的电流为 3～20 mA，根据欧姆定律 $U = IR$，当电流数值为 3 mA 时，则限流电阻的阻值 $R = U/I = (5 - 1.7)$ V/3 mA = 1 100 Ω；当电流数值为 20 mA 时，则限流电阻的阻值 $R = U/I = (5 - 1.7)$ V/20 mA = 165 Ω。电流值越大，发光二极管越亮；电流越小，发光二极管越暗，这是由限流电阻的阻值决定的。

（3）弹性按键如图 1.4 所示，有四个引脚，假定为 1、2、3、4，则 1 和 2 是一组已经连通的引脚，3 和 4 是一组已经连通的引脚。焊接时，只要使用两组引脚中的任何一个作为开关的两端即可，例如引脚 1 和引脚 3。

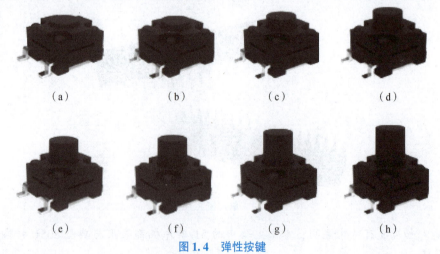

（a）   （b）   （c）   （d）

（e）   （f）   （g）   （h）

图 1.4   弹性按键

（a）4.3H；（b）4.5H；（c）5.0H；（d）5.5H；（e）6.0H；（f）6.5H；（g）7.0H；（h）7.5H

弹性按键的规格如图 1.5 所示，其主要技术参数如表 1.2 所示。

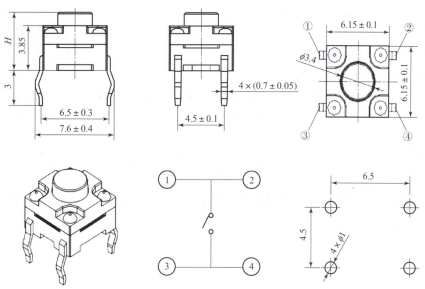

图 1.5　产品规格图

表 1.2　弹性按键的主要技术参数

参数	要求
额定电流、电压	50 mA/DC 12 V
接触电阻	≤100 mΩ
按力	±50 gf①
行程	(0.3±0.1) mm
绝缘电阻	≥100 mΩ
介电强度	≥AC250 V/1 min

1.1.3　硬件电路板制作

在万能板上按照电路图焊接元器件，完成电路板的制作。图 1.6 所示为焊接好的电路板实物图。

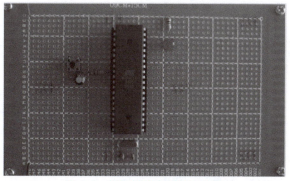

图 1.6　焊接好的电路板实物图

---

①　克力，1 gf≈0.009 8 N。

> **小经验：**（1）焊接单片机硬件电路时，为了调试方便，一般不直接把单片机芯片焊接在电路板上，而是焊接一个与单片机芯片引脚相对应的直插式插座，以方便芯片的拔出与插入。系统采用 DIP40 插座。
>
> （2）注意电解电容和发光二极管都有正负极之分，在电路中不能接反。电解电容外壳一般标有"＋""－"记号，如果没有标记，则较长的引脚为正极，较短的引脚为负极。
>
> （3）晶振电路焊接时尽可能靠近单片机芯片，以减小电路板的分布电容，使晶振频率更加稳定。
>
> （4）器件分布时，要考虑为后面不断增加的器件预留适当的位置，且器件引脚不宜过高。

1.1.4 源程序

必须在单片机芯片的内部存储器中烧录预先编写好的控制程序，这样才能看到发光二极管的闪烁效果。

具体源程序如下所示：

```
//程序：1_1.c
//功能：控制一个 LED 发光二极管的闪烁程序
#include <at89x51.h> //头文件包含,定义 51 单片机的专用寄存器
void main( )
{
  unsigned int i,k; //定义无符号整型,其数据范围为 0~65 535
  while(1)
  {
  P1_0 =1;        //点亮 LED
  for(i =0;i <30000;i ++); //延时功能
  P1_0 =0;        //熄灭 LED
  for(i =0;i <30000;i ++); //延时功能
  }
}
```

将 1_1.c 源程序编译、链接后生成十六进制代码文件 1_1.hex，该文档可以直接下载到单片机的程序存储器中。

✎ **小知识**

用 C 语言或者汇编语言编写的程序称为源程序，源程序必须经过编译、链接等操作，变成目标程序，即二进制程序。二进制程序也称为机器语言程序，单片机能够直接执行的程序是二进制程序。

1.1.5 程序下载

将二进制文件下载到单片机中的方法有很多，例如可以选用具有在系统编程 ISP 功能

的单片机芯片，例如 AT89S51、宏晶单片机等。宏晶单片机不仅具有 ISP 下载功能，还具有串口下载功能，使用起来非常方便。

1.1.6　任务梳理

根据单片机开发流程，对任务：实现 LED 发光二极管的闪烁控制进行梳理总结，并填写表 1.3。

表 1.3　任务单

任务名称	实现 LED 发光二极管的闪烁控制			
任务描述				
小组名称		组长		
组员				
序号	人员	负责内容	完成情况	
知识准备	1. 什么是单片机？			
	2. 简述单片机的 I/O 口。			
	3. Keil 软件的功能。			
	4. 总结发光二极管的特性。			
	5. 计算限流电阻的阻值。			

续表

知识准备	6. 单片机应用系统的开发过程。 ＿＿＿＿＿＿＿＿＿＿＿＿＿＿＿＿＿＿＿＿＿＿＿＿＿＿＿＿ ＿＿＿＿＿＿＿＿＿＿＿＿＿＿＿＿＿＿＿＿＿＿＿＿＿＿＿＿ ＿＿＿＿＿＿＿＿＿＿＿＿＿＿＿＿＿＿＿＿＿＿＿＿＿＿＿＿ ＿＿＿＿＿＿＿＿＿＿＿＿＿＿＿＿＿＿＿＿＿＿＿＿＿＿＿＿
电路图	

程序	```c
	#include <at89x51. h>//＿＿＿＿＿＿＿＿＿＿＿＿＿＿＿
	void main( ) //＿＿＿＿＿＿＿＿＿＿＿＿＿＿＿＿
	  {
	  ＿＿＿＿＿＿＿＿＿＿＿;//定义无符号整型 i,其数据范围为 0～655 35
	  while(1)
	    {
	    ＿＿＿＿＿＿＿＿＿＿＿＿; //点亮 LED
	    ＿＿＿＿＿＿＿＿＿＿＿＿; //延时功能
	    ＿＿＿＿＿＿＿＿＿＿＿＿; //熄灭 LED
	    ＿＿＿＿＿＿＿＿＿＿＿＿; //延时功能
	    }
	  }
	``

编程调试的过程中存在的问题及解决方法	

1.1.7 任务评价

1. 任务验收

根据项目要求和电气控制工艺规范，进行任务验收，并填写表1.4。

表1.4 项目验收报告

项目名称			组名	
项目概况				
序号	验收项目	验收记录	存在问题	完成时间
1	硬件电路检查			
2	软件程序检查			
3	电气元件布局规范性检查			
4	功能检查			
5	技术文档检查			
6	其他			
预验收结论： 签字： 时间：				

2. 展示评价

各组展示作品，介绍任务完成过程、制作过程视频、运行结果视频、整理技术文档并提交汇报材料，进行小组自评、组间互评、教师评价，完成考核评价表，如表1.5所示。

表1.5 考核评价表

序号	评价项目	评价内容	分值	自评 20%	互评 20%	师评 60%	合计
1	职业素养	分工合理，制订计划能力强					
		能够采用多种信息化手段解决问题					
		主动性强，保质保量完成任务					
		遵守行业规范、现场"6S"标准					
		具备团队合作、交流沟通分享的能力					

续表

序号	评价项目	评价内容	分值	自评 20%	互评 20%	师评 60%	合计
2	专业能力	电路图设计正确					
		程序设计合理					
		调试结果正确					
		技术总结文档完整					
		汇报思路清晰、表达清楚					
3	创新能力	创新性思维和实现效果					
		拓展任务完成情况					

1.1.8　任务小结

通过一个 LED 发光二极管闪烁控制系统的制作过程，读者对单片机、单片机最小系统和单片机应用系统的概念有了初步了解和直观认识。与此同时，读者还了解了单片机应用系统的开发过程。

相关知识

 1.2　初识单片机

认识单片机

1.2.1　单片机的概念

单片微型计算机（Single Chip Microcomputer）简称单片机，是指集成在一个芯片上的微型计算机，它的各种功能部件，包括中央处理器（Central Processing Unit，CPU）、随机存储器（Random Access Memory，RAM）、只读存储器（Read - Only Memory，ROM）、基本输入/输出（Input/Output，I/O）接口电路、定时/计数器（Timer/Counter）和中断系统（Interrupt System）等，都制作在一块集成芯片上，构成一个完整的微型计算机系统，从而实现微型计算机的基本功能。单片机内部的基本结构如图 1.7 所示。

注意：单片机本身只是一个集成度高、功能强的电子元器件，它只有与某些元器件或设备有机结合在一起时才能构成单片机应用系统的硬件部分，再配置适当的应用程序，就可以构成一个完整的单片机应用系统，用于完成特定的任务。

由于它的结构与指令功能都是按照工业控制要求设计的，因而又称微控制器（Micro - Controller Unit，MCU）。单片机实质上是一个芯片，具有结构简单、控制功能强、可靠性高、体积小、价格低等优点。单片机技术作为计算机技术的一个重要分支，广泛地应用于工业控制、智能化仪器仪表、家用电器、电子玩具等领域。

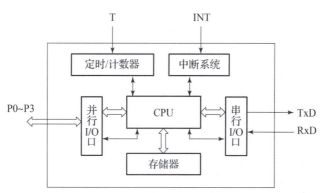

图1.7　单片机内部基本结构

1.2.2　单片机应用系统

单片机应用系统是以单片机为核心，配以输入、输出、显示等外围接口电路和控制程序，能实现一种或多种功能的实用系统。单片机应用系统由硬件和控制程序两部分组成，二者相互依赖、缺一不可。硬件是应用系统的基础，控制程序是在硬件的基础上，对其资源进行合理调配和使用，控制其按照一定顺序完成各种时序、运算或动作，从而实现应用系统所要求的任务。单片机应用系统设计人员必须从硬件结构和控制程序设计两个角度来深入了解单片机，将二者有机地结合起来，才能开发出具有特定功能的单片机应用系统。单片机应用系统的组成如图1.8所示。

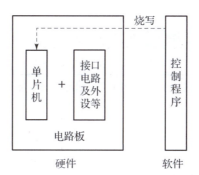

图1.8　单片机应用系统的组成

1.2.3　单片机分类

1970年微型计算机研制成功，随后就出现了单片机。从最初的以Intel公司MCS-48为代表的具有较少片内资源、功能简单的单片机，到现阶段多种高性能单片机的出现和应用，单片机的发展大致经历了初级阶段、完善阶段、成熟阶段、性能提高阶段4个阶段。随着技术的发展和应用需求的增加，单片机技术势必向着低功耗、高性能、高集成程度、多品种等方向发展。单片机按照用途，可分为通用型和专用型；按照基本操作处理的二进制位数，主要分为4位、8位、16位、32位单片机。

4位单片机的控制功能较弱，CPU一次只能处理4位二进制数。这类单片机常用于计

单片机最小
系统电路

项目1　LED发光二极管的闪烁控制

算器、各种形态的智能单元，或者作为家用电器中的控制器。

8 位单片机是目前品种最丰富、应用最广泛的单片机，具有体积小、功耗低、功能强、性价比高、易于推广和应用等显著优点，代表产品有 Intel 公司的 MCS - 48 系列和 MCS - 51 系列、Microchip 公司的 PIC 系列、Atmel 公司的 AVR 系列等。8 位单片机在自动化装置、智能仪器仪表、工业控制、通信设备、家用电器等领域得到广泛应用。

16 位单片机是在 1983 年以后发展起来的，代表产品有 Intel 公司的 MCS - 96 系列和 MCS - 98 系列、Motorola 公司的 M68HC16 系列、NS 公司的 783 ×× 系列、TI 公司的 MSP430 系列等。16 位单片机主要应用于工业控制、智能仪器仪表、便携式设备等领域。其中 TI 公司的 MSP430 系列单片机以其超低功耗的特性被广泛应用于低功耗场合。

32 位单片机的字长为 32 位，是单片机中的顶级产品，具有极高的运算速度。目前市面上常见的 ARM 处理器架构，可分为 ARM7、ARM9 及 ARM11。这类单片机主要应用于汽车电子、航空航天、高级机器人、军事装备等领域。它代表着单片机发展中的高新技术水平。下面分别对不同厂家生产的不同系列的单片机进行介绍。

1. MCS - 51 系列单片机

MCS - 51 系列单片机是 Intel 公司在 1980 年推出的高性能 8 位单片机。它可分为 2 个子系列共 4 种类型，如表 1.6 所示。

表 1.6　MCS - 51 系列单片机的分类

子系列	类型	片内 ROM 的形式				片内 ROM 的容量/KB	片内 RAM 的容量/B	16 位定时/计数器/个	中断源/个
		无 ROM	掩膜 ROM	EPROM	EEPROM				
51 子系列	8X51	8031	8051	8751	8951	4	128	2	5
	8XC51	80C31	80C51	87C51	89C51	4	128	2	5
52 子系列	8X52	8032	8052	8752	8952	8	256	3	6
	8XC52	80C32	80C52	87C52	89C52	8	256	3	7

MCS - 51 系列单片机可分为 51 和 52 两个子系列，其中 51 子系列单片机是基本型产品，而 52 子系列单片机属于增强型产品。与 51 子系列单片机相比，52 子系列单片机的资源配置有所提高，如片内 ROM 的容量从 4 KB 增加到 8 KB，片内 RAM 的容量从 128 B 增加到 256 B，16 位定时/计数器从 2 个增加到 3 个，中断源从 5 个增加到 6 个或 7 个等，故其功能也有所增强。

单片机的片内 ROM 的形式有以下 4 种：

（1）掩模 ROM，它是利用掩模工艺制造的，一旦生产出来，其内容便不能更改，因此只适用于存储成熟的固定信息，在大批量生产的情况下，成本很低。

（2）EPROM，这种存储器可由用户按规定的方法多次编程，若编程之后想修改，用紫外线灯制作的擦抹器照射 20 min 左右，存储器即可复原，用户可重新编程，这对于研制和开发系统特别有利。

（3）EEPROM（或 Flash ROM），其内信息可通过电擦除，使用更方便。

（4）无 ROM，在使用无 ROM 的单片机时必须外接 EPROM，可灵活扩展，适用于研制新产品。

2. 80C51 系列单片机

MCS－51 单片机是指美国 Intel 公司生产的内核兼容的一系列单片机的总称。"MCS－51"也代表这一系列单片机的内核。该系列单片机的硬核结构相似，指令系统兼容 8051、8751、8022 等基本型。其中，8051 单片机是 MCS－51 系列单片机中的一个基本型，是 MCS－51 系列中最早期、最典型、应用最为广泛的产品，所以 8051 单片机成了 MCS－51 单片机的典型代表。

Intel 公司生产出 MCS－51 系列单片机以后，20 世纪 90 年代因致力于研制和生产微机 CPU，而将 MCS－51 核心技术授权给了其他半导体器件公司，包括 Philips、Atmel、Winbond、SST、Siemens、Temic、OKI、Dalas、AMD 等公司。这些公司生产的单片机都普遍使用 MCS－51 内核，并在 8051 这个基本型单片机基础上增加资源和功能改进，使其速度越来越快、功能越来越强大、片上资源越来越丰富，即所谓的"增强型 51 单片机"。近年来，80C51 系列单片机又有了许多发展，推出了一些新的产品，主要特点是改善了单片机的控制功能，如内部集成了高速 I/O 口、A/D 转换器、PWM 控制器等，具有低电压、低功耗、电磁兼容等特点，并且具有串行扩展总线和控制总线。

Atmel 公司研制的 89C×× 系列单片机是将 Flash Memory（或 EEPROM）集成在 80C51 单片机中作为用户程序存储器，并不改变 80C51 单片机的结构和指令系统。

Philips 公司研制的 83/87C×× 系列单片机不改变 80C51 单片机的结构和指令系统，省去了并行扩展总线，属于非总线型廉价单片机，特别适用于家用电器。

Infineon 公司推出的 C500 系列单片机在保持与 80C51 单片机兼容的前提下，增强了各项性能，尤其是增强了电磁兼容性能，增加了 CAN 总线接口，特别适用于工业控制、汽车电子、通信和家用电器领域。

3. 其他常用单片机系列

如今单片机生产厂家众多，生产出的单片机性能各异。一个公司在准备开发单片机时，首先要了解市场上常用的单片机系列概况。生产 80C51 系列单片机的厂家除了上面提到的几个，还有 Microchip 公司、TI 公司、意法半导体（ST）公司，以及日本和中国的一些公司。这些厂家除生产 80C51 系列单片机以外，一般还开发其他系列单片机。

1）Atmel 公司的 AVR 系列单片机

1997 年 Atmel 公司为了充分发挥其闪存技术的优势，推出了具有全新配置的精简指令集（RISC）单片机，简称 AVR 单片机。AVR 单片机一进入市场，就因其卓越的性能大受欢迎。通过这些年的发展，AVR 单片机已形成系列产品，其 ATtiny 系列、AT90S 系列与 ATmega 系列分别对应低档、中档、高档产品（高档产品含 JTAGICE 仿真功能）。

AVR 系列单片机的主要优点如下：

（1）AVR 系列单片机的 ROM 采用 Flash 结构，可擦写 1 000 次以上。采用新工艺的 AVR 系列单片机，其 ROM 可擦写 1 万次以上。

（2）AVR 系列单片机有多种编程方式。在写入 AVR 程序时，可以用万用编程器并行写入，也可以用串行 ISP（通过计算机的 RS－232C 接口或打印接口）在线编程擦写。

（3）AVR 系列单片机是多累加器型单片机，数据处理速度快，配置了 RISC。其其有

32 个通用工作寄存器，相当于有 32 座立交桥，信息可以快速通行。AVR 系列单片机中有 128 B~4 KB 的 SRAM（静态随机存取存储器），可灵活使用指令运算，存放数据。

（4）AVR 系列单片机功耗低，具有休眠省电（POWERDOWN）功能及闲置（IDLE）低功耗功能。一般耗电为 1~2.5 mA，WDT 关闭时耗电为 100 nA，适用于用电池供电的应用设备。

（5）AVR 系列单片机的 I/O 口功能强、驱动能力大。其 I/O 口是真正的 I/O 口，能正确反映 I/O 口输入、输出的真实情况。它具有三态高阻输入功能，还可通过设定内部上拉电阻作为输入端口，满足各种应用需求。它可承受大电流（10~40 mA），可直接驱动晶闸管 SSR 或继电器，节省了外围驱动部件。

（6）AVR 系列单片机具有 A/D 转换电路，可进行数据采集闭环控制。AVR 系列单片机内带模拟比较器，I/O 口可作为 A/D 转换接口，可以组成廉价的 A/D 转换器。

（7）AVR 系列单片机中有功能强大的定时/计数器，其定时/计数器有 8 位和 16 位的，可用于实现定时、计数、比较、产生外部中断等功能，也可用于控制输出。有的 AVR 系列单片机有 3~4 个 PWM，是实现电动机无级调速的理想元器件。

2）Microchip 公司的 PIC 系列单片机

Microchip 公司的单片机是市场份额增长最快的单片机，其主要产品是 PIC 系列 8 位单片机。该系列单片机的 CPU 采用了 RISC 结构的嵌入式微控制器，其高速度、低电压、低功耗、大电流 LCD 驱动能力和低价位 OTP 技术等都体现出单片机产业发展的新趋势。

PIC 系列 8 位单片机共有 3 个系列，即基本级、中级和高级。用户可根据需要选择不同级别和不同功能的单片机。

基本级系列单片机（如 PIC16C5×）的特点是低价位，适用于各种对成本要求严格的家用电器。例如，PIC12C5×× 是 8 引脚的低价位基本级系列单片机，其体积很小，完全可以应用在以前不能使用单片机的家用电器中。

中级系列单片机（如 PIC12C6××）是 PIC 系列单片机中品种最丰富的系列。它在基本级系列单片机上进行了改进，并保持了很高的兼容性。其外部结构包括从 8 引脚到 68 引脚的各种封装。该系列单片机的性能很高，如内部带有 A/D 转换、EEPROM、比较器输出、PWM 输出、I^2C 和 SPI 等接口，所以适用于各种高档、中档和低档的电子产品。

高级系列单片机（如 PIC17C××）的特点是速度快，适用于高速数字运算的场合，加之具备一个指令周期内（160 ns）可以完成 8×8（位）二进制乘法运算能力，所以可取代某些 DSP 产品。此外，PIC17C×× 具有丰富的 I/O 控制功能，并可外接扩展 EPROM 和 RAM，故其成为目前 8 位单片机中性能较高的机型之一，所以适用于高档、中档的电子产品。

3）Motorola 公司的单片机

Motorola 公司生产的单片机的特点是品种全、新产品多，在 8 位单片机方面有 68HC05 和升级产品 68HC08，其中 68HC05 有 30 多个系列共 200 多个品种，产量已超过 20 亿个。8 位增强型单片机 68HC11 也有 30 多个品种，年产量在 1 亿个以上，升级产品有 68HC12。16 位单片机 68HC16 也有 10 多个品种，32 位单片机的 683×× 系列也有几十个品种。

Motorola 公司生产的单片机在同样速度下所用的时钟频率较 Intel 公司生产的单片机低很多，因此具有高频噪声低、抗干扰能力强的特点，更适合用于工业控制领域及环境恶劣的场合。过去 Motorola 公司生产 8 位单片机的策略是以掩模为主，最近推出了 OTP 计划以适应单片机的发展趋势。

4）宏晶科技的 STC 系列单片机

深圳市宏晶科技有限公司（以下简称宏晶科技）是新一代增强型 8 位单片机标准的制定者，该公司生产的超强抗干扰工业规格的高性能 STC 增强型 8051 系列 Flash 单片机成本低，是中国制造的 8051 系列单片机的代表。STC 系列单片机配置了在线编程软件 STC – ISP，开发、生产和教学都及其方便。

STC 系列单片机中常用的基础 8051 单片机有 STC89C51 系列、STC89C58 系列和 STC90C51RC 系列等。STC 系列单片即包括 STC10×× 系列、STC11×× 系列、STC12C5A×× 系列、STC12C52×× 系列、STC12C56×× 系列，以及固件版本是 V5.5 的 STC12C54×× 系列和 STC12C2052 系列（有全球唯一的 ID 号）、STC15 全系列等，其内部都带有 A/D 转换器和 D/A 转换器，功能强大，功耗低。

目前，单片机正朝着低功耗、高性能、多品种的方向发展，近年来，32 位单片机已经进入了实用阶段。但是由于 8 位单片机在性能价格比上占优势，且 8 位增强型单片机在速度和性能上可以挑战 16 位单片机，因此 8 位单片机仍然是当前单片机的主流机型。本书以目前使用最为广泛的 51 系列 8 位单片机为研究对象，介绍单片机的硬件结构、工作原理及应用系统设计。

1.2.4 单片机特点及应用

与通用微型计算机相比，单片机在结构、指令设置上均有其独特之处，其主要特点如下：

（1）单片机的 ROM 和 RAM 是严格区分的，ROM 称为程序存储器，只用于存放程序、固定常数及数据表格。RAM 称为数据存储器，用作工作区，用于存放用户数据。设置这样的结构主要是考虑到单片机用于控制系统需要有较大的程序存储空间，所以把开发成功的程序固化在 ROM 中，而把少量的随机数据存放在 RAM 中。这样，小容量的数据存储器能以高速 RAM 形式集成在单片机内，从而加快单片机的指令执行速度。单片机式的 RAM 是数据存储器，而不是高速缓冲存储器（Cache）。

（2）单片机采用面向控制的指令系统。为满足控制的需要，单片机有更强的逻辑控制能力，特别是具有很强的位处理能力。

（3）单片机的 I/O 口通常是多功能的。由于单片机芯片上的引脚个数有限，所以为了解决实际引脚个数和需要的信号线根数的矛盾，采用了引脚功能分时复用的方法，引脚处于何种功能，可通过指令来设置或通过机器状态来区分。

（4）单片机的外部扩展能力很强。当单片机内部的各种功能部件不能满足应用需求时，均可在外部进行扩展（如扩展 ROM、RAM、I/O 口、定时/计数器、中断系统等），与许多适用的微型计算机接口芯片兼容，给应用系统设计带来极大的方便。

单片机在控制领域中还有以下几方面的优点：

（1）体积小、成本低、运用灵活、易于产品化，能方便地组成各种智能化的控制设备和仪器，做到机电一体化。

（2）能针对性地完成从简单到复杂的各类控制任务，因而能获得最佳的性价比。

（3）抗干扰能力强，适用温度范围宽，在各种恶劣的环境下都能可靠地工作。

（4）可以方便地实现多机控制和分布式控制，使整个控制系统的工作效率和可靠性大大提高。

借着可靠性高、控制功能强、功耗低等优势，单片机已经成为社会科技上的一个实用的工具，成为我们生活上的助手。如图 1.9 所示，单片机被广泛应用于智能仪器仪表、工业自动控制、家用电器、医用设备、汽车电子和商业营销设备等领域，具有产品电路设计趋于简单、功能强大、质量可靠、易于更新换代等特点，涵盖了人们生活的方方面面，主要的应用领域有如下几方面。

图 1.9　单片机的应用领域

1. 在智能仪器仪表上的应用

单片机广泛应用于仪器仪表中，主要实现模拟量和数字量的转换和处理。通过传感器，可实现诸如电压、功率、频率、湿度、温度、流量、速度等物理量的测量。采用单片机控制使仪器仪表实现了从传统的模拟化到数字化、智能化、微型化的演变。

2. 在工业自动化领域中的应用

在工业控制中，如工业过程自动控制、过程自动监测、过程数据采集、工业控制器、工业现场联网通信及机电一体化自动控制系统等，都离不开单片机进行控制。如工业机器人的控制系统是由中央控制器、感觉系统、行走系统、擒拿系统等节点构成的多机网络系统，而其中每个小系统都是由单片机进行控制的。

3. 在家用电器中的应用

目前各种家用电器都采用单片机控制取代传统的控制电路，以实现家用电器向多功能和智能化、自动化方向发展。如洗衣机、电冰箱、空调机、微波炉、电饭煲、电磁炉等，其主控电路都采用单片机智能控制。

4. 在医用设备领域中的应用

单片机在医用设备中的用途亦相当广泛，例如医用呼吸机、分析仪、监护仪、诊断设备及病床呼叫系统等。

5. 在汽车电子产品中的应用

现代汽车的集中显示系统，动力、速度、压力监测控制系统，自动驾驶系统，导航系统，安全保护系统，通信系统和运行监视器（黑匣子）等都有单片机的功劳。

6. 在商业营销设备中的应用

在商业营销系统中已广泛使用的电子秤、收款机、条形码阅读器、IC 卡刷卡机、出租车计价器等都采用了单片机控制。此外单片机在通信、金融、教育、航空航天等领域也有着广泛的应用。

1.3　认识单片机的硬件系统

1.3.1　单片机内部结构

本书以目前应用最为广泛的 51 系列 8 位单片机为研究对象，分别介绍单片机的硬件结构、工作原理及应用系统设计。

中央处理器 CPU：8 位，实现运算和控制功能。

内部 RAM：共 256 个 RAM 单元，用户使用前 128 个单元，用于存放可读写数据，后 128 个单元被专用寄存器占用。

内部 ROM：4 KB 掩膜 ROM，用于存放程序、原始数据和表格。

定时/计数器：2 个 16 位的定时/计数器，实现定时或计数功能。

并行 I/O 口：4 个 8 位的 I/O 口，P0、P1、P2、P3。

串行口：一个全双工串行口。

中断控制系统：5 个中断源（外中断 2 个，定时/计数中断 2 个，串行中断 1 个）。

时钟电路：可产生时钟脉冲序列，允许晶振频率 6 MHz 和 12 MHz。

8051 作为 MCS – 51 系列单片机中最早期的典型产品，其内部结构如图 1.10 所示。

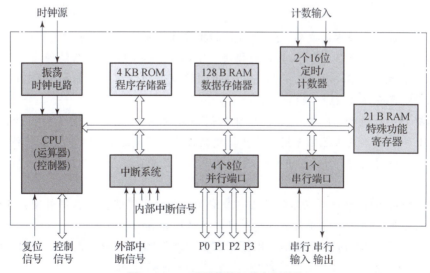

图 1.10　51 系列单片机的内部结构

51 系列单片机各部分功能如表 1.7 所示。

表1.7　单片机的内部结构与功能

部件名称	功能
中央处理器	中央处理器是单片机的控制核心，由运算器和控制器组成。运算器的主要功能是对数据进行各种运算，包括加、减、乘、除等基本算术运算，以及与、或、非等基本逻辑运算和数据的比较、移位等操作。控制器相当于人的大脑，它控制和协调整个单片机的动作
内部数据存储器 RAM	8051 内部共有 256 个 RAM 单元，可读可写，掉电后数据丢失。其中，高 128 个单元被专用寄存器占用；低 128 个单元供用户使用，用于暂存中间数据，通常所说的内部数据存储器就是指低 128 个单元
内部程序存储器 ROM	8051 内部共有 4 KB 掩膜 ROM，只能读不能写，掉电后数据不会丢失，用于存放程序或程序运行过程中不会改变的原始数据，通常称为程序存储器
并行 I/O 口	8051 内部有四个 8 位并行 I/O 口（称为 P0、P1、P2 和 P3），可以实现数据的并行输入输出
串行口	8051 内部有一个全双工异步串行口，可以实现单片机与其他设备之间的串行数据通信。该串行口既可作为全双工异步通信收发器使用，也可作为同步移位器使用，扩展外部 I/O 口
定时/计数器	8051 内部有两个 16 位的定时/计数器，可实现定时或计数功能
中断系统	8051 内部共有 5 个中断源，分为高级和低级两个优先级别
时钟电路	8051 内部有时钟电路，只需外接石英晶体和微调电容即可。晶振频率通常选择 6 MHz、12 MHz 或 11.059 2 MHz

⋗ 小提示 ⋖

随着集成电路技术的发展，51 单片机的集成度越来越高，除了图 1.7 中给出的基本模块之外，有的还集成了 A/D 转换模块、IC 接口、SPI 接口、PWM 输出、看门狗、在系统可编程（In System Programming, ISP）接口等功能模块，例如 STC12C5A60S2 单片机中就包含了 A/D 转换模块。

具有 ISP 功能的 51 单片机是目前人们学习单片机时选用较多的型号，例如 AT89S51 等。该单片机无须专用的仿真器或编程器，只要通过相应的 ISP 软件，就可以对单片机程序存储器 Flash 中的代码进行反复下载测试，为单片机使用者提供了极大的方便。

国产宏晶 STC 单片机以其低功耗、廉价、功能稳定等优势，占据着国内 51 单片机的较大市场，关于宏晶单片机的资料可以参考网站 http://www.mcu-memory.com。除此之外，采用 51 内核的控制芯片也有很多，比如 ZigBee 新一代 SOC 芯片 CC2530 结合了一个完全集成的、高性能的 RF 收发器与一个 8051 微处理器。

1.3.2 单片机引脚功能

MCS－51 系列单片机最常采用的封装是 40 引脚的 PDIP（塑料双列直插式封装），其外观图及引脚图分别如图 1.11 和图 1.12 所示。其引脚的排列顺序和其他采用双列直插式封装的引脚排列顺序是一样的，都是从芯片缺口左侧一列引脚开始逆时针排列，依次为引脚 1，2，3，…，40。

引脚功能

图 1.11　PDIP 的外观图

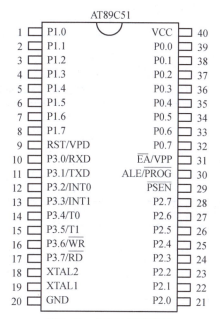

图 1.12　PDIP 的引脚图

1. 51 单片机引脚功能

51 单片机采用标准双列直插式封装，其引脚共计 40 个，其中电源引脚 2 个，外接晶振引脚 2 个，控制引脚有 4 个，4 组可编程 I/O 口引脚有 32 个，其引脚如图 1.12 所示，引脚功能如表 1.8 所示。

表 1.8　51 单片机引脚功能

引脚名称		引脚功能
电源引脚 2 个	VCC（引脚 40）	接 +5 V 直流电源
	GND（引脚 20）	地线
外部晶振引脚 2 个	XTAL1（引脚 19）	片内振荡电路的输入端
	XTAL2（引脚 18）	片内振荡电路的输出端
控制引脚 4 个	RST/VPD（引脚 9）	复位引脚
	$\overline{EA}$/VPP（引脚 31）	访问程序存储控制信号
	$\overline{PSEN}$（引脚 29）	外部 ROM 读选通信号
	ALE/$\overline{PROG}$（引脚 30）	地址锁存控制信号

引脚名称		引脚功能
可编程 I/O 口引脚（32 个）	P0.0~P0.7（引脚 39~32）	P0 口 8 位双向端口线
	P1.0~P1.7（引脚 1~8）	P1 口 8 位双向端口线
	P2.0~P2.7（引脚 21~28）	P2 口 8 位双向端口线
	P3.0~P3.7（引脚 10~17）	P3 口 8 位双向端口线

P3 口的第二功能如表 1.9 所示。

表 1.9　P3 口第二功能

第一功能	第二功能	第二功能信号名称
P3.0	RXD	串行数据接收
P3.1	TXD	串行数据发送
P3.2	INT0	外部中断 0 输入
P3.3	INT1	外部中断 1 输入
P3.4	T0	定时/计数器 0 的外部输入
P3.5	T1	定时/计数器 1 的外部输入
P3.6	$\overline{WR}$	外部数据存储器写选通
P3.7	$\overline{RD}$	外部数据存储器读选通

注意：P3 口的每个引脚均可独立定义为第一功能状态或第二功能状态。在单片机上电复位后，P3 口自动处于第一功能状态，也就是静态 I/O 口的工作状态。根据应用的需要，对特殊功能寄存器进行设置可将 P3 口设置为第二功能状态。在实际应用中会将 P3 口的某几个引脚设置为第二功能状态，而使另外几个引脚处于第一功能状态。在这种情况下，不宜对 P3 口进行字节操作，而应对其进行位操作。

2. 控制信号引脚

RST：高电平有效，保持两个机器周期的高电平后，就可以完成复位操作。

ALE：由于 P0 口的 8 个引脚是低 8 位地址总线与 8 个位置数据总线分时复用，ALE 用于把 P0 口输出的低 8 位地址锁存起来，实现低 8 位地址和数据的隔离（图 1.13）。

$\overline{PSEN}$：当 $\overline{PSEN}$（低电平）有效时，可以实现对外部 ROM 单元的操作。

$\overline{EA}$：当 $\overline{EA}$ 为低电平时，即 $\overline{EA}=1$，单片机只访问外部程序存储器。当 $\overline{EA}$ 为低电平时，即 $\overline{EA}=0$，单片机访问片内程序存储器，但在 PC（程序计数器）值超过 0FFFH（对于 8051、8751）时，即超出片内程序存储器的 4 KB 地址范围时，将自动转向执行外部程序存储器内的程序。

XTAL1 和 XTAL2：外接晶体引线端。当使用芯片的内部时钟时，这两个引脚用于外接石英晶体和电容；当使用外部时钟时，用于连接外部时钟脉冲信号。

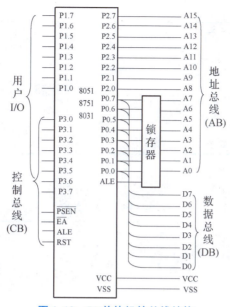

图 1.13 51 单片机的总线结构

1.3.3 时钟电路与复位电路

单片机的工作就是执行用户程序、指挥各部分硬件完成既定任务。如果一个单片机芯片没有烧录用户程序，显然它就不能工作。可是，一个烧录了用户程序的单片机芯片，给它上电后就能工作吗？也不能。原因是除了单片机外，单片机能够工作的最小电路还包括时钟和复位电路，通常称为单片机最小系统电路。时钟电路为单片机工作提供基本时钟，复位电路用于将单片机内部各电路的状态恢复到初始值。

1. 单片机时钟电路

单片机是一个复杂的同步时序电路，为了保证同步工作方式的实现，电路应在唯一的时钟信号控制下严格地按时序进行工作。时钟电路用于产生单片机工作所需要的时钟信号，那么，时钟信号是怎样产生的呢？

晶体振荡器简称晶振，如图 1.14 所示，晶振是有 2 个引脚的无极性元件，是用电损耗很小的石英晶体经精密切割磨削并镀上电极焊上引线做成的。

对于单片机来说晶振是很重要的，晶振通过一定的外接电路可以生成频率和峰值稳定的正弦波，而单片机在运行的时候，需要一个脉冲信号，做为自己执行指令的触发信号，可以简单地想象为单片机收到一个脉冲，就执行一次或多次指令。没有晶振就没有时钟周期，没有时钟周期就无法执行程序代码，单片机也就无法工作。

系统时钟是一切微处理器、微控制器内部电路工作的基础。MCS-51 系列单片机时钟电路可以由内部产生，也可以由外部产生。单片机还可以工作在外部时钟方式下，如图 1.15 所示，外部时钟方式较为简单，可直接向单片机 XTAL2 引脚输入时钟信号方波，而 XTAL1 管脚悬空。

单片机的内部时钟电路如图 1.16 所示，在单片机的 XTAL1 和 XTAL2 内部有一片内振荡器结构，只需在 XTAL1 和 XTAL2 两端连接一个晶振和两个电容就能组成时钟电路，其

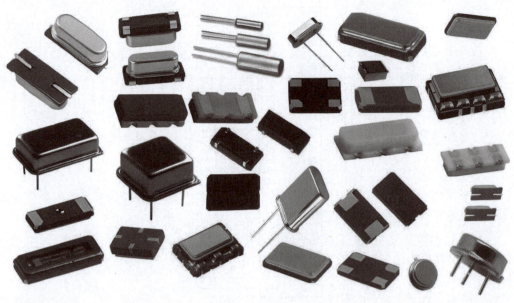

图 1.14   晶振

中晶振频率可以为 0 ~ 24 MHz，当外接晶振时，电容 C_1 和 C_2 的容量一般取（30 ± 10）pF；当外接陶瓷谐振器时，C_1 和 C_2 的容量一般取（40 ± 10）pF。电容的容量大小对晶振频率有微小的影响，可起频率微调的作用。

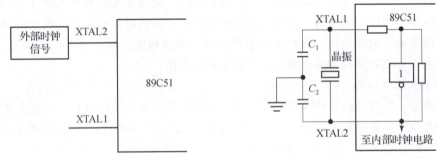

图 1.15   单片机的外部时钟   图 1.16   单片机的内部时钟电路

注意：该电路不只是有一个晶振，还有两个电容，这两个电容有什么作用呢？

这两个电容一般称为"匹配电容""负载电容"或者"谐振电容"。晶振电路中加这两个电容是为了满足谐振条件。一般外接电容，是为了使晶振两端的等效电容等于或接近负载电容。只有连接合适的电容才能满足晶振的起振要求，晶振才能正常工作。

时序是指各种信号的时间序列，它表明了在执行过程中各种信号之间的相互关系，单片机本身就是一个复杂的时序电路，CPU 执行指令的一系列动作都是在时序电路的控制下一拍一拍地进行的。为达到同步协调工作的目的，各操作信号在时间上有严格的先后顺序，这些顺序就是 CPU 的时序。

MCS－51 系列单片机以晶振的振荡周期（或外部引入的时钟信号的周期）为最小时序单位，所以片内的各种微操作都是以振荡周期为时序基准的。MCS－51 系列单片机的时序图如图 1.17 所示。

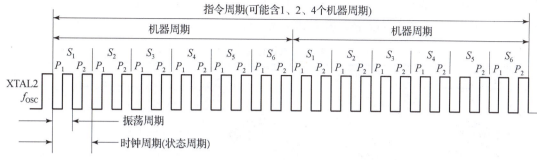

图 1.17   MCS－51 系列单片机的时序图

（1）振荡周期，又称节拍，用 P 表示，是单片机提供定时信号的振荡源周期，指晶振的振荡周期，为最小的时序单位。

（2）状态周期：用 S 表示，是指振荡脉冲经过二分频后的时钟信号的周期。一个状态振荡频率经单片机内的二分频器分频后提供给片内 CPU 的时钟周期，因此，一个状态周期包含 2 个振荡周期。

机器周期（MC）：1 个机器周期由 6 个状态周期即 12 个振荡周期组成，是计算机执行一种基本操作的时间单位。

指令周期：执行一条指令所需的时间。一个指令周期由 1～4 个机器周期组成，依据指令不同而不同。

2. 单片机复位电路

图 1.18（a）所示为上电复位电路。它利用电容充电来实现复位，在接电瞬间，RST 端的电位与 VCC 相同，随着充电电流的减少，RST 的电位逐渐下降。只要保证 RST 为高电平的时间大于两个机器周期，便能正常复位。

图 1.18（b）所示为按键复位电路。该电路除具有上电复位功能外，还可以按图 1.18（b）中的 RESET 键实现复位，此时电源 VCC 经两个电阻分压，在 RST 端产生一个复位高电平。

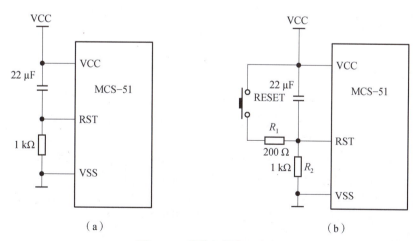

图 1.18   单片机的复位电路

（a）上电复位电路；（b）按键复位电路

单片机复位的条件是：必须使 RST 加上持续两个周期以上的高水平。复位后，单片机内部的各专用寄存器的复位状态如表 1.10 所示。

表 1.10　单片机复位状态

专用寄存器	复位状态	专用寄存器	复位状态
PC	0000H	TCON	00H
ACC	00H	TL0	00H
PSW	00H	TH0	00H
SP	07H	TL1	00H
DPTR	0000H	TH1	00H
P0 ~ P3	FFH	SCON	00H
IP	＊＊＊00000B	SBUF	不定
IE	0＊＊00000B	PCON	0＊＊＊0000B
TMOD	00H	B	00H

1.3.4　单片机并行 I/O 口

MCS – 51 单片机 4 个并行 I/O 口引脚的内部结构如图 1.19 所示，每个口有 8 个相互独立且内部结构完全相同的引脚。图 1.19 中的字母 X 代表引脚序号，是 0~7 的整数。接下来将分别介绍 P0、P1、P2 和 P3 口的引脚特性。

单片机的端口

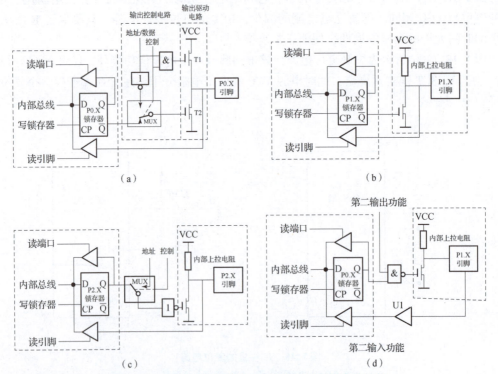

图 1.19　MCS – 51 单片机 4 个并行口的引脚电路结构

（a）P0 口的引脚结构；（b）P1 口的引脚结构；（c）P2 口的引脚结构；（d）P3 口的引脚结构

1. P0 口的引脚特性

P0 口的字节地址是 80H，可以按位寻址，引脚 P0.1 ~ P0.7 的位地址为 80H ~ 87H。如图 1.19（a）所示，P0 口每个引脚电路均由锁存器、三态缓冲器（三态门 1 和三态门 2）、多路选择器 MUX、"与"门、"非"门和场效应晶体管（VF1 和 VF2）构成。P0 口既可以作普通 I/O 口（General Purpose I/O Port，GPIO）使用，也可作为地址/数据总线分时复用。

1）P0 口作为普通 I/O 口

P0 口作为普通 I/O 口时，"控制"信号必须为低电平。"控制"信号为 0，一方面使栅极连接至"与"门输出端的场效应晶体管 VF1 截止；另一方面使多路选择器 MUX 将锁存器反向输出端 $\overline{Q}$ 与场效应晶体管 VF2 的栅极相连。

（1）输出功能。

P0 口引脚输出数据 0 时，CPU 向内部总线写低电平，使锁存器的 Q 端和 $\overline{Q}$ 端分别为 0 和 1；$\overline{Q}$ 端的 1 使场效应晶体管 VF2 导通，从而使 P0.X 引脚接地、输出低电平。P0 口输出数据 1 时，CPU 向内部总线写高电平，使锁存器的 Q 端和 $\overline{Q}$ 端分别为 1 和 0；$\overline{Q}$ 端的 0 使场效应晶体管 VF2 截止，同时由于 VF1 也截止，所以 P0.X 引脚为高阻态，因此为了使 P0.X 引脚输出高电平，必须在该引脚外接上拉电阻，即使该引脚通过上拉电阻连接至电源 VCC。

（2）输入功能。

从 P0 口引脚读取数据时，必须先向该引脚的锁存器写 1，使场效应晶体管 VF2 截止，使 P0.X 引脚处于高阻态，否则将无法正确读取引脚信号。因为，如果恰好在读引脚信号之前，刚刚向该引脚的锁存器写过低电平，则 VF2 导通，使 P0.X 引脚接地，无论 P0.X 引脚外接信号电平是高电平还是低电平，都将被当作低电平读取。

因为在读 P0 口引脚信号之前，必须先向该引脚写 1，所以 P0 口不是真正的双向 I/O 口，而被称为准双向 I/O 口。

P0 口的读操作有两种，一种是通过缓冲器 2 "读引脚"，另一种是通过缓冲器 1 "读锁存器"。当单片机执行"读 – 修改 – 写"这类指令时，将产生"读锁存器"操作，否则将直接"读引脚"。下面将通过实际例子，解释"读 – 修改 – 写"的含义。

指令"ANL P0，A"就是一条典型的"读 – 修改 – 写"P0 口的指令。该指令执行时，单片机首先发出"读锁存器"信号，读取 P0 口的锁存器，然后将读取的数据与累加器 A 中的数据进行"与"运算，之后将运算结果写入 P0 口锁存器，并最终送到 P0 口的引脚上。在"读 – 修改 – 写"过程中，读取锁存器而非引脚的目的是避免之前输出到引脚的数据被外部操作改变而影响处理结果。

指令"MOV A，P0"不是"读 – 修改 – 写"指令，该指令执行时发出"读引脚"信号，直接将 P0 口的引脚状态通过缓冲器 2 送入累加器 A。

2）P0 口地址/数据分时复用

单片机访问片外 RAM、片外 ROM 和片外输入/输出（I/O）接口时，需要传输地址和数据。此时，P0 口和 P2 口作为地址总线，分别传送地址的低 8 位和高 8 位；另外，P0 口还分时复用为数据总线，用于数据传输。

（1）输出地址/数据功能。

P0 口输出地址/数据时，"控制"信号必须为高电平。如图 1 – 19（a）所示，当"控制"信号为 1 时，被"非"门取反的"地址/数据"信号经多路选择器 MUX 与 VF2 的栅极相连；此时 VF1 栅极的电平状态完全由"地址/数据"信号决定。

若输出"地址/数据"为 1，则 VF2 截止、VF1 导通，从而使 P0.X 输出高电平；反之，若输出的"地址/数据"为 0，则 VF2 导通，VF1 截止，使 P0.X 为低电平。

需要强调的是，作为地址总线时，P0 是单向引脚，只能输出。另外，在地址/数据分时复用模式下，P0 口输出高电平时，不需要外接上拉电阻。

（2）输入数据功能。

在地址/数据分时复用模式下，作数据输入口时，引脚内的"控制"信号为低电平，使 VF1 截止、锁存器的 Q 端与 VF2 的栅极相连。在读取数据之前，CPU 会自动向 P0 口的锁存器写入 0FFH，以使 VF2 截止，P0.X 引脚处于高阻态。同时，来自片外数据存储器、程序存储器或 I/O 口的数据，通过缓冲器 2 读入内部总线。

可见，在地址/数据分时复用时，P0 口输入数据前 CPU 自动向锁存器写高电平使 VF2 截止，并且输出高电平"地址/数据"时也不需要外接上拉电阻。因此，此时的 P0 口才是真正的双向 I/O 口。

2. P1 口的引脚特性

P1 口的字节地址是 90H，可以按位寻址，引脚 P1.1 ~ P1.7 的位地址为 90H ~ 97H。P1 口电路由锁存器、三态缓冲器 1 和 2、场效应晶体管 VF 和内部上拉电阻组成，如图 1-19（b）所示。

P1 口只能作为普通 I/O 口使用，并且是准双向 I/O 口。

（1）输出功能。

在 P1 口输出低电平时，CPU 通过内部总线向锁存器写低电平，锁存器 Q 端为高电平，与 Q 端相连的场效应晶体管 VF 导通，从而使 P1 口引脚接地、为低电平。输出高电平时，CPU 向 P1 锁存器写高电平，锁存器 Q 端为低电平，使得 VF 截止、处于高阻态，因为 P1 口通过内部上拉电阻与电源相连，所以输出高电平。

（2）输入功能。

与作为"普通 I/O 口"的 P0 引脚相似，P1.X 引脚作为输入引脚时，也需要预先通过指令向 P1.X 引脚写高电平，使场效应晶体管 VF 截止；然后，再执行读取指令，令"读引脚"信号为高电平，P1.X 引脚的电平信号通过三态缓冲器 2 进入内部总线。

因为，读 P1 口引脚之前需要预先通过指令向引脚锁存器写高电平，所以 P1 口不是真正的双向 I/O 口，而是准双向 I/O 口。

3. P2 口的引脚特性

P2 口的引脚电路结构如图 1-19（c）所示，由锁存器、三态缓冲器 1 和 2、多路选择器 MUX、"非"门、场效应晶体管 VF 和内部上拉电阻组成。P2 口可以作为普通 I/O 口使用，也可以在扩展外部数据存储器、程序存储器或 I/O 接口时，作为地址总线传输高 8 位地址。

1）P2 口作为普通 I/O 口

P2 口作普通 I/O 口时，"控制"信号必须为低电平，使多路选择器 MUX 切换至锁存器的 Q 端。

（1）输出功能。

输出低电平时，通过内部总线向锁存器写低电平，锁存器 Q 端的低电平通过 MUX 后被"非"门取反，取反后的高电平使 VF 导通，进而使 P2. X 引脚接地并输出低电平。输出高电平时，向锁存器写高电平，锁存器 Q 端的高电平经 MUX 过后被"非"门取反，并使 VF 截止，从而使经内部上拉电阻与电源相连的 P2. X 引脚输出高电平。

（2）输入功能。

与 P0 口和 P1 口类似，P2 口作为普通 I/O 口输入端时，首先，需要通过指令向锁存器写入 1，使场效应晶体管 VF 截止；然后，执行读指令，CPU 使"读引脚"信号为高电平，打开三态缓冲器 2，使 P2. X 引脚信号进入内部总线。

2）P2 口作为地址总线

P2 口作为地址总线时，"控制"信号必须为高电平，使多路选择器 MUX 切换到"地址"信号端。作为地址总线，P2 口只能输出，不能输入。当输出地址时，若地址是 1，则"地址"信号端为高电平，该高电平被"非"门取反后成为低电平，从而使 VF 截止，P2. X 引脚经内部上拉电阻与 VCC 相连，输出高电平；若地址是 0，则"地址"信号端为低电平，使得 VF 导通，从而使 P2. X 引脚接地，输出低电平。

4. P3 口的引脚特性

P3 口的引脚电路结构如图 1 - 19（d）所示，由锁存器、三态缓冲器 1 和 2、"与非"门、场效应晶体管 VF 和内部上拉电阻组成。P3 口是准双向 I/O 口，除了可以作为普通 I/O 口使用，还有第二功能。

1）P3 口作为普通 I/O 口

（1）输出功能。

P3 口作为普通 I/O 口进行输出时，"第二输出功能"信号必须为 1，锁存器 Q 端被"与非"门取反后，连接至场效应晶体管 VF 的栅极。若输出 1，则 1 经内部总线写入锁存器，锁存器 Q 端输出的高电平经"与非"门取反后，使 VF 截止，进而使经过内部上拉电阻连接至 VCC 的 P3. X 引脚输出高电平；若输出 0，则 0 写入锁存器后，经"与非"门取反，使场效应晶体管 VF 导通，从而使 P3. X 引脚接地、输出低电平。

（2）输入功能。

P3 口作为普通 I/O 口进行输入时，首先，必须通过指令向 P3. X 锁存器写 1，使锁存器 Q 端为高电平，"与非"门输出的低电平使 VF 截止，在内部上拉电阻作用下，P3. X 引脚处于高电平状态；然后，执行指令读 P3. X 引脚，CPU 使"读引脚"信号为高电平，P3. X 引脚信号先后经过缓冲 3 和 2 进入内部总线。

2）P3 口作为第二功能

（1）输出功能。

在第二功能输出状态下，CPU 会自动向 P3. X 的锁存器写 1，使 Q 端为高电平，此时"与非"门对于"第二输出功能"信号来说相当于一个非门。而第二功能信号，如 RD、WR 和 TXD 信号等，将从 P3. X 引脚输出。若"第二输出功能"信号为高电平，则"与非"门输出为低电平，使 VF 截止，使 P3. X 经上拉电阻接至 VCC，从而输出高电平；反之，则"与非"门输出高电平，使 VF 导通，P3. X 引脚接地、输出低电平。

（2）输入功能。

在第二功能输入时，CPU 会自动向 P3. X 的锁存器写 1，使 Q 端为高电平，同时令"第二输出功能"信号为高电平，使"与非"门输出为低电平，将 VF 截止。此时，读取的 P3. X 引脚信号将通过缓冲器 3，并由"第二输入功能"线进入单片机内部的功能模块，如定时/计数器模块、串口模块和外部中断模块等。因为，第二功能的输入信号仅与单片机内部功能模块的硬件电路有关，与 CPU 无关，所以不会通过三态缓冲器 2 进入内部总线。

1.3.5　单片机存储器结构

单片机存储器
结构

51 单片机存储器在物理结构上分成四个空间：片内程序存储器、片外程序存储器、片内数据存储器和片外数据存储器。按逻辑考虑，则有三个存储空间：片内外统一编址的 64 KB 程序存储器地址空间（0000H ~ FFFFH）、256 B 的片内数据存储器地址空间（00H ~ FFH）及片外数据存储器地址空间（0000H ~ FFFFH）。

CPU 访问指令：CPU 在访问三个不同的逻辑空间时，通过采用不同形式的指令，来产生相应的存储器选通信号，访问程序存储器使用 MOVC 指令、访问片内数据存储器使用 MOV 指令、访问片外数据存储器使用 MOVX 指令。

1. 51 单片机程序存储器 ROM

它用于存放编好的程序、常数或表格。在正常工作时只可读不可写，掉电后数据不丢失。

（1）片内具有 4 KB 的 Flash 结构的电可擦除只读存储器。

（2）外部可扩展 64 KB 的 ROM，建议不用，只有当程序特别大、内部空间无法满足要求时才选择扩展外部 ROM。

（3）程序内存最低端的地址可以在片内 Flash 中或在外部 ROM 中，可以通过单片机 VEA 的引脚的电平来选择。

例如：在带有 4 KB 片内 Flash 的 51 单片机中，如果把 $\overline{EA}$ 引脚接到 VCC，当地址为 0000H ~ 0FFFH 时，则访问内部 Flash；地址为 1000H ~ FFFFH 时，将自动转向外部程序内存。

如果 $\overline{EA}$ 端接地，则只访问外部程序内存，不管是否存在内部 Flash 内存。

51 单片机程序存储器管理：

（1）每个 ROM 单元（Byte）对应一个唯一的 16 位的地址编码（Address）。

（2）CPU 要到某个 ROM 单元去取指令，是通过把地址编码写入 16 位的程序计数器 PC 来实现的，因此 AT89 系列单片机地址的编码范围（通常称为寻址范围）为：0 ~ 65 535。

（3）系统复位后，PC 的初始值为 0000H，以后的取值是 CPU 根据用户程序的运行流程自动装载的。程序顺序执行时，PC 值自动加 1；执行转移指令、子程序调用和中断服务程序时，PC 值分别等于转移的目标地址、子程序或中断服务程序的入口地址。

2. 数据存储器 RAM

数据存储器 RAM 也有片外和片内之分。片外 RAM 的存储容量为 64 KB，地址为 0000H ~ FFFFH，片内 RAM 共有 256 个单元，通常把这 256 个单元按其功能划分为两部分：低 128 个单元（单元地址为 00H ~ 7FH）和高 128 个单元（单元地址为 80H ~ EFH）。低 128 个单元的片内 RAM 是真正的 RAM 区，可以用于写入或读出数据。这一部分的存储容量不是很大，但有很大的作用，它可以进一步被分为 3 部分。

（1）工作寄存器区（00H ~ 1FH）：存储容量为 32 B，有 4 个通用工作寄存器组，每组含有 8 个寄存器，编号为 R0 ~ R7。在任一时刻，CPU 只能使用一组工作寄存器，被使用的那一组工作寄存器称为当前工作寄存器组。若在应用程序中并不需要 4 组工作寄存器，那么其余的工作寄存器空间可作为一般的 RAM 单元使用。通过对特殊功能寄存器中 PSW 的 RS0 位、RS1 位进行设置，可以选择将哪一组工作寄存器设置为当前工作寄存器组，选择方法如表 1.11 所示。

表 1.11　工作寄存器组的选择

RS1　RS0	寄存器组	片内 RAM 地址
0　　0	0 组	00H ~ 07H
0　　1	1 组	08H ~ 0FH
1　　0	2 组	10H ~ 17H
1　　1	3 组	18H ~ 1FH

（2）位寻址区（20H ~ 2FH）：这 16 个 RAM 单元具有双重功能。它们既可以像普通 RAM 单元一样按字节存取，也可以对每个 RAM 单元中的任何一位单独存取，所以叫作位寻址区。20H ~ 2FH 在用于位寻址时，共有 16 × 8 = 128（位），每位都分配了一个特定地址，依次为 00H ~ 7FH。这些地址称为位地址，位地址只能在位寻址指令中使用。位地址也可以采用字节地址和位地址相结合的方法表示，如位地址 05H 也可以表示成 20H. 5。

（3）数据缓冲区（30H ~ 7FH）：共有 80 个 RAM 单元，用于存放数据或进行堆栈操作。使用没有任何规定或限制，但在一般应用中常把中断系统中的堆栈开辟在此区。

3. 特殊功能寄存器（SFR）区

特殊功能寄存器是指有特殊用途的寄存器集合，其离散地分布在地址为 80H ~ FFH 的区域。特殊功能寄存器的实际个数和单片机的型号有关，如 MCS – 51 系列单片机有 21 个特殊功能寄存器。每个特殊功能寄存器占用一个 RAM 单元，它们分布在 80H ~ FFH 的地址范围内，没有被特殊功能寄存器占用的 RAM 单元实际并不存在，访问它们也是没有意义的。表 1.12 所示为特殊功能寄存器的地址、符号、复位值、功能等。

表 1.12　特殊功能寄存器（SFR）

序号	SFR 地址	SFR 符号	复位值	功能	说明
1	E0H	ACC	00H	累加器	可位寻址
2	F0H	B	00H	B 寄存器	可位寻址
3	D0H	PSW	00H	程序状态字	可位寻址
4	80H	P0	FFH	P0 口锁存寄存器	可位寻址
5	81H	SP	07H	堆栈指针	
6	82H	DPL	00H	数据指针 DPTR 低 8 位	
7	83H	DPH	00H	数据指针 DPTR 高 8 位	
8	87H	PCON	0XXX 0000B	电源控制寄存器	

序号	SFR 地址	SFR 符号	复位值	功能	说明
9	88H	TCON	00H	定时器控制寄存器	可位寻址
10	89H	TMOD	00H	定时器 0 和 1 的模式寄存器	
11	8AH	TL0	00H	定时器 0 低 8 位	
12	8BH	TL1	00H	定时器 1 低 8 位	
13	8CH	TH0	00H	定时器 0 高 8 位	
14	8DH	TH1	00H	定时器 1 高 8 位	
15	90H	P1	FFH	P1 口锁存寄存器	可位寻址
16	98H	SCON	00H	串行口控制寄存器	可位寻址
17	99H	SBUF	XXXX XXXXB	串行口数据缓冲寄存器	
18	0A0H	P2	FFH	P2 口锁存寄存器	可位寻址
19	0A8H	IE	0X00 0000B	中断允许控制寄存器	可位寻址
20	0B0H	P3	FFH	P3 口锁存寄存器	可位寻址
21	0B8H	IP	XX00 0000B	中断优先级控制寄存器	可位寻址

注意：特殊功能寄存器中只有其十六进制地址末位是 0 或者 8 的寄存器可以"位"的形式读写（可位寻址），其余特殊功能寄存器均必须以"字节"的形式读写。

本节仅介绍几个特殊功能寄存器，其他的特殊功能寄存器将在后续相关项目中进行详细介绍。

（1）累加器（ACC 或 A）：最常用的 8 位特殊功能寄存器。该寄存器可位寻址，几乎全部指令都可用它作为操作数，有些指令必须用它作为目的操作数。

（2）B 寄存器（B）：8 位特殊功能寄存器。乘法指令、除法指令必须用它作为其中一个数。它也可作为普通 RAM 单元使用。

（3）堆栈指针（SP）：8 位特殊功能寄存器。当单片机复位时，SP 为 07H，它总是指向栈顶，它主要用在子程序调用、中断响应及中断返回中。

（4）数据指针（DPTR）：16 位特殊功能寄存器，可分为两个 8 位寄存器，高 8 位为 DPH，低 8 位为 DPL。该寄存器主要用于存放 ROM 和片外 RAM 的地址。

（5）程序状态字（PSW）：8 位特殊功能寄存器。该寄存器可位寻址，PSW 从高位到低位分别记为 PSW.7~PSW.0，其各位的定义如表 1.13 所示。

表 1.13　PSW 各位的定义

PSW.7	PSW.6	PSW.5	PSW.4	PSW.3	PSW.2	PSW.1	PSW.0
CY	AC	F0	RS1	RS0	0V	×	P

CY 为进位标志位。在执行某些指令时，位 7 有进（或借）位，硬件会使 CY = 1；否则 CY = 0。该标志位有两个用途：一是实现多字节的处理；二是判断无符号数运算结果是

否有溢出，若溢出，则说明结果错误。CY = 1 表示有溢出，CY = 0 表示无溢出。

AC 为辅助进位标志位。在执行加法或减法指令时，位 3 向位 4 进（或借）位，硬件会使 AC = 1，否则 AC = 0。

F0 为用户标志位。用指令可使该位置 1 或清零。

RS1、RS0 为工作寄存器组选择位，用于选择 4 组工作寄存器中的一组作为当前工作寄存器组。

OV 为溢出标志位。在执行算术指令时，若位 7 和位 6 不同时有进（或借）位，则硬件会使 OV = 1，否则使 OV = 0。该位用于判断有符号数运算结果是否有溢出。OV = 1 表示有溢出；OV = 0 表示无溢出。

× 表示无定义位。该位为 0 或 1 没有任何意义。以下相同。

P 为奇偶标志位。在每个指令周期，硬件根据累加器中 1 的个数使该位置 1 或清零，当累加器中 1 的个数为奇数时 P = 1，为偶数时 P = 0。该位主要用于在串行通信中进行检错。

最后介绍一个不属于特殊功能寄存器、物理上独立的寄存器——程序计数器（PC）。它是一个 16 位寄存器，具有自动加 1 功能。它总是存放将要被执行指令的首地址。单片机复位后，PC = 0000H，故单片机的应用程序应放在以 ROM 地址 0000H 开始的单元中。

【实例】控制 P1 口的 8 个 LED 发光二极管同时闪烁控制的硬件电路（图 1.20）和软件程序。

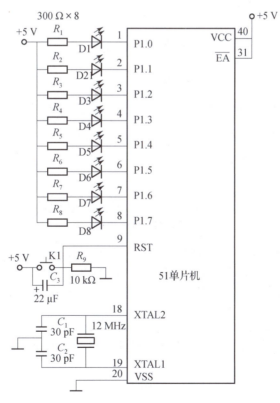

图 1.20　硬件电路

```
//功能:控制 P1 口 8 个 LED 发光二极管的闪烁程序
#include <at89x51.h> //头文件包含,定义 51 单片机的专用寄存器
void main( )
{
    unsigned int i,k; //定义无符号整型,其数据范围为 0 ~ 65 535
    while(1)
    {
    P1_0 = 0;          //点亮 P1.0 口的 LED
    P1_1 = 0;          //点亮 P1.1 口的 LED
    P1_2 = 0;          //点亮 P1.2 口的 LED
    P1_3 = 0;          //点亮 P1.3 口的 LED
    P1_4 = 0;          //点亮 P1.4 口的 LED
    P1_5 = 0;          //点亮 P1.5 口的 LED
    P1_6 = 0;          //点亮 P1.6 口的 LED
    P1_7 = 0;          //点亮 P1.7 口的 LED
    for(i = 0;i < 30000;i ++); //延时功能
    P1_0 = 1;          //熄灭 P1.0 口的 LED
    P1_1 = 1;          //熄灭 P1.1 口的 LED
    P1_2 = 1;          //熄灭 P1.2 口的 LED
    P1_3 = 1;          //熄灭 P1.3 口的 LED
    P1_4 = 1;          //熄灭 P1.4 口的 LED
    P1_5 = 1;          //熄灭 P1.5 口的 LED
    P1_6 = 1;          //熄灭 P1.6 口的 LED
    P1_7 = 1;          //熄灭 P1.7 口的 LED
    for(i = 0;i < 30000;i ++); //延时功能
    }
}
```

P1 口有一个 8 位的寄存器,此寄存器的名字就是 P1,通过对寄存器 P1 进行操作就可以实现对 P1 口的操作,如图 1.21 所示。

P1

P1_7	P1_6	P1_5	P1_4	P1_3	P1_2	P1_1	P1_0

图 1.21　位寄存器

如果给 P1 寄存器赋二进制值 $(1111\ 1111)_2$,表示一次性给 P1 口的第 1 位至第 7 位引脚置 1,实现 8 个 LED 灯全灭;如果给 P1 寄存器赋二进制值 $(0000\ 0000)_2$,表示一次性给 P1 口的第 1 位至第 7 位引脚置 0,实现 8 个 LED 灯全亮。P1 寄存器赋值如表 1.14 所示。

表 1.14　P1 寄存器赋值

端口	P1_7	P1_6	P1_5	P1_4	P1_3	P1_2	P1_1	P1_0	十六进制数值	状态
P1	1	1	1	1	1	1	1	1	0xff	灭
P1	0	0	0	0	0	0	0	0	0x00	亮

上述程序可以简化为：

```
//功能:控制 P1 口 8 个 LED 发光二极管的闪烁程序
#include <at89x51.h> //头文件包含,定义 51 单片机的专用寄存器
void main( )
{
    unsigned int i,k; //定义无符号整型,其数据范围为 0 ~ 65 535
    while(1)
    {
    P1 = 0x00; //点亮 P1 口的发光二极管
    for(i = 0;i < 30000;i ++); //延时功能
    P1 = 0xFF; //熄灭 P1 口的发光二极管
    for(i = 0;i < 30000;i ++); //延时功能
    }
}
```

1.4 认识单片机应用系统及开发环境

1.4.1 单片机应用系统开发流程

单片机应用系统的开发过程为：设计电路图→制作电路板→设计控制程序→软硬件联调（仿真联调）→程序下载→产品测试，如图 1.22 所示。

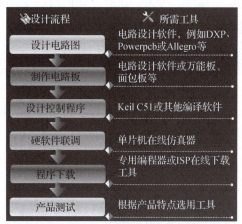

图 1.22 单片机应用系统的开发流程及所需工具

小提示

在开发流程中，前两项硬件设计和第三项控制程序设计可以并行开发，同时进行。

软硬件联调是单片机应用系统开发过程的重要阶段，由于单片机硬件和控制程序的支持能力有限，一般自身无调试能力，因此必须配备一定的开发工具，借助于开发工具来排除应用系统样机中的硬件故障和程序错误，最后生成目标程序。

对于个人学习，比较方便的方法是：采用价格低廉的带有 ISP 下载功能的单片机实验板，或者直接采用软件进行辅助仿真，常用的仿真软件有 Keil C51 的仿真器 Simulator 以及 Proteus 仿真软件等，把两者结合起来还可以进行软件调试。

1.4.2 单片机的仿真学习与 ISP 下载实验板

一般单片机实验室配备的都是典型的单片机在线仿真学习环境，由计算机、通信电缆、仿真器、仿真电缆以及用户目标系统组成。系统调试成功之后，通过专用的编程器把程序下载到目标系统的单片机中，然后再进行脱机调试，如图 1.23 所示。

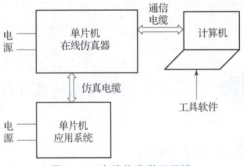

图 1.23　在线仿真学习环境

在线仿真学习环境的优点是借助单片机仿真器模拟用户实际的单片机，能随时观察程序运行的中间过程，而不改变性能和结果，从而进行模仿现场的真实调试。其缺点是要配备仿真器和专用的编程器，花费比较高。

目前市场上比较流行的单片机学习工具是一种具有 ISP 下载功能的实验板，通常采用具有 ISP 下载功能的 AT89S51 系列或 STC 系列单片机作为控制核心，并提供丰富的接口资源，包括发光二极管，七段数码管，液晶等显示接口，按键接口，蜂鸣器接口，红外、光敏、温度等传感器接口，电机接口等，同时配备有实验指导书、源程序、学习视频等学习资源。单片机实验板实例如图 1.24 所示。Proteus 软件仿真实例如图 1.25 所示。

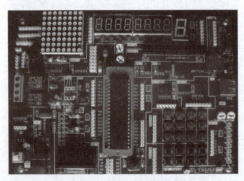

图 1.24　单片机实验板实例

这种实验板的优点是可以在线下载程序，无须专用编程器，仿真电路的搭建与输入学习资源丰富，价格低廉，其缺点是一般不能提供在线仿真功能。

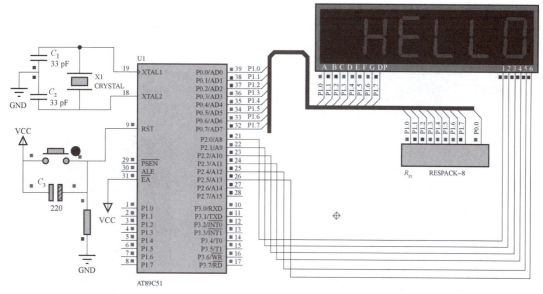

图 1.25　Proteus 软件仿真实例

1.4.3　Keil μVision 软件的使用方法

Keil C51 是美国 Keil Software 公司开发出的 51 系列兼容单片机 C 语言软件开发系统，可以在 Windows 98、NT、Windows 2000、Windows XP 等操作系统中运行。Keil μVision 软件是目前最流行的开发 51 单片机的软件，提供了包括 C 编译器、宏汇编、连接器、库管理和一个功能强大的仿真调试器等在内的完整开发方案，通过一个集成开发环境（μVision）将这些部分组合在一起。掌握这个软件的使用方法，对于 51 单片机的开发人员来说十分必要。Keil μVision 软件的使用步骤如下所示：

KEILC51 软件的使用

单击  图标，打开 Keil C51 软件，其界面如图 1.26 所示。

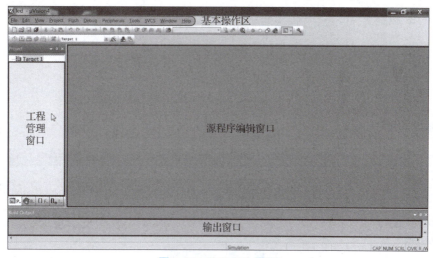

图 1.26　Keil C51 界面

1. 建立工程文件

（1）在如图 1.27 所示的工作窗口中，单击"Project"→"New μVision Project"菜单命令，打开"Create New Project"对话框。

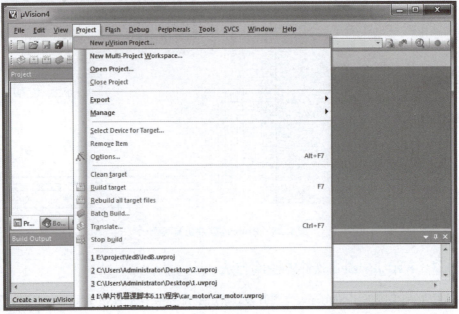

图 1.27　建立工程

（2）在"保存在"下拉列表框中，选择工程保存目录（如 E：\project\led），并在"文件名"文本框中输入工程名字（如 led），不需要加扩展名，单击"保存"按钮，如图 1.28 所示。

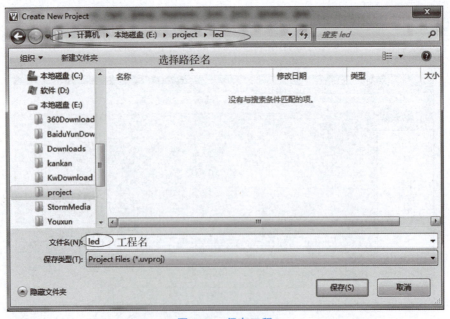

图 1.28　保存工程

（3）在图 1.29 中，单击左侧列表框中"Atmel"项前面的"＋"号，展开该层，单击其中的"AT89C51"，然后再单击"确定"按钮。

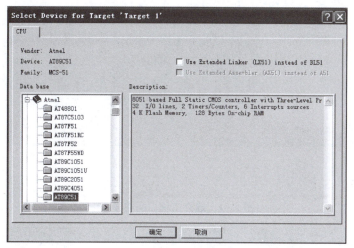

图 1.29　单片机型号选择

（4）打开复制标准 8051 启动代码选择窗口界面，单击"是（Y）"按钮回到主界面，如图 1.30 所示。

图 1.30　复制标准 8051 启动代码选择窗口

◇◇◇ **小提示** ◇◇

　　已加载的 STARTUP. A51 文件，如图 1.31 所示，其主要作用是：上电时初始化单片机的硬件堆栈、初始化 RAM、初始化模拟堆栈和跳转到主函数即 main 函数。硬件堆栈是用来存放函数调用地址、变量和寄存器值的；模拟堆栈是用来存放可重入函数的，可重入函数就是同时给多个任务调用，而不必担心数据的丢失，可重入函数一般在嵌入式系统中有所体现。

（5）如果不加载 STARTUP. A51 文件，编译的代码可能会使单片机工作异常。

2. 建立并添加源文件

（1）单击"File"→"New"菜单命令，如图 1.32 所示，弹出文本编辑窗口，在该窗口中输入源程序。

（2）对该源程序检查校正后，单击"File"→"Save As..."菜单命令，将源程序另存为 C 语言源程序文件，如图 1.33、图 1.34 所示。

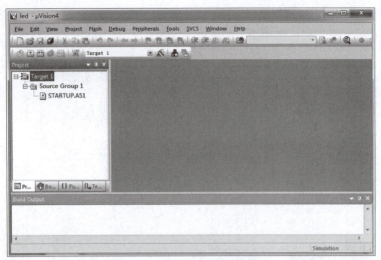

图 1.31　建立工程后的主界面

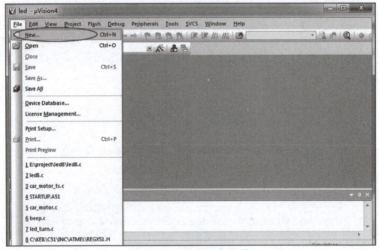

图 1.32　新建文本文件

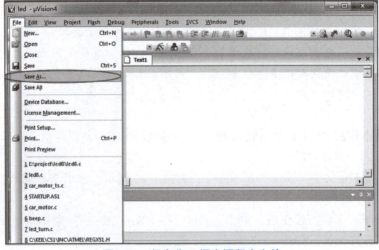

图 1.33　保存为 C 语言源程序文件

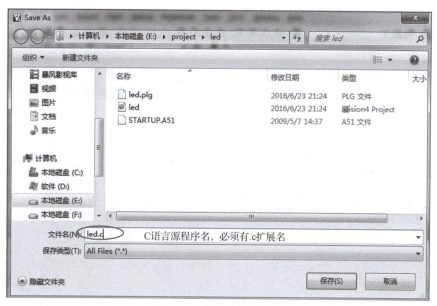

图1.34　源程序保存界面

◇◇◇◇ **小提示** ◇◇◇◇◇◇◇◇◇◇◇◇◇◇◇◇◇◇◇◇◇◇◇◇◇◇◇◇◇◇◇◇◇◇◇

　　在源文件名的后面必须加扩展名".c"，如led.c，用于区别其他源文件，例如汇编语言源文件的扩展名为".a"、头文件的扩展名为".h"等。

　　（3）在如图1.35所示的工程管理窗口中"Source Group 1"项上单击鼠标右键打开快捷菜单，再选择"Add Files to Group 'Source Group 1'"菜单命令，出现如图1.36所示窗口。在"文件类型"下拉列表框中选择"C Source file(∗.c)"，找到前面新建的"led.c"文件并选择后，单击"Add"按钮加入工程中。

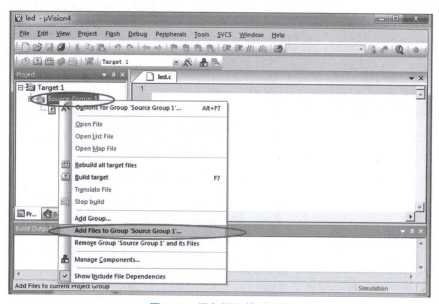

图1.35　添加源文件到组中

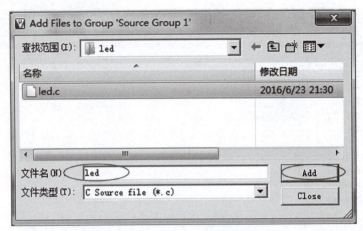

图 1.36　选择文件类型及添加源文件

（4）在工程管理窗口"Source Group 1"项中会出现名为"led.c"的文件，说明文件的添加已经完成，如图 1.37 所示。

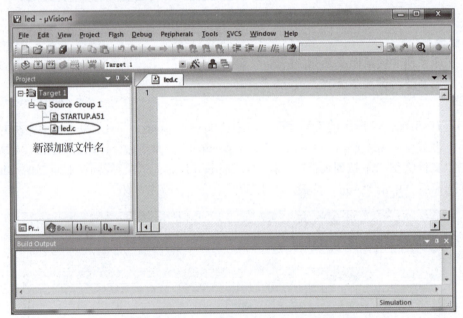

图 1.37　工程管理窗口中的文件

小提示

通常单片机控制程序包含多个源程序文件，Keil C51 使用工程（Project）这一概念，将这些参数设置和所需的所有文件都加在一个工程中，包括为这个工程选择CPU，确定编译、汇编、链接的参数，指定调试的方式等。

3. 输入源程序

如图 1.38 所示，输入源程序。

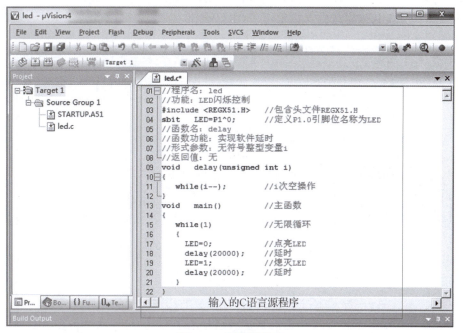

图 1.38　输入源程序

4. 配置工程属性

（1）如图 1.39 所示，将鼠标移动到工程管理窗口"Target 1"上，单击鼠标右键，再选择"Options for Target 'Target 1'"快捷菜单命令，弹出如图 1.40 所示的目标属性窗口。

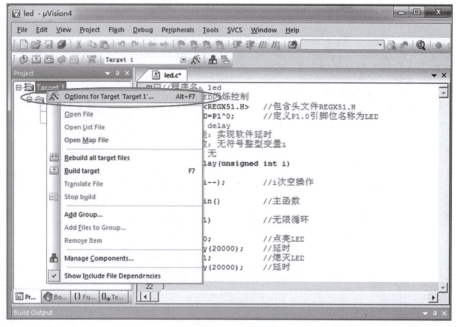

图 1.39　配置工程属性

（2）在图 1.40 所示窗口中单击"Output"选项卡，打开"Output"选项设置页面，选中"Creat HEX File"复选框，再单击"OK"按钮。

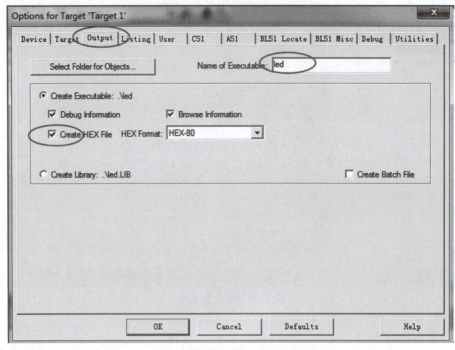

图 1.40　目标属性

（3）在主界面中，单击"Project"→"Build target"菜单命令（或者按快捷键"F7"），或者单击工具栏中的快捷图标"　　"来进行编译，如图 1.41 所示。

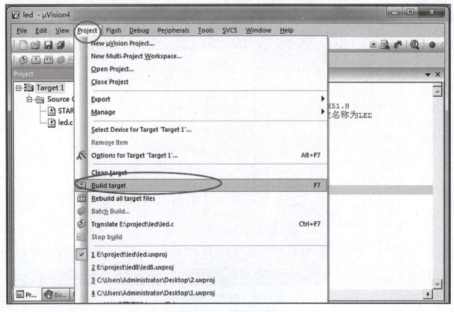

图 1.41　编译工程

（4）编译完成后，在输出窗口中查看出现的编译结果信息，如图 1.42 所示。

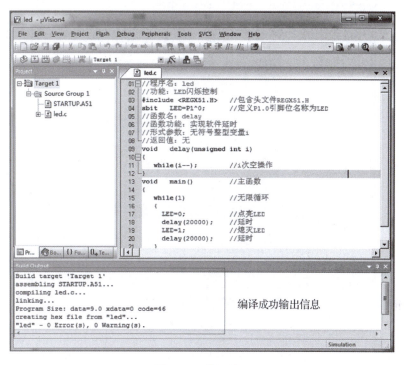

图 1.42　编译结果

（5）编译成功后，输出窗口中的信息含义如图 1.43 所示。

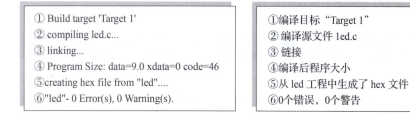

① Build target 'Target 1'
② compiling led.c...
③ linking...
④ Program Size: data=9.0 xdata=0 code=46
⑤creating hex file from "led"....
⑥"led"- 0 Error(s), 0 Warning(s).

①编译目标"Target 1"
②编译源文件 led.c
③链接
④编译后程序大小
⑤从 led 工程中生成了 hex 文件
⑥0个错误，0个警告

图 1.43　输出窗口信息含义

✐ 小知识

　　编译只是对当前工程进行编译，产生与之对应的二进制或十六进制文件，如编译后又修改了源程序，一定要重新进行编译，产生新的二进制或十六进制文件。我们可以通过查看 HEX 文件生成的时间，来了解系统产生的是否为最新的二进制或十六进制文件。

　　（6）当源程序有语法错误时，编译不会成功，会出现如图 1.44 所示的输出信息。

　　编译不成功的原因有很多，在输出窗口信息中会给出错误或警告的行号、错误代码、错误原因等，并有"Target not created"的提示，如表 1.15 所示，对产生的第 1 个错误提示信息详细解释如下：

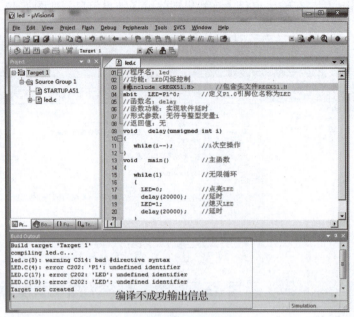

图 1.44　编译不成功输出信息

表 1.15　错误提示信息

led. c(1)	Warning C314：	Bad #directive syntax
源程序（行号）	警告代码 C314	不好的指示性语法

　　在源程序中修改错误，再次编译：如果编译还有错误，则继续修改，直至编译成功后生成十六进制 HEX 文件为止。

> **小经验**：当工程编译出现很多错误时，一定要按照行号顺序，从较小行号开始检查修改。当发现一个错误并改正后，一定要及时对工程进行重新编译，再次查看错误信息，也许后面的错误就是由前面的错误引起的，前面的改正了，后面的错误就消失了。

　　如图 1.44 所示的右部程序中，第 1 行多输入一个"#"，却产生了 1 个警告、3 个错误，若从第 1 行开始修改，删除多余的"#"后，重新编译工程，发现编译成功。

　　使用 Keil C51 的基本步骤如图 1.45 所示，图中虚线箭头指向的步骤可以改变顺序。

图 1.45　使用 Keil C51 软件基本步骤

　　经过以上步骤，在成功生成二进制或十六进制 HEX 目标文件后，还需要把文件加载到单片机中运行才能看到程序的执行结果。如果手边没有硬件下载工具，也可以直接采用软件进行仿真，Keil C51 内建了一个仿真 CPU 可以模拟执行程序，也可以采用电路仿真软件 Proteus 来进行仿真。

> **小经验：**按照上面步骤动手做一遍之后，可能感觉还是很不熟练，不用着急，要想熟练使用软件，还需要进行反复训练。相信经过一段时间后，不仅能够熟练使用这个软件，还可以发现很多新功能。

1.4.4 Proteus 软件的使用

PROTEUS
软件的使用

英国 Labcenter Electronics 公司推出的 Proteus 软件，可以对基于微控制器的设计连同所有的外围电子元器件一起进行仿真，用户甚至可以通过采用诸如 LED、键盘、RS–232C 终端等动态外设模型来设计进行交互仿真。目前 Proteus 软件在单片机教学中已经越来越受重视。

（1）双击计算机桌面上的"ISIS 7 Professional"图标或者选择屏幕左下方的"开始"→"程序"→"Proteus 7 Professional"→"ISIS 7 Professional"命令，即可进入 Proteus ISIS 集成开发环境，如图 1.46 所示。

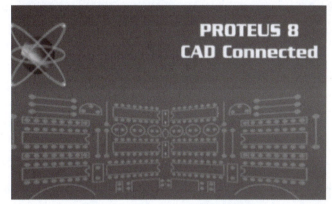

图 1.46　打开 Proteus 软件的界面

（2）进入工作界面。

Proteus ISIS 的工作界面是标准的 Windows 操作界面。如图 1.47 所示，该界面中包括标题栏、主菜单栏、标准工具栏、绘图工具栏、状态栏、对象选择器按钮、预览对象方位控制按钮、仿真进程控制按钮、预览窗口、对象选择器窗口、图形编辑窗口等。

Proteus 软件的使用方法与其他软件的使用方法没有太大的区别。下面以绘制一个单片机最小系统的电路原理图为例简单介绍其使用方法。

（3）绘制电路原理图。

将所需的元器件添加到对象选择器窗口。单击对象选择器按钮"P"，选择需要添加的元器件，如图 1.48 所示。

弹出"Pick Devices"对话框，在"Keywords"文本框中输入"AT89C"，系统在对象库中进行搜索查找，并将搜索结果显示在"Results"列表框中，如图 1.49 所示。在"Results"列表框中的"Device"列中双击"AT89C51"，即可将"AT89C51"添加至对象选择器窗口。

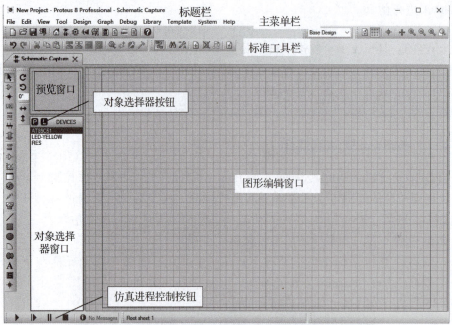

图 1.47　Proteus 软件的工作界面

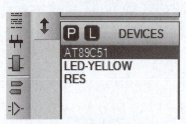

图 1.48　添加元器件

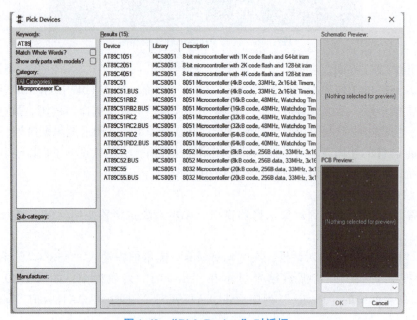

图 1.49　"Pick Devices" 对话框

接着在"Keywords"文本框中重新输入"LED"。在"Results"列表框中的"Device"列中双击"LED – YELLOW",即可将"LED – YELLOW"添加至对象选择器窗口。使用同样的方法,把本任务需要用到的所有元器件添加至对象选择器窗口。

经过以上操作,在对象选择器窗口中已有了 AT89C51、LED – YELLOW 等元器件对象,若单击"AT89C51"选项,则可在图形预览窗口中看到 AT89C51 的实物图,单击其他元器件选项,即可在图形预览窗口中看到对应的实物图。此时,我们注意到绘图工具栏中的元器件按钮处于被选中状态。

将元器件放置到图形编辑窗口中。在对象选择器窗口中,选中"AT89C51"选项,将鼠标指针置于图形编辑窗口中欲放置该对象的位置处并单击,即可完成该对象的放置。同理,将其余元器件均放置到图形编辑窗口中,如图 1.50 所示。

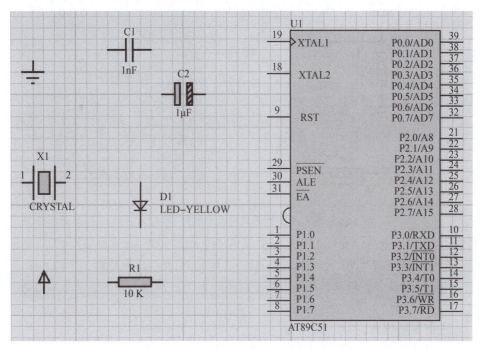

图 1.50　将元器件放置到图形编辑窗口中

若对象的位置需要移动,则可将鼠标指针移动到该对象上并单击,此时该对象的颜色变至红色,表明该对象已被选中,按住鼠标左键并拖动鼠标,将对象移动到新位置后,松开鼠标左键,即可完成移动操作。

对元器件进行连线。

Proteus 软件具有智能化特性,可以在用户想要画线的时候进行自动检测。下面,我们介绍将电阻"R1"的左端连接到"D1"右端的操作方法。当将鼠标指针靠近"R1"左端的连接点时,会出现一个"×"号,表明找到了"R1"左端的连接点,此时单击鼠标左键,然后移动鼠标,将鼠标指针靠近"D1"右端的连接点,也会出现一个"×"号,表明找到了"D1"右端的连接点,同时屏幕上出现了粉红色的连接线,单击鼠标左键,粉红色的连接线变成了深绿色,表明完成了本次连线。

同理,我们可以完成其他连线。在此过程中的任何时刻,都可以通过按 Esc 键或者单击鼠标右键来放弃画线。至此，我们便完成了整个电路原理图的绘制。绘制完成的电路原理图如图 1.51 所示。

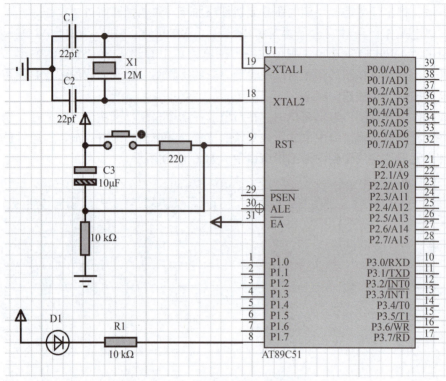

图 1.51　绘制完成的电路原理图

注意：图 1.51 中的单片机上没有 VCC 引脚和 GND 引脚，这是因为在 Proteus 软件中，单片机模型中的"电源"和"地"已经进行了连接，VCC 引脚接到了"＋5 V"电源，GND 引脚接到了"地"，所以隐藏了这两个引脚。本书后面项目的单片机电路原理图中也是如此。

（4）进行电路仿真。

Proteus 软件可以对纯硬件电路进行仿真，以检查硬件电路是否正确，此时无须下载软件。只要在电路原理图绘制完成以后，执行"Debug"→"Execute"菜单命令即可进行电路仿真。将通过上一个任务生成的可执行文件下载到电路原理图中的单片机上以后，执行"Debug"→"Execute"菜单命令对整个系统进行软件、硬件全面仿真。当 D1 满足导通条件时，其颜色将发生改变，表示其导通发光。

常用元器件的缩写如表 1.16 所示。

表 1.16　常用元器件的缩写

名称	缩写
电阻	RES
发光二极管	LED
8 位数码管	7SEG – MPX8 – CC – BLUE

续表

名称	缩写
开关	SW
按钮开关	BUTTON
电容	CAP
单片机	AT89C51

注意：发光二极管具有单向导电性，一般通过 3~20 mA 的电流即可发光，电流越大，亮度越强；如果电流过大，会烧坏二极管。为了限制通过二极管的电流，需要串联一个电阻，称为"限流电阻"。

二极管发光时，两端的压降为 1.7 V，称为导通压降，当发光二极管导通时，其阴极接地，电压为 0，当限流电阻为 1 kΩ 时，流过发光二极管的电流 $I = (5 - 1.7)/1\ 000 = 3.3$（mA）。

1.5 小结

本项目从单片机控制一个发光二极管的闪烁控制任务入手，到一组 8 位发光二极管闪烁控制，介绍了单片机和单片机应用系统的基本概念、硬件基本结构，建立了单片机从外部到内部、从直观到抽象的认识过程，为后面项目的学习打下硬件基础。在实现发光二极管的闪烁控制任务中，学习使用单片机开发环境中需要的各种软硬件工具，介绍了单片机程序调试的步骤与方法，有助于提高编程效率。本项目要掌握的重点内容如下：

（1）单片机和单片机应用系统的概念；
（2）单片机的内部结构；
（3）单片机应用系统的开发流程；
（4）单片机信号引脚；
（5）单片机最小系统；
（6）单片机存储器结构；
（7）单片机并行 I/O 口；
（8）单片机程序调试方法。

思考与练习题

一、单选题

1. Intel 8051 单片机是（　　）位的单片机。
A. 32 位　　　　　　B. 16 位　　　　　　C. 8 位　　　　　　D. 64 位
2. 单片机应用系统包括（　　）两个部分。
A. 硬件系统和控制程序　　　　　　B. 运算器和控制器

C. 时钟电路和复位电路   D. 程序存储器和数据存储器

3. 控制程序必须下载到单片机的（　　　）中，单片机才能工作。

A. 数据存储器   B. 程序存储器

C. 控制器   D. 运算器

4. CPU 对各种外围部件采用（　　　）来控制。

A. 特殊功能寄存器   B. RAM   C. 程序存储器   D. 并行 1/O 口

5. （　　　）是单片机的控制核心，完成运算和控制功能。

A. CPU   B. RAM   C. ROM   D. ALU

6. 具有可读可写功能，掉电后数据丢失的存储器是（　　　）。

A. CPU   B. RAM   C. ROM   D. ALU

7. 具有只读不能写，掉电后数据不会丢失的存储器是（　　　）。

A. CPU   B. RAM   C. ROM   D. ALU

8. 访问程序存储控制信号的引脚名称是（　　　）。

A. EA   B. PSEN   C. RST   D. ALE

9. 单片机最多可以扩展（　　　）外部程序存储器或外部数据存储器。

A. 4 KB   B. 8 KB   C. 16 KB   D. 64 KB

10. 复位后，单片机并行 I/O 口 P0 ~ P3 的值是（　　　）。

A. 0x00   B. 0xff   C. 0x0f   D. 0xf0

11. 一个单片机应用系统的晶振频率为 6 MHz，那么其机器周期为（　　　）。

A. 4 μs   B. 3 μs   C. 2 μs   D. 1 μs

12. 下面给出的特殊功能寄存器中，（　　　）是不可寻址的，即用户无法对它进行读写。

A. PSW   B. PC   C. ACC   D. P0

二、填空题

1. MCS – 51 系列单片机中，内部没有 ROM 的单片机型号是（　　　）；内部有 4 KB 掩膜 ROM 的单片机型号是（　　　）。

2. 单片机又称为（　　　），其英文名称为（　　　）。

3. 微型计算机硬件系统由（　　　）、（　　　）、（　　　）、（　　　）和（　　　）组成。

4. （　　　）和（　　　）一般制作在一个集成电路芯片上，统称为中央处理单元（CPU）。

5. （　　　）程序是单片机能够直接执行的程序。

6. 在 LED 控制电路中，为了控制流过 LED 的电流大小，需要连接（　　　）电阻。

7. DIP 是指（　　　），是常用的单片机封装形式。

8. CPU 由运算器和控制器组成，运算器包括（　　　）、（　　　）、（　　　）、（　　　）和（　　　）。

9. 单片机控制程序一般下载到单片机的（　　　）中。

10. 21 个特殊功能寄存器映射到内部 RAM 区的（　　　）地址空间内。

11. 单片机在正常运行时，ALE 以（　　　）晶振频率的固定频率脉冲，所以可作为外部时钟或外部定时脉冲使用。

12. P0 口作为通用 I/O 口使用时，需外加（　　），分时复用作为低 8 位（　　）线和 8 位（　　）线时是真正的双向口。

13. C51 程序中，十六进制数的前缀是（　　）。

14. 单片机复位的条件是：必须使 RST（第 9 引脚）加上持续（　　）机器周期以上的（　　）电平。

三、简答题

1. 什么是单片机？简述单片机的特点。

2. 什么是单片机应用系统？

3. 简述单片机应用系统开发流程。

4. 除了 CPU 之外，51 单片机的片内都集成了哪些外围功能部件？

5. 当 P0～P3 口作为通用 I/O 口时，各有什么特点？

四、上机操作题

1. 利用单片机控制 8 个发光二极管，设计 8 个 LED 灯同时闪烁的硬件电路和控制程序。

2. 利用单片机控制 8 个发光二极管，设计硬件电路和控制程序实现图 1.52 所示控制效果。

● 亮　　○ 灭

图 1.52　8 个发光二极管的控制效果

✍学习任务

本项目以单片机控制流水灯为实例,依次介绍顺序程序结构控制流水灯、按键控制多种花样流水灯、移位操作控制流水灯、函数控制流水灯的方法,循序渐进,加深学生对 C51 数据类型、结构化程序设计方法的理解,使其掌握单片机端口操作、单片机应用系统设计的方法。

✍学习目标

知识目标

1. 熟悉 C51 程序的结构及特点;

2. 熟悉 C51 数据类型;

3. 了解 C51 运算符;

4. 了解单片机应用系统及开发流程;

5. 掌握函数及其结构化程序设计方法;

6. 熟悉单片机最小系统。

能力目标

1. 学会采用 C51 设计流水灯控制程序;

2. 能够进行单片机控制流水灯的仿真、调试;

3. 能够进行单片机最小系统的设计与制作。

素养目标

1. 具备自主学习、解决问题的能力;

2. 能够根据任务,制订合理的实施计划;

3. 具备团结协作、沟通交流的能力;

4. 具备爱岗敬业、遵守规范的意识。

思维导图

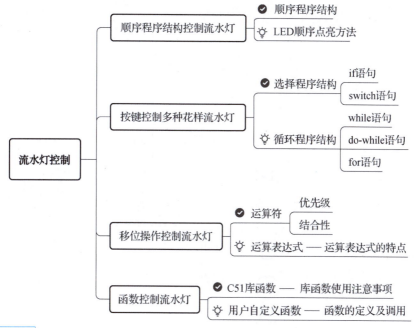

任务分析

2.1 顺序程序结构控制流水灯

2.1.1 目的与要求

通过单片机控制的 8 个发光二极管顺序点亮的流水灯系统的设计与制作，让读者了解 C51 的数据类型、变量与常量、运算符和表达式等概念及使用方法。要求从最低位 P1.0 控制的 D1 先亮，然后熄灭，再 D2 亮，然后熄灭，按此方式直到 P1.7 控制的 D8 亮。一个轮回后继续重复上一轮回，一直如此工作下去直到断电。

2.1.2 电路与元器件

顺序程序结构控制流水灯的系统电路如图 2.1 所示，根据本任务要求，51 单片机的 P1 口连接 8 个 LED 灯，电路包括单片机、复位电路、时钟电路、电源电路及发光二极管显示控制电路。

提示：图 2.1 电路包含了 51 单片机的典型最小系统电路，控制对象为 8 个发光二极管（LED）。

顺序程序结构控制流水灯系统电路的元器件清单如表 2.1 所示。

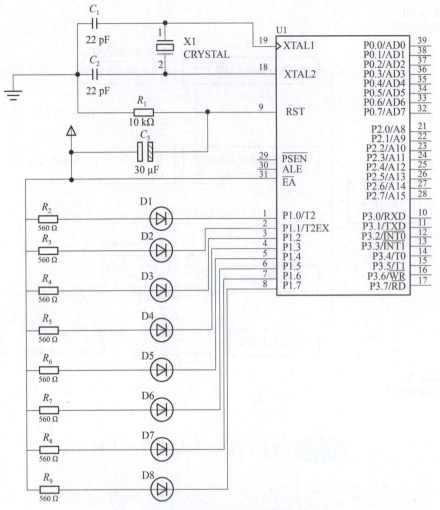

图 2.1　顺序程序结构控制流水灯的系统电路

表 2.1　顺序程序结构控制流水灯系统电路元器件清单

元器件名称	参数	数量	元器件名称	参数	数量
单片机	DIP40 封装的 51 单片机	1	弹性按键		1
晶体振荡器	12 MHz	1	电阻	560 Ω	8
瓷片电容	22 pF	2	电阻	10 kΩ	1
电解电容	30 μF	1	发光二极管	LED	8

2.1.3　硬件电路板制作

在万能板上按照电路图焊接元器件，完成电路板的制作。图 2.2 所示为焊接好的电路板实物图。

图 2.2 电路板实物图

2.1.4 源程序

必须在单片机芯片的内部存储器中烧录预先编写好的控制程序,才能看到发光二极管的闪烁效果。

具体源程序如下所示:

```
//程序: 2_1.c
//功能: 顺序程序结构控制流水灯程序
#include <AT89X51.h> //预处理命令
void main( ) //主函数名
{
    unsigned int a; //定义变量 a 为 int 类型
    While(1)
    {   P1_0 = 0; //设 P1.0 口为低电平,点亮 D1
        for (a = 0; a < 10000; a++) //10 000 次空循环,相当于延时时间
            ;
        P1_0 = 1; //设 P1.0 口为高电平,熄灭 D1
        for (a = 0; a < 10000; a++) //10 000 次空循环,相当于延时时间
            ;
        P1_1 = 0; //设 P1.1 口为低电平,点亮 D2
        for (a = 0; a < 10000; a++) //10 000 次空循环,相当于延时时间
            ;
        P1_1 = 1; //设 P1.1 口为高电平,熄灭 D2
        for (a = 0; a < 10000; a++) //10 000 次空循环,相当于延时时间
            ;
        P1_2 = 0; //设 P1.2 口为低电平,点亮 D3
        for (a = 0; a < 10000; a++) //10 000 次空循环,相当于延时时间
            ;
        P1_2 = 1; //设 P1.2 口为高电平,熄灭 D3
        for (a = 0; a < 10000; a++) //10 000 次空循环,相当于延时时间
            ;
```

```
        P1_3 = 0；//设 P1.3 口为低电平,点亮 D4
        for (a = 0；a < 10000；a ++)//10 000 次空循环,相当于延时时间
            ；
        P1_3 = 1；//设 P1.3 口为高电平,熄灭 D4
        for (a = 0；a < 10000；a ++) //10 000 次空循环,相当于延时时间
            ；
        P1_4 = 0；//设 P1.4 口为低电平,点亮 D5
        for (a = 0；a < 10000；a ++)//10 000 次空循环,相当于延时时间
            ；
        P1_4 = 1；//设 P1.4 口为高电平,熄灭 D5
        for (a = 0；a < 10000；a ++) //10 000 次空循环,相当于延时时间
            ；
        P1_5 = 0；//设 P1.5 口为低电平,点亮 D6
        for (a = 0；a < 10000；a ++)//10 000 次空循环,相当于延时时间
            ；
        P1_5 = 1；//设 P1.5 口为高电平,熄灭 D6
        for (a = 0；a < 10000；a ++) //10 000 次空循环,相当于延时时间
            ；
        P1_6 = 0；//设 P1.6 口为低电平,点亮 D7
        for (a = 0；a < 10000；a ++)//10 000 次空循环,相当于延时时间
            ；
        P1_6 = 1；//设 P1.6 口为高电平,熄灭 D7
        for (a = 0；a < 10000；a ++) //10 000 次空循环,相当于延时时间
            ；
        P1_7 = 0；//设 P1.7 口为低电平,点亮 D8
        for (a = 0；a < 10000；a ++)
            ；
        P1_7 = 1；//设 P1.7 口为高电平,熄灭 D8
        for (a = 0；a < 10000；a ++) //10 000 次空循环,相当于延时时间
            ；
    } }
```

　　将 2_1.c 源程序编译、链接后生成十六讲制代码文件 2_1.hex，该文档可以下载到单片机的程序存储器中。

　　P1 端口内部有个 8 位的寄存器, 8 位寄存器对应着 P1 口的 8 位, 可以为 P1 寄存器赋 $(11111110)_2$, 表示给 P1 口的第 1 位引脚置低电平, 其他 7 位引脚置高电平, 实现第 1 只 LED 灯 D1 亮, 其他 LED 灯熄灭。据此可知, 实现流水灯, 只需按序每隔一定时间给 P1 寄存器赋 $(11111110)_2 = 254$, $(11111101)_2 = 253$, $(11111011)_2 = 251$, $(11110111)_2 = 247$, $(11101111)_2 = 239$, $(11011111)_2 = 223$, $(10111111)_2 = 191$, $(01111111)_2 = 127$ 就可以了, 将会依次实现 D1、D2、D3、D4、D5、D6、D7、D8 顺序点亮。因此可以将程序优化如下：

```
//程序:2_2.c
#include <AT89X51.h> //预处理命令
    void main(    ) //主函数名
```

```
    unsigned int a; //定义变量 a 为 int 类型
    do{
        P1 = 254; //点亮 D1
        for (a = 0; a < 10000; a ++);
        P1 = 253; //点亮 D2
        for (a = 0; a < 10000; a ++);
        P1 = 251; //点亮 D3
        for (a = 0; a < 10000; a ++);
        P1 = 247; //点亮 D4
        for (a = 0; a < 10000; a ++);
        P1 = 239; //点亮 D5
        for (a = 0; a < 10000; a ++);
        P1 = 223; //点亮 D6
        for (a = 0; a < 10000; a ++);
        P1 = 191; //点亮 D7
        for (a = 0; a < 10000; a ++);
        P1 = 127; //点亮 D8
        for (a = 0; a < 10000; a ++);
    }
    while(1);
}
```

2.1.5 程序下载

直接利用将二进制文件下载到单片机中的方法有很多，例如可以选用具有 ISP 功能的单片机，例如宏晶单片机等。宏晶单片机 STC89C52 不仅具有 ISP 下载功能，还具有串口下载功能，使用起来非常方便。

2.1.6 任务梳理

根据单片机开发流程，对任务顺序程序结构控制流水灯进行梳理总结，并填写表 2.2。

表 2.2 任务单

任务名称	顺序程序结构控制流水灯			
任务描述				
小组名称		组长		
组员				
序号	人员	负责内容		完成情况

续表

知识准备	1. 顺序程序结构的特点。 2. 如何实现 LED 的顺序点亮? 3. while(1)的作用。 4. while( )与 do – while( )的区别。
电路图	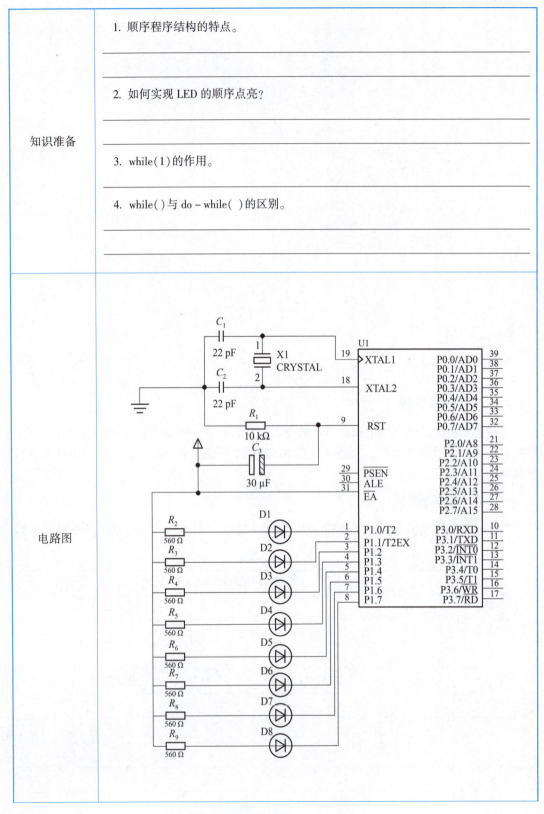

| 程序 | ```c
#include <AT89X51.h> //预处理命令
  void main( ) //主函数名
    {
      unsigned int a; //定义变量a为int类型
      while(_____)
      { P1_0 = 0; //设P1.0口为低电平,点亮D1
        for(a=0;a<10000;a++)//10 000次空循环,相当于延时时间
              ;
        P1_0 = 1; //设P1.0口为高电平,熄灭D1
        for(a=0;a<10000;a++) //10 000次空循环,相当于延时时间
              ;
        _____ //设P1.1口为低电平,点亮D2
        for(a=0;a<10000;a++)//10 000次空循环,相当于延时时间
              ;
        _____ //设P1.1口为高电平,熄灭D2
        for(a=0;a<10000;a++) //10 000次空循环,相当于延时时间
              ;
        _____ //设P1.2口为低电平,点亮D3
        for(a=0;a<10000;a++) //10 000次空循环,相当于延时时间
              ;
        _____ //设P1.2口为高电平,熄灭D3
        for(a=0;a<10000;a++) //10 000次空循环,相当于延时时间
              ;
        _____ //设P1.3口为低电平,点亮D4
        for(a=0;a<10000;a++) //10 000次空循环,相当于延时时间
              ;
        _____ //设P1.3口为高电平,熄灭D4
        for(a=0;a<10000;a++) //10 000次空循环,相当于延时时间
              ;
        P1_4 = 0; //设P1.4口为低电平,点亮D5
        for(a=0;a<10000;a++)//10 000次空循环,相当于延时时间
              ;
        P1_4 = 1; //设P1.4口为高电平,熄灭D5
        for(a=0;a<10000;a++) //10 000次空循环,相当于延时时间
              ;
        P1_5 = 0; //设P1.5口为低电平,点亮D6
        for(a=0;a<10000;a++)//10 000次空循环,相当于延时时间
              ;
        P1_5 = 1; //设P1.5口为高电平,熄灭D6
        for(a=0;a<10000;a++) //10 000次空循环,相当于延时时间
              ;
``` |
```

续表

程序	`P1_6 = 0;` //设 P1.6 口为低电平,点亮 D7
	
	`for(a=0;a<10000;a++)`//10 000 次空循环,相当于延时时间
	　　　　　`;`
	
	`P1_6 = 1;` //设 P1.6 口为高电平,熄灭 D7
	
	`_____` //10 000 次空循环,相当于延时时间
	　　　　　`;`
	
	`P1_7 = 0;` //设 P1.7 口为低电平,点亮 D8
	
	`for(a=0;a<10000;a++)` //10 000 次空循环,相当于延时时间
	　　　　　`;`
	
	`P1_7 = 1;` //设 P1.7 口为高电平,熄灭 D8
	
	`for(a=0;a<10000;a++)` //10 000 次空循环,相当于延时时间
	　　　　　`;`
	`}`
	
	　`}`

编程调试的过程中存在的问题及解决方法	

2.1.7　任务评价

1. 任务验收

根据项目要求和电子线路工艺规范,进行任务验收,并填写表 2.3。

表 2.3　项目验收报告

项目名称			组名	
项目概况				
序号	验收项目	验收记录	存在问题	完成时间
1	硬件电路检查			
2	软件程序检查			
3	电子元件布局规范性检查			
4	功能检查			
5	技术文档检查			
6	其他			

续表

预验收结论：
签字：
时间：

2. 展示评价

各组展示作品，介绍任务完成过程，制作过程视频，运行结果视频，整理技术文档并提交汇报材料，进行小组自评、组间互评、教师评价，完成考核评价表，如表 2.4 所示。

表 2.4 考核评价表

序号	评价项目	评价内容	分值	自评 20%	互评 20%	师评 60%	合计
1	职业素养	分工合理，制订计划能力强					
		能够采用多种信息化手段解决问题					
		主动性强，保质保量完成任务					
		自主学习、解决问题的能力					
		遵守行业规范、现场"6S"标准					
		具备团队合作、交流沟通分享的能力					
2	专业能力	电路图设计正确					
		C51 顺序程序结构的应用正确					
		C51 数据类型的选择正确					
		程序设计合理					
		调试结果正确					
		技术总结文档完整					
		汇报思路清晰、表达清楚					
3	创新能力	创新性思维和实现效果					
		拓展任务完成情况					

2.1.8　任务小结

通过 8 个发光二极管组成的流水灯控制系统的制作过程，读者加深了对单片机和单片机最小系统概念的了解。与此同时，读者还认识了单片机应用系统的开发过程。

2.2　按键控制多种花样流水灯

2.2.1　目的与要求

采用按键控制 8 个发光二极管，实现多种花样流水灯系统的设计，通过 4 个按键控制流水灯在四种模式之间切换。具体控制如下：

没有按键按下时：8 个 LED 灯全灭；

当 S1 按下时：8 个 LED 灯全亮；

当 S2 按下时：8 个 LED 灯交叉亮灭；

当 S3 按下时：高 4 位连接的 LED 灯点亮；

当 S4 按下时：低 4 位连接的 LED 灯点亮。

2.2.2　电路与元器件

按键控制流水灯的硬件电路如图 2.3 所示，根据本任务要求，51 单片机的 P1 口连接 8 个 LED 灯，P0.0～P0.3 连接 4 个按键开关，当按下按键时，对应的 I/O 引脚输入 0，当松开按键时，对应的 I/O 引脚输入 1。电路由单片机、复位电路、时钟电路、电源电路、按键输入电路及发光二极管显示控制电路组成。

提示：图 2.3 电路包含了 51 单片机的典型最小系统电路，控制对象为 8 个发光二极管（LED），直接采用单片机的 I/O 口线输入按键的信号，一个按键单独占用一根 I/O 口线，此图中四个按键的信号分别接入 P0.0～P0.3。按键的工作不会影响其他 I/O 口线的状态，这种连接方式称为独立式按键硬件接口方式。

在按键被按下或释放时，由于机械弹性作用的影响，通常伴随着一定时间的触点机械抖动，然后其触点才稳定下来，抖动时间一般为 5～10 ms，如图 2.4 所示。这种现象会干扰按键的识别，在触点抖动期间检测按键的通与断状态，可能导致判断出错。因此需要对按键进行消抖动处理，也称为去抖动。

按键去抖动一般有硬件去抖动和软件去抖动两种方法。硬件电路去抖动的方法如图 2.5 所示。通常采用 R－S 触发器或单稳电路构成去抖电路，每一个按键都要连接一个硬件去抖动的电路，所以当电路中按键较多时电路就显得十分复杂。

软件去抖编程思路：

判断按键被按下后，加一个 10 ms 的延时程序，然后待按键稳定后，再次检测按键是否仍处于被按下状态，以确认该键按下不是因为抖动产生，就可以确认确实有按键被按下。同理，在检测到该按键释放时，也采用先延时再判断的方法消除抖动的影响。按键软件去抖流程如图 2.6 所示。

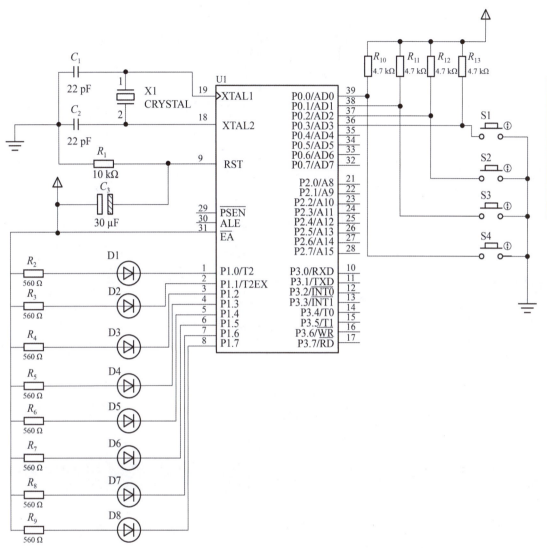

图 2.3　单片机控制 8 个发光二极管系统电路

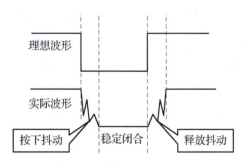

图 2.4　按键触点的机械抖动

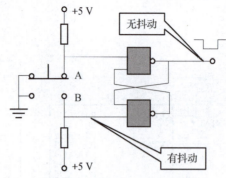

图 2.5　按键硬件去抖动电路

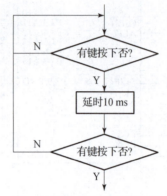

图 2.6　按键软件去抖动流程

采用软件去抖动方法的去抖程序段如下：

```
if(S==0)                  //第一次检测到按键 S 按下
    {
        delay(1200);      //延时 10 ms 左右去抖动
        if(S==0)          //再次检测到按键 S 按下
        {......}
    }
```

if 是 C 语言的基本选择语句，具体使用方法见第 2.8.2 节。

按键控制多种花样流水灯系统电路的元器件清单如表 2.5 所示。

表 2.5　按键控制多种花样流水灯系统电路元器件清单

元器件名称	参数	数量	元器件名称	参数	数量
单片机	DIP40 封装的 51 单片机	1	弹性按键		5
晶体振荡器	12 MHz	1	电阻	560 Ω	8
瓷片电容	22 pF	2	电阻	10 kΩ	1
电解电容	30 μF	1	电阻	4.7 kΩ	4
发光二极管	LED	8			

2.2.3 硬件电路板制作

在万能板上按照电路图焊接元器件，完成电路板的制作。图2.7所示为焊接好的电路板实物图。

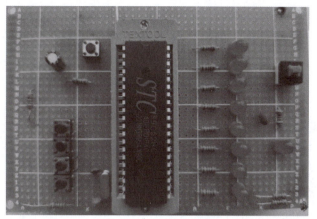

图2.7 电路板实物图

2.2.4 源程序

必须在单片机芯片的内部存储器中烧录预先编写好的控制程序，才能看到按键控制8个发光二极管形成的花样流水灯效果。按下相应的按键时，流水灯显示相应的模式。

参考源程序如下所示：

```
//程序:2_3.c
//功能:按键控制多种花样流水灯程序(if选择语句)
    #include <reg51.h>  //包含头文件reg51.h,定义了51单片机专用寄存器
    #define TIME 1200    //定义符号常量TIME,代表常数1200
    sbit    S1 = P0^3;   //定义位名称
    sbit    S2 = P0^2;
    sbit    S3 = P0^1;
    sbit    S4 = P0^0;
    void delay(unsigned int i)
     {
    while(i--);
    }
    void main( )
     {
      while(1)
     {
        if(S1 ==0)      //第一次检测到S1按下
     {
        delay(TIME);    //延时去抖动
        if(S1 ==0)
        P1 = 0x00;      //再次检测到S1按下,第一种模式,8个灯全亮
```

```
        }
    else if(S2 ==0)        //第一次检测到 S2 按下
      {
        delay(TIME);       //延时去抖动
        if(S2 ==0)
        P1 = 0x55;         //再次检测到 S2 按下,第二种模式,8 个灯交叉亮
        }
    else if(S3 ==0)        //第一次检测到 S3 按下
      {
        delay(TIME);       //延时去抖动
        if(S3 ==0)
        P1 = 0x0f;         //再次检测到 S3 按下,第三种模式,高四位亮
      }
    else if(S4 ==0)        //第一次检测到 S4 按下
      {
        delay(TIME);       //延时去抖动
        if(S4 ==0)
        P1 = 0xf0;         //再次检测到 S4 按下,第四种模式,低四位亮
      }
    else
      {   P1 = 0xff;       //没有按键按下时,全部熄灭
        delay(TIME);
      }
      }
    }
```

将 2_3. c 源程序编译、链接后生成十六讲制代码文件 2_3. hex,该文档可以下载到单片机的程序存储器中。

以上为采用 if 选择语句的花样流水灯选择方法,也可以采用 switch 选择语句实现花样流水灯的选择。参考程序如下所示:

```
//程序: 2_4.c
//功能: 按键控制多种花样流水灯程序(switch 选择语句)
#include < reg51.h > //包含头文件 reg51.h,定义了 51 单片机专用寄存器
#define TIME 1200    //定义符号常量 TIME,代表常数 1 200
sbit    S1 = P0^3;   //定义位名称
sbit    S2 = P0^2;
sbit    S3 = P0^1;
sbit    S4 = P0^0;
void delay(unsigned int i)
  {
while(i --);
}
void main( )
```

```
{  int i;
   while(1)
   {
       if(S1 ==0)               //第一次检测到 S1 按下
   {
        delay(TIME);            //延时去抖动
        if(S1 ==0)
        i =1;                   //再次检测到 S1 按下,第一种模式,i =1
        }
else if(S2 ==0)               //第一次检测到 S2 按下
   {
       delay(TIME);            //延时去抖动
       if(S2 ==0)
       i =2;                    //再次检测到 S2 按下,第二种模式,i =2
        }
 else if(S3 ==0)              //第一次检测到 S3 按下
   {
       delay(TIME);            //延时去抖动
       if(S3 ==0)
       i =3;                    //再次检测到 S3 按下,第三种模式,i =3
   }
 else if(S4 ==0)              //第一次检测到 S4 按下
   {
       delay(TIME);            //延时去抖动
       if(S4 ==0)
       i =4;                    //再次检测到 S4 按下,第四种模式,i =4
   }
else
   {   i =5;                    //没有按键按下时,i =5
   }
switch(i)                          //根据 i 的值显示不同模式
   {
       case 1:P1 =0x00;break;          //i =1 显示第 1 种模式
       case 2:P1 =0x55;break;          //i =2 显示第 2 种模式
       case 3:P1 =0x0f;break;          //i =3 显示第 3 种模式
       case 4:P1 =0xf0;break;          //i =4 显示第 4 种模式
      default: P1 =0xff;break;         //i =5 时 LED 灯全部熄灭 }
 delay(1200);                //延时消除抖动
   }
 }
```

2.2.5　程序下载

将二进制文件下载到单片机中的方法有很多，例如可以选用具有 ISP 功能的单片机，例如宏晶单片机等。宏晶单片机不仅具有 ISP 下载功能，还具有串口下载功能，使用起来非常方便。

2.2.6　任务梳理

　　根据单片机开发流程，对任务按键控制多种花样流水灯进行梳理总结，并填写表2.6。

表 2.6　任务单

任务名称	按键控制多种花样流水灯		
任务描述			
小组名称		组长	
组员			
序号	人员	负责内容	完成情况
知识准备	1. 独立式按键输入的特点。 　 2. 简要说明机械按键去抖动的几种方法。 　 3. 简述软件去抖动方法，写出编程思路。 　 4. 简述 if 语句的作用。 　 5. 简述 switch 语句的作用。 		

续表

电路图	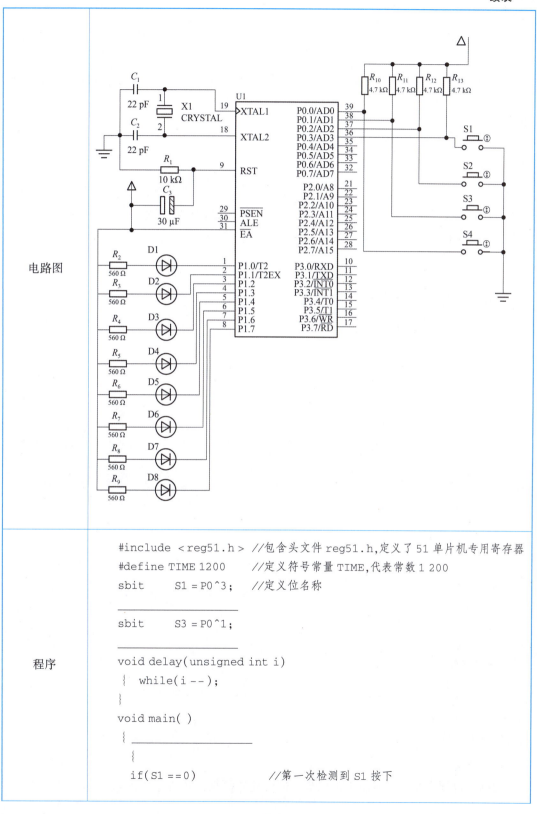

程序	`#include <reg51.h>` //包含头文件 reg51.h,定义了51单片机专用寄存器
	`#define TIME 1200` //定义符号常量 TIME,代表常数 1 200
	`sbit     S1 = P0^3;` //定义位名称
	_____
	`sbit     S3 = P0^1;`
	_____
	`void delay(unsigned int i)`
	`{  while(i--);`
	`}`
	`void main( )`
	`{` _____
	`  {`
	`  if(S1 == 0)` //第一次检测到 S1 按下

续表

| 程序 | ```
    {
        delay(TIME);   //延时去抖动
        if(_____)
        P1 = 0x00;   //再次检测到 S1 按下,第一种模式,8 个灯
全亮
        }
    else if(S2 == 0)   //第一次检测到 S2 按下
        {
        delay(TIME);   //延时去抖动
        if(_____)
        P1 = _____;   //再次检测到 S2 按下,第二种模式,8 个灯交
叉亮
        }
    else if(S3 == 0)   //第一次检测到 S3 按下
        {_____;   //延时去抖动
        if(S3 == 0)
        P1 = 0x0f;   //再次检测到 S3 按下,第三种模式,高四位亮
        }
    else if(S4 == 0)   //第一次检测到 S4 按下
        {
        delay(TIME);   //延时去抖动
        if(S4 == 0)
        _____   //再次检测到 S4 按下,第四种模式,低四位亮
        }
    else
        {   _____   //没有按键按下时,全部熄灭
        delay(TIME);
        }
    }
    }
```|
| 编程调试的过程中存在的问题及解决方法 | |

2.2.7 任务评价

1. 任务验收

根据项目要求和电子线路工艺规范,进行任务验收,并填写表2.7。

表2.7　项目验收报告

项目 名称			组名	
项目 概况				
序号	验收项目	验收记录	存在问题	完成时间
1	硬件电路检查			
2	软件程序检查			
3	电子元件布局规范性检查			
4	功能检查			
5	技术文档检查			
6	其他			
预验收结论： 　　　　　　　　　　　　　　　　　　　　　　　　　签字： 　　　　　　　　　　　　　　　　　　　　　　　　　时间：				

2. 展示评价

各组展示作品，介绍任务完成过程，制作过程视频，运行结果视频，整理技术文档并提交汇报材料，进行小组自评、组间互评、教师评价，完成考核评价表，如表2.8所示。

表2.8　考核评价表

序号	评价项目	评价内容	分值	自评 20%	互评 20%	师评 60%	合计
1	职业素养	分工合理，制订计划能力强					
		能够采用多种信息化手段解决问题					
		主动性强，保质保量完成任务					
		自主学习、解决问题的能力					
		遵守行业规范、现场"6S"标准					
		具备团队合作、交流沟通分享的能力					

续表

序号	评价项目	评价内容	分值	自评 20%	互评 20%	师评 60%	合计
2	专业能力	电路图设计正确					
		选择结构程序的设计正确					
		按键去抖动电路的设计正确					
		软件编程实现去抖动程序的设计正确					
		程序设计合理					
		调试结果正确					
		技术总结文档完整					
		汇报思路清晰、表达清楚					
3	创新能力	创新性思维和实现效果					
		拓展任务完成情况					

2.2.8　任务小结

通过单片机实现 4 个独立按键控制花样流水灯系统的设计，读者加深了对单片机并行 I/O 口的输出和输入控制功能的认识，同时，读者还了解到按键的控制方法、机械按键的去抖动方法以及 if 语句、switch 语句的使用方法。

2.3　移位操作控制流水灯

移位指令

2.3.1　目的与要求

通过移位操作控制单片机 P1 口连接的 8 个发光二极管花样点亮，让读者了解 C51 的移位运算符、循环移位函数的使用方法。要求设计电路，51 单片机的 P1 口连接 8 只 LED 灯，按以下顺序点亮，形成花样流水灯的效果：

①从 P1.0 到 P1.7 连接的 8 只 LED 灯逐个点亮；
②从 P1.0 到 P1.7 连接的 8 只 LED 灯依次全部点亮；
③从 P1.7 到 P1.0 连接的 8 只 LED 灯逐个点亮；
④从 P1.7 到 P1.0 连接的 8 只 LED 灯依次全部点亮。

2.3.2　电路与元器件

1. 元器件的选择

由于用到的发光二极管较多，每个发光二极管都需要限流电阻，硬件电路会显得比较复杂，所以这里使用了排阻。

　　排阻就是若干个参数完全相同的电阻，它们的每一个引脚都连到一起，作为公共引脚，其余引脚正常引出。如果一个排阻是由 n 个电阻构成的，那么它就有 $n+1$ 个引脚，一般来说最左边的那个是公共引脚。它在排阻上一般用一个色点标出来。排阻的实物封装图如图 2.8 所示。

（a）　　　　　　　　　　　（b）

图 2.8　排阻的封装实物图
（a）直插式排阻；（b）贴片式排阻

　　移位操作控制流水灯系统电路如图 2.9 所示，根据本任务要求，51 单片机的 P1 口连接 8 个 LED 灯，电路包括单片机、复位电路、时钟电路、电源电路及发光二极管显示控制电路。

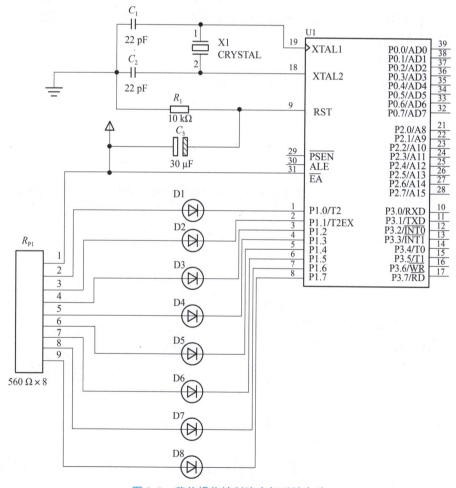

图 2.9　移位操作控制流水灯系统电路

提示：排阻一般用在数字电路上，比如作为某个并行口的上拉或者下拉电阻。使用排阻比用若干只固定电阻更方便。

移位操作控制流水灯系统电路的器件清单如表2.9所示。

表2.9   移位操作控制流水灯系统电路器件清单

元件名称	参数	数量	元件名称	参数	数量
单片机	DIP40 封装的 51 单片机	1	弹性按键		1
晶体振荡器	12 MHz	1	排阻	560 Ω ×8	1
瓷片电容	22 pF	2	电阻	10 kΩ	1
电解电容	30 μF	1	发光二极管	LED	8

任务要求单片机控制 8 个 LED 灯，当需要对某个 I/O 口的 8 位一起操作时，一般采用整体端口操作的方式，即总线的方式。在软件设计时可以定义一个变量来给 P1 口赋值，赋的值不同，点亮的 LED 灯不同。由于 8 只 LED 灯要按一定规律点亮，这就要求对给 P1 口赋的变量进行移位，移位操作既可以用标准 C 中的左移、右移运算符来实现，也可以用 C51 库自带的函数来实现。

2. 移位操作相关运算符和库函数

移位运算符功能及应用分别如表2.10、图2.10所示。

表2.10   移位运算符功能

符号	功能	示例
<<	按位左移	int x；x = 3 <<1；表示将 0011 左移一位之后赋给 x
>>	按位右移	int x；x = 3 >>1；表示将 0011 右移一位之后赋给 x

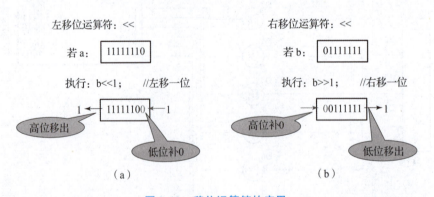

图2.10   移位运算符的应用
（a）左移运算符；（b）右移运算符

左移和右移功能可以通过 C 语言自带的左移运算符和右移运算符实现，可以直接使用。具体功能如表2.11所示。

表 2.11　循环移位函数

符号	功能	示例
cror(unsigned char c,unsigned char b)	将字符 c 循环左移 b 位	int x；x = _crol_(0xfe,1)；表示将 11111110 循环左移一位之后赋给 x
crol(unsigned char c,unsigned char b)	将字符 c 循环右移 b 位	int x；x = _cror_(0x7f,1)；表示将 01111111 循环右移一位之后赋给 x

注意： 循环移位函数_crol_( )和_cror_( )包含在 intrins.h 头文件中，因此如果在程序中要用到这类函数，就必须在程序的开头处包含 intrins.h 这个头文件。

Keil C51 提供的_cror_( )是循环右移函数，就是把低位移出去的部分补到高位去，移位过程如图 2.11 所示。如果 P1 口的状态为"01111111"，那么执行语句"P1 = _cror_(P1,1)；"后，P1 口的状态为"10111111"，向右移了一位，并将被移出的最低位 1 补到最高位上，以此类推。循环右移函数_cror_( )需要两个参数，第 1 个参数存放被移位的数据，第 2 个参数是常数，用来说明移位次数，如图 2.11 所示。

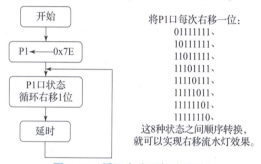

图 2.11　循环右移函数移位过程

crol( )是循环左移函数，就是把高位移出去的部分补到低位去，其移位过程如图 2.12 所示。如果 P1 口的状态为"11111110"，那么执行语句"P1 = _crol_(P1,1)；"后，P1 口的状态为"11111101"，向左移了一位，并将被移出的最高位 1 补到最低位上，以此类推。循环左移函数_crol_( )需要两个参数，第 1 个参数存放被移位的数据，第 2 个参数是常数，用来说明移位次数，如图 2.12 所示。

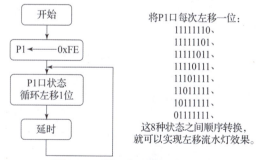

图 2.12　循环左移函数移位过程

2.3.3　硬件电路板制作

在万能板上按照电路图焊接元器件，完成电路板的制作，只需要将图

广告灯的
硬件电路设

2.2 电路板中 8 个 560 Ω 的电阻换成一个 560 Ω×8 的排阻即可，注意排阻公共引脚的识别。

2.3.4   源程序

必须在单片机芯片的内部存储器中烧录预先编写好的控制程序，才能看到发光二极管的闪烁效果。

广告灯的
程序设计

具体源程序如下所示：

```
//程序：2_5.c
//功能：移位操作控制流水灯程序
    #include <reg52.h>        //宏定义,52 单片机头文件
    #include <intrins.h>      //包含_crol_、_cror_函数所在的头文件
    #define uint unsigned int
    #define uchar unsigned char
    //延时子函数
    void Delay(unsigned int t)
    {  while(--t);
    }
    //主函数,循环点亮 LED 灯
    void main()
    { uchar k,recy;
      while(1)                        //大循环
      {  recy=0xfe;
         for(k=1;k<=8;k++)            //8 只 LED 灯从 P1.0 到 P1.7 逐个点亮
            { P1=recy;                //先点亮 P1.0 的 LED 灯
              Delay(50000);           //延时一段时间
              recy=_crol_(recy,1);    //将 recy 循环左移 1 位后再赋给 recy
            }
  recy=0xfe;
         for(k=1;k<=8;k++)            //8 只 LED 灯从 P1.0 到 P1.7 依次全部点亮
            {  P1=recy;
              Delay(50000);
              recy=recy<<1;           //将 recy 左移 1 位后再赋给 recy
            }
         P1=0xff;                     //全部熄灭
         Delay(50000);
         recy=0x7f;
         for(k=1;k<=8;k++)            //8 只 LED 灯从 P1.7 到 P1.0 逐个点亮
            { P1=recy;                //先点亮 P1.7 的 LED 灯
              Delay(50000);
              recy=_cror_(recy,1);    //将 recy 循环右移 1 位后再赋给 recy
            }
         recy=0x7f;
         for(k=1;k<=8;k++)            //8 只 LED 灯从 P1.7 到 P1.0 依次全部点亮
```

```
        │    P1 = recy;
             Delay(50000);
             recy = recy >>1;        //将 recy 右移 1 位后再赋给 recy
        │
    P1 = 0xff;                       //全部熄灭
    Delay(50000);
  │
│
```

将 2_5. c 源程序编译、链接后生成十六讲制代码文件 2_5. hex，该文档可以下载到单片机的程序存储器中。

2.3.5 程序下载

直接将编写好的程序利用 Keil C51 软件编译生成 ∗. hex 文件，再下载到 Proteus 软件的硬件电路原理图的 51 单片机中运行，可以看到 P1.0 到 P1.7 连接的 LED 灯逐个点亮，然后 P1.0 到 P1.7 连接的 LED 灯依次全部点亮，接着在 8 个 LED 灯全部熄灭后 P1.7 到 P1.0 连接的 LED 灯逐个点亮，最后 P1.7 到 P1.0 连接的 LED 灯依次全部点亮，如此反复实现流水灯效果。

2.3.6 任务梳理

根据单片机开发流程，对任务移位操作控制流水灯进行梳理总结，并填写表 2.12。

表 2.12　任务单

任务名称	移位操作控制流水灯		
任务描述			
小组名称		组长	
组员			
序号	人员	负责内容	完成情况
知识准备	1. 简要说明 C 语言运算符的分类。 2. 举例说明左移运算符的功能。		

续表

知识准备	3. 举例说明右移运算符的功能。 4. 举例说明循环左移库函数的应用。 5. 举例说明循环右移库函数的应用。 6. 思考如何在从 P1 口低位向高位依次点亮 8 个 LED 灯后，再从低位到高位依次熄灭？
电路图	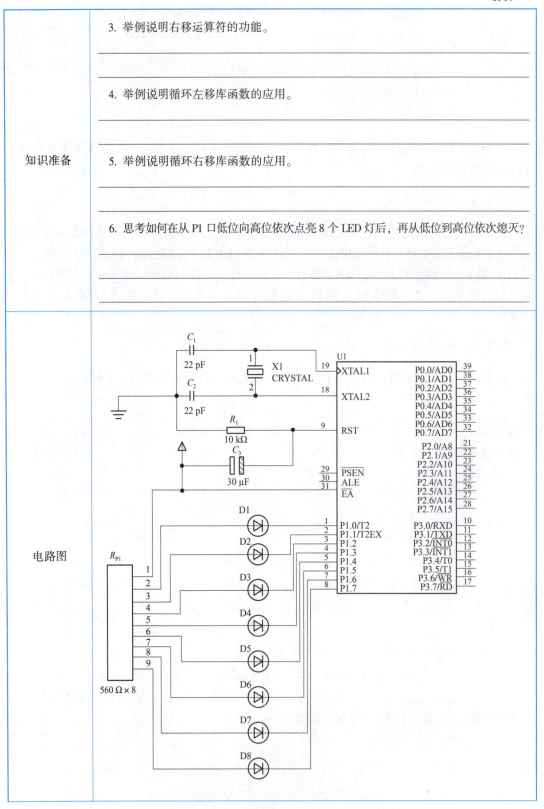

续表

程序

```
#include <reg52.h>          //宏定义,52单片机头文件
#include _____    //包含_crol_、_cror_函数所在的头文件
#define uint unsigned int
#define uchar unsigned char
//延时子函数
void Delay(unsigned int t)
{  while( --t);
}
//主函数,循环点亮LED灯
void main()
{ uchar k,recy;

    _____                    //大循环
    {  recy=0xfe;
       for(k=1;k<=8;k++)     //8只LED灯从P1.0到P1.7逐个点亮
          {  P1=recy;        //先点亮P1.0的LED灯
             Delay(50000);    //延时一段时间
             recy=_____;  //将recy循环左移1位赋给recy
          }
       recy=0xfe;
       for(k=1;k<=8;k++)     //8只LED灯从P1.0到P1.7依次全部点亮
          {  P1=recy;
             Delay(50000);
             recy=_____;  //将recy左移1位后再赋给recy
          }
    P1=0xff;                 //全部熄灭
    Delay(50000);
    recy=0x7f;
    for(k=1;k<=8;k++)        //8只LED灯从P1.7到P1.0逐个点亮
       {  P1=recy;           //先点亮P1.7的LED灯
          Delay(50000);
          recy=_____;  //将recy循环右移1位再赋给recy
       }
    recy=0x7f;
    for(k=1;k<=8;k++)        //8只LED灯从P1.7到P1.0依次全部点亮
       {  P1=recy;
          Delay(50000);
          recy=_____;  //将recy右移1位后再赋给recy
       }
    P1=_____;     //全部熄灭
    Delay(50000);
    }
}
```

续表

编程调试的过程中存在的问题及解决方法	

2.3.7　任务评价

1. 任务验收

根据项目要求和电子线路工艺规范，进行任务验收，并填写表 2.13。

表 2.13　项目验收报告

项目名称			组名	
项目概况				
序号	验收项目	验收记录	存在问题	完成时间
1	硬件电路检查			
2	软件程序检查			
3	电子元件布局规范性检查			
4	功能检查			
5	技术文档检查			
6	其他			
预验收结论： 签字： 时间：				

2. 展示评价

各组展示作品，介绍任务完成过程，制作过程视频，运行结果视频，整理技术文档并提交汇报材料，进行小组自评、组间互评、教师评价，完成考核评价表，如表 2.14 所示。

表 2.14 考核评价表

序号	评价项目	评价内容	分值	自评 20%	互评 20%	师评 60%	合计
1	职业素养	分工合理，制订计划能力强					
		能够采用多种信息化手段解决问题					
		主动性强，保质保量完成任务					
		自主学习、解决问题的能力					
		遵守行业规范、现场"6S"标准					
		具备团队合作、交流沟通分享的能力					
2	专业能力	电路图设计正确					
		C51 运算符的使用正确					
		C51 库函数的使用正确					
		左移、右移运算符在流水灯控制中的应用正确					
		循环左移、循环右移库函数在流水灯控制中的应用正确					
		程序设计合理					
		调试结果正确					
		技术总结文档完整					
		汇报思路清晰，表达清楚					
3	创新能力	创新性思维和实现效果					
		拓展任务完成情况					

2.3.8 任务小结

通过移位操作控制 8 个发光二极管组成的流水灯控制系统的制作过程，读者加深了对移位运算符和循环移位库函数的了解。与此同时，读者还认识了单片机应用系统的开发过程。此外我们还可以通过编程控制 LED 灯，使它们以我们想要的各种方式点亮，而且 LED 灯点亮频率可以通过改变延时时间来实现。

2.4　函数控制流水灯

2.4.1　目的与要求

通过函数操作控制单片机 P1 口连接的 8 个发光二极管花样点亮，让读者熟悉 C51 的子函数调用、移位运算符、循环移位函数的使用方法。要求设计电路，51 单片机的 P1 口连接 8 只 LED 灯，按以下顺序点亮，形成花样流水灯的效果：

（1）从 P1.0 到 P1.7 连接的 8 只 LED 灯依次全部点亮；

（2）从 P1.0 到 P1.7 连接的 8 只 LED 灯依次全部熄灭；

（3）从 P1.0 到 P1.7 连接的 8 只 LED 灯逐个点亮；

（4）全部点亮；

（5）全部熄灭。

2.4.2　电路与元器件

函数控制流水灯的硬件电路如图 2.13 所示，根据本任务要求，51 单片机的 P1 口连接 8 个 LED 灯，电路包括单片机、复位电路、时钟电路、电源电路及发光二极管显示控制电路。这里采用总线的绘制方法。

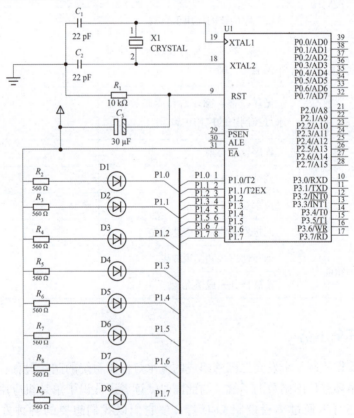

图 2.13　单片机控制 8 个发光二极管系统电路

提示：

（1）Proteus 中利用总线可以简化电路图的绘制，在 Proteus 左侧工具栏中选择"总线模式"，然后可以在确定位置单击作为总线起点，在终点处双击可结束此段总线的绘制。在连接总线时，在连线拐弯处单击鼠标左键，然后按住"Ctrl"键，拖曳鼠标呈 45°角与总线相连，使得电路图更加整洁美观。

（2）单击"工具"菜单选择"属性赋值工具 A"会弹出一个对话窗（也可以直接在键盘上按一下大写字母 A，就会弹出对话框），如图 2.14 所示。更改"字符串"（String）内容为：NET = P1.#。（字符"P1."是根据单片机引脚命名的标号不变的前缀）计数初值（Count）此处设置为 0，计数增量（Increment）设置为 1，表示标号从 P1.0 开始，每次 +1。

（3）为接线处设置标号，注意图中电路总线连接 8 个引脚，分别是 P1.0、P1.1、…、P1.7，鼠标移动到连线处，鼠标箭头会变成"手和一个绿色矩形"，单击鼠标左键，就会自动给各分支设置标号。

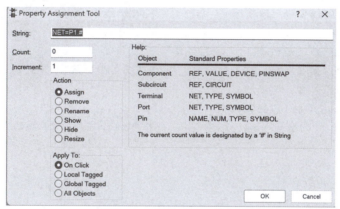

图 2.14　属性赋值工具 A

函数控制流水灯系统电路的元器件清单如表 2.15 所示。

表 2.15　函数控制流水灯系统电路的元器件清单

元器件名称	参数	数量	元器件名称	参数	数量
单片机	DIP40 封装的 51 单片机	1	弹性按键		1
晶体振荡器	12 MHz	1	电阻	560 Ω	8
瓷片电容	22 pF	2	电阻	10 kΩ	1
电解电容	30 μF	1	发光二极管	LED	8

2.4.3　硬件电路板制作

在万能板上按照电路图焊接元器件，完成电路板的制作，最终硬件电路板与图 2.2 电路板一致。

2.4.4　源程序

必须在单片机芯片的内部存储器中烧录预先编写好的函数控制流水灯程序，才能看到发光二极管通过调用 5 个子函数实现 5 个不同的流水灯花样效果。本小节通过编写子函数，再按照顺序调用，实现花样流水灯效果。

具体源程序如下所示：

```
//程序:2_6.c
//功能:函数控制花样流水灯程序
#include<reg52.h>        //宏定义,52 单片机头文件
#include<intrins.h>      //包含_crol_、_cror_函数所在的头文件
#define uint unsigned int
#define uchar unsigned char
//延时子函数
void Delay(unsigned int t)
{  while( --t);
}
void yiciliang()
{  uint k1,recy1;
    recy1 =0xfe;
    for(k1 =1;k1 <=8;k1 ++)       //8 只 LED 灯从 P1.0 到 P1.7 依次全部点亮
       {   P1 = recy1;
           Delay(50000);
           recy1 = recy1 <<1;       //将 recy 左移 1 位后再赋给 recy
       }
}
void yicimie()
{  uint k2,recy2;
    recy2 =0xfe;
    for(k2 =1;k2 <=8;k2 ++)       //8 只 LED 灯从 P1.0 到 P1.7 依次全部熄灭
       {   P1 =~ recy2;
           Delay(50000);
           recy2 = recy2 <<1;       //将 recy 左移 1 位后再赋给 recy
       }
}
void zhugeliang()
{  uint k3,recy3;
    recy3 =0xfe;
    for(k3 =1;k3 <=8;k3 ++)       //8 只 LED 灯从 P1.0 到 P1.7 逐个点亮
       {   P1 = recy3;            //先点亮 P1.0 的 LED 灯
           Delay(50000);          //延时一段时间
           recy3 = _crol_(recy3,1);    //将 recy 循环左移 1 位后再赋给 recy
       }
}
void quanbuliang()
{  P1 = 0x00;               //8 只 LED 灯全部点亮
    Delay(50000);          //延时一段时间
```

```
    }
    void quanbumie()
    {
        P1 = 0xff;              //8 只 LED 灯全部点熄灭
        Delay(50000);           //延时一段时间
    }

    //主函数,循环花样点亮 LED 灯
    void main()
    {
        while(1)                //大循环
        { yiciliang();          //8 只 LED 灯从 P1.0 到 P1.7 依次全部点亮
          yicimie();            //8 只 LED 灯从 P1.0 到 P1.7 依次全部熄灭
          zhugeliang();         //8 只 LED 灯从 P1.0 到 P1.7 逐个点亮
          quanbuliang();        //8 只 LED 灯全部点亮
          quanbumie();          //8 只 LED 灯全部熄灭
        }
    }
```

将 2_6.c 源程序编译、链接后生成十六讲制代码文件 2_6.hex，该文档可以下载到单片机的程序存储器中。

2.4.5 程序下载

直接将编写好的程序利用 Keil C51 软件编译生成 *.hex 文件，再下载到 Proteus 软件的硬件电路原理图的 51 单片机中运行，可以看到从 P1.0 到 P1.7 连接的 8 只 LED 灯依次全部点亮；从 P1.0 到 P1.7 连接的 8 只 LED 灯依次全部熄灭；从 P1.0 到 P1.7 连接的 8 只 LED 灯逐个点亮；全部点亮；最后全部熄灭。如此反复实现 5 个花样的流水灯效果。

2.4.6 任务梳理

根据单片机开发流程，对任务函数控制流水灯进行梳理总结，并填写表 2.16。

表 2.16 任务单

任务名称		函数控制流水灯	
任务描述			
小组名称		组长	
组员			
序号	人员	负责内容	完成情况

知识准备	1. 简要说明 C 语言函数的分类。 2. 举例说明子函数如何建立。 3. 举例说明子函数如何调用。 4. 说明库函数的调用注意事项。 5. 调用循环左移、循环右移库函数时，应包含哪个头文件？ 6. 函数的参数如何传递？

电路图	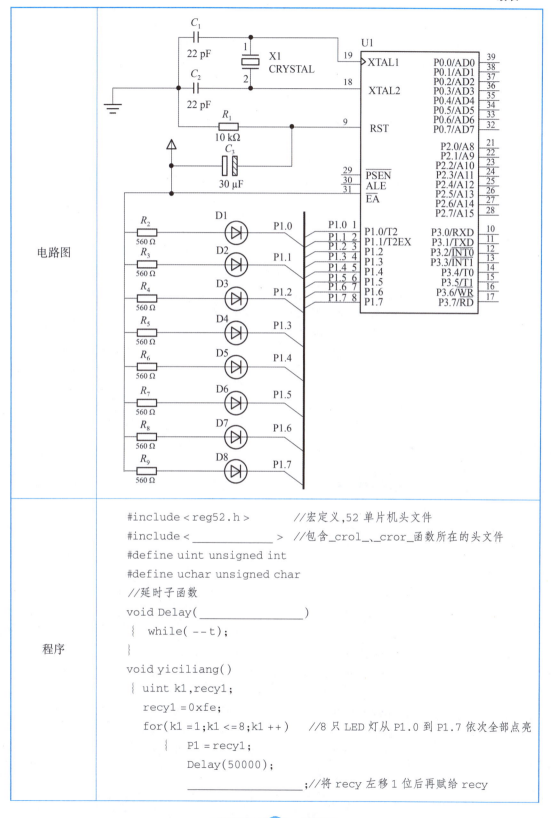

程序

```
#include < reg52.h >        //宏定义,52 单片机头文件
#include < _____ >   //包含_crol_、_cror_函数所在的头文件
#define uint unsigned int
#define uchar unsigned char
//延时子函数
void Delay(_____)
{ while( --t);
}
void yiciliang()
{ uint k1,recy1;
  recy1 =0xfe;
  for(k1 =1;k1 <=8;k1 ++)    //8 只 LED 灯从 P1.0 到 P1.7 依次全部点亮
    { P1 = recy1;
      Delay(50000);
      _____;//将 recy 左移 1 位后再赋给 recy
```

程序	

```
        }
    }
void yicimie()
  {  uint k2,recy2;
    recy2 = 0xfe;
    for(k2 = 1;k2 <= 8;k2 ++)    //8 只 LED 灯从 P1.0 到 P1.7 依次全部熄灭
       {  P1 = ~ recy2;
           Delay(50000);
           recy2 = recy2 <<1;    //将 recy 左移 1 位后再赋给 recy
       }
  }

void zhugeliang()
  { uint k3,recy3;
    recy3 = 0xfe;
    for(k3 = 1;k3 <= 8;k3 ++)     //8 只 LED 灯从 P1.0 到 P1.7 逐个点亮
       {  P1 = recy3;             //先点亮 P1.0 的 LED 灯
           Delay(50000);          //延时一段时间
           _____;     //将 recy 循环左移 1 位后再赋给 recy
       }
  }

void quanbuliang()
  {  _____;             //8 只 LED 灯全部点亮
     Delay(50000);               //延时一段时间
  }

void quanbumie()
  {
     _____;             //8 只 LED 灯全部点熄灭
     Delay(50000);               //延时一段时间
  }

//主函数,循环花样点亮 LED 灯
void main()
  {
     while(1)                    //大循环
     {  yiciliang();             //8 只 LED 灯从 P1.0 到 P1.7 依次全部点亮
        _____;            //8 只 LED 灯从 P1.0 到 P1.7 依次全部熄灭
        zhugeliang();            //8 只 LED 灯从 P1.0 到 P1.7 逐个点亮
        _____;            //8 只 LED 灯全部点亮
        quanbumie();             //8 只 LED 灯全部熄灭
     }
  }
```

编程调试的过程中存在的问题及解决方法	

2.4.7　任务评价

1. 任务验收

根据项目要求和电子线路工艺规范，进行任务验收，并填写表 2.17。

表 2.17　项目验收报告

项目名称			组名	
项目概况				
序号	验收项目	验收记录	存在问题	完成时间
1	硬件电路检查			
2	软件程序检查			
3	电子元件布局规范性检查			
4	功能检查			
5	技术文档检查			
6	其他			
预验收结论： 签字： 时间：				

2. 展示评价

各组展示作品，介绍任务完成过程，制作过程视频，运行结果视频，整理技术文档并提交汇报材料，进行小组自评、组间互评、教师评价，完成考核评价表，如表 2.18 所示。

表 2.18　考核评价表

序号	评价项目	评价内容	分值	自评 20%	互评 20%	师评 60%	合计
1	职业素养	分工合理，制订计划能力强					
		能够采用多种信息化手段解决问题					
		主动性强，保质保量完成任务					
		自主学习、解决问题的能力					
		遵守行业规范、现场"6S"标准					
		具备团队合作、交流沟通分享的能力					
2	专业能力	电路图设计正确					
		子函数的建立正确					
		子函数的调用正确					
		子函数中参数的传递正确					
		使用循环左移、循环右移库函数注意事项					
		程序设计合理					
		调试结果正确					
		技术总结文档完整					
		汇报思路清晰、表达清楚					
3	创新能力	创新性思维和实现效果					
		拓展任务完成情况					

2.4.8　任务小结

通过函数控制 8 个发光二极管组成的流水灯控制系统的制作过程，读者加深了对子函数的建立及调用、库函数的调用等相关知识的了解。与此同时，读者加深了对单片机应用系统的开发过程的熟悉程度。此外还通过建立子函数、调用子函数的方式编程实现了 5 种花样流水灯的效果，使它们以我们想要的各种方式点亮，而且 LED 灯点亮频率可以通过改变延时子函数的参数来实现。

2.5 C51 语言概述

2.5.1 C51 与 ANSI C 语言

1. ANSI C

ANSI C 是由美国国家标准协会（American National Standards Institute，ANSI）及国际标准化组织（International Standard Organization，ISO）推出的关于 C 语言的标准。

C 语言的原型是 A 语言（ALGOL 60 语言）。1963 年，剑桥大学将 A 语言发展成为 CPL（Combined Programming Language）语言。1967 年，剑桥大学的 Matin Richards 对 CPL 语言进行了简化，于是产生了 BCPL 语言。1969 年，美国贝尔实验室的 Ken Thompson 将 BCPL 进行了修改，提炼出它的精华，并起名为"B 语言"。他用 B 语言写了第一个 UNIX 操作系统。而在 1973 年，美国贝尔实验室的 D. M. Ritchie 在 B 语言的基础上最终设计出了一种新的语言，他取了 BCPL 的第二个字母作为这种语言的名字，这就是 C 语言。

为了使 UNIX 操作系统得到推广，1977 年 D. M. Ritchie 发表了不依赖于具体机器系统的 C 语言编译文本《可移植的 C 语言编译程序》，即著名的 ANSI C。

1978 年由 AT&T（美国电话电报公司）贝尔实验室正式发表了 C 语言。同时由 B. W. Kernighan 和 D. M. Ritchite 合著了著名的 *The C Programming Language* 一书。通常简称为 K&R，也有人称之为 K&R 标准。但是，在 K&R 中并没有定义一个完整的标准 C 语言，后来由 ANSI 在此基础上制定了一个 C 语言标准，于 1983 年发表，通常称之为 ANSI C。1987 年，随着微型计算机的日益普及，出现了许多 C 语言版本。由于没有统一的标准，这些 C 语言之间出现了一些不一致的地方。为了改变这种情况，ANSI 为 C 语言制定了一套 ANSI 标准，成为现行的 C 语言标准。1990 年，ISO 接受了 87 ANSI C 为 ISO C 的标准（ISO 9899—1990）。1994 年，ISO 修订了 C 语言的标准。目前流行的 C 语言编译系统大多是以 ANSI C 为基础进行开发的，但不同版本的 C 语言编译系统所实现的语言功能和语法规则略有差别。

ANSI C 几乎被所有广泛使用的编译器支持，而且多数 C 代码是在 ANSI C 基础上写的。任何仅仅使用标准 C 并且没有任何硬件依赖假设的代码实际上能保证在任何平台上用遵循 C 标准的编译器编译成功。

2. C51 语言

C51 语言是由 C 语言继承而来的单片机编程语言。和 C 语言程序不同的是，C51 语言程序运行于单片机平台，而 C 语言程序则运行于普通的桌面平台。C51 语言具有 C 语言结构清晰的优点，便于学习，同时具有汇编语言的硬件操作能力。对于具有 C 语言编程基础的读者，能够轻松地掌握单片机 C51 语言的程序设计。

C51 语言兼备高级语言与低级语言的优点。其语法结构和标准 C 语言基本一致，语言简洁，便于学习。

C51 语言运行于单片机平台，支持的微处理器种类繁多，可移植性好。对于兼容的 8051 系列单片机，只要将一个硬件型号下的程序稍加修改，甚至不加改变，就可移植到另一个不同型号的单片机中运行。

C51 语言具有高级语言的特点，旨在尽量减少底层硬件寄存器的操作。

C51 语言提供了完备的数据类型、运算符及函数供使用。

C51 语言是一种结构化程序设计语言，可以使用一对花括号"{}"将一系列语句组合成一个复合语句，程序结构清晰明了。

C51 语言代码执行的效率方面十分接近汇编语言，且比汇编语言的程序易于理解，便于代码共享。

3. C 语言的特点

（1）C 语言由函数构成。函数包括标准函数和自定义函数，每个函数就是一个功能相对独立的模块。C 语言还提供了多种结构化的控制语句，如顺序、条件、循环结构语句，满足程序设计结构化的要求。

（2）C 语言具有丰富的数据类型，便于实现各类复杂的数据结构，它还有与地址密切相关的指针及其运算符，直接访问内存地址，进行位（bit）一级的操作，能实现汇编语言的大部分功能，因此 C 语言被称为"高级语言中的低级语言"。用 C 语言对 51 单片机开发应用程序，只要求开发者对单片机的存储器结构有初步了解，而不必十分熟悉处理器的指令集和运算过程，寄存器分配、存储器的寻址及数据类型等细节问题由编译器管理，不但减轻了开发者的负担，提高了效率，而且程序具有更好的可读性和可移植性。

（3）便于维护管理。用 C 语言开发单片机应用系统程序，便于模块化程序设计。可由开发小组来规划和完成项目，分工合作、灵活管理。基本上杜绝了因开发人员变化所造成的对项目进度、后期维护及升级的影响，从而保证了整个系统的品质、可靠性及可升级性。

（4）优点突出。

①不要求编程者详细了解单片机的指令系统，但需了解单片机的存储器结构。

②寄存器分配、不同存储器的寻址及数据类型等细节可由编译器管理。

③程序结构清晰、可读性强。

④编译器提供了很多标准函数，具有较强的数据处理能力。

2.5.2　C51 语言程序的基本结构

C51 语言程序以函数形式来组织程序结构，一个 C51 语言的源程序是由一个或若干个函数组成的，每一个 C51 语言程序都必须有（且仅有）一个主函数 main（），程序的执行总是从主函数开始，再调用其他函数后返回主函数 main（），最后在主函数中结束整个程序，如图 2.15 所示。程序执行顺序与函数的排列顺序无关。

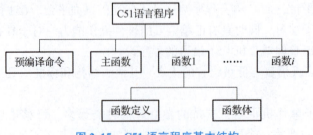

图 2.15　C51 语言程序基本结构

注意：主函数名字 main 不能修改。

C51 语言程序的基本结构包括程序头、全局变量区、中断向量表、主函数和其他函数等。在编写 C51 语言程序时，需要按照规范进行编写，以确保程序的可读性和可维护性。

1. 程序头

程序头是 C51 语言程序的第一部分，它包含了一些指令和定义，用于设置单片机的工作环境。常见的程序头指令包括：

（1）#include：用于引入外部库文件；

（2）#define：用于定义常量。

2. 全局变量区

全局变量区是 C51 语言程序中存放全局变量的区域。全局变量在整个程序中都可以被访问，因此需要在此处进行定义。定义全局变量时需要注意以下几点：

（1）定义前需要声明数据类型；

（2）变量名需要具有意义；

（3）变量名不能与关键字重复。

3. 中断向量表

中断向量表是 C51 语言程序中存放中断服务函数地址的表格。当单片机接收到一个中断信号时，会跳转到相应的中断服务函数执行。在编写 C51 语言程序时，需要根据实际情况编写相应的中断服务函数，并将其地址存放在中断向量表中。中断向量表部分如果不使用中断则不用编写。

4. 主函数

主函数是 C51 语言程序的入口，也是程序的核心部分。主函数包含了程序的执行逻辑和处理流程，常见的主函数结构包括：

（1）初始化：设置单片机工作环境；

（2）循环：执行程序循环体；

（3）结束：清理资源并退出程序。

5. 其他函数

C51 语言程序中还可以包含其他函数，这些函数可以被主函数或其他函数调用。在编写其他函数时需要注意以下几点：

（1）函数名需要具有意义；

（2）函数名不能与关键字重复；

（3）函数需要声明返回值类型和参数列表。

一个 LED 灯的闪烁程序举例如下：

```
#include<reg52.h>   //宏定义,属于程序头
sbit led = P1^7;        //用 sbit 关键字定义 P1.7 引脚,属于全局变量区
//延时子函数
void Delay(unsigned int t)
{
while( --t);
}
//主函数,控制 P1.7 引脚的 LED 灯闪烁
```

```
void main (void)
{
while (1)                //主循环
  {
   led = 0;              //将 P1.7 引脚置 0,对外输出低电平
    Delay(20000);        //调用延时程序
    led = 1;             //将 P1.7 引脚置 1,对外输出高电平
    Delay(20000);        //调用延时程序
  }
}
```

注意：这个程序没有使用中断，因此未编写中断向量表部分。

//是单行注释符；

/* … */是多行注释符；

语句以分号作为结束符；

可以一条语句书写多行，也可以一行书写多个语句；

C 语言区分大小写。

2.6　C51 语言数据类型

C51 数据类型

2.6.1　数据类型概述

　　算法处理的对象是数据，而数据是以某种特定的形式存在的（例如整数、实数、字符等形式）。C 语言提供的数据类型有：基本数据类型、构造类型、指针类型和空类型四大类，如图 2.16 所示，由这些数据类型可以构造出不同的数据结构。

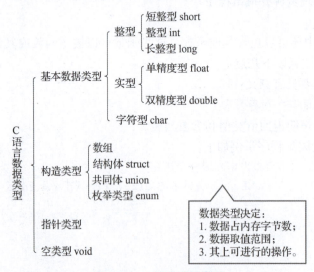

图 2.16　C 语言数据类型

在进行 C 语言程序设计时，可以使用的数据类型和编译器有关。标准的 C 语言的数据类型可分为基本数据类型和组合数据类型，组合数据类型由基本数据类型构造而成。标准的 C 语言的基本数据类型有字符型 char、短整型 short、整型 int、长整型 long、单精度型 float 和双精度型 double。组合数据类型有数组类型、结构体类型、共同体类型和枚举类型，另外还有指针类型和空类型。C51 语言的数据类型也分为基本类型和组合类型，情况与标准 C 语言中的数据类型基本相同，但其中 char 型与 short 型相同，float 型与 double 型相同。另外，C51 语言中还有专门针对于 MCS‑51 单片机的特殊功能寄存器型和位类型。

2.6.2 基本数据类型

基本数据类型分为整型、实型、字符型，具体信息如表 2.19 所示。

表 2.19 基本数据类型

类型	符号	关键字	所占位数	字节	数表示范围
整型	有	(signed) short	16	2	$-32\ 768 \sim 32\ 767$
		(signed) int	16	2	$-32\ 768 \sim 32\ 767$
		(signed) long	32	4	$-2\ 147\ 483\ 648 \sim 2\ 147\ 483\ 647$
	无	unsigned short int	16	2	$0 \sim 65\ 535$
		unsigned int	16	2	$0 \sim 65\ 535$
		unsigned long	32	4	$0 \sim 4\ 294\ 967\ 295$
实型	有	float	32	4	$\pm 3.4 \times 10^{-38} \sim \pm 3.4 \times 10^{38}$
	有	double	64	8	$\pm 1.7 \times 10^{-308} \sim \pm 1.7 \times 10^{308}$
字符型	有	signed char	8	1	$-128 \sim 127$
	无	unsigned char	8	1	$0 \sim 255$

下面介绍几个常用的基本数据类型：

1. 整型 int

有 signed int 和 unsigned int 之分，默认为 signed int。它们的长度均为两个字节，用于存放一个双字节数据。对于 signed int，它用于存放两字节带符号数，补码表示，所能表示的数值范围为 $-32\ 768 \sim 32\ 767$；对于 unsigned int，它用于存放两字节无符号数，数的范围为 $0 \sim 65\ 535$。

2. 长整型 long

有 signed long 和 unsigned long 之分，默认为 signed long。它们的长度均为四个字节，用于存放一个四字节数据。对于 signed long，它用于存放四字节带符号数，补码表示，所能表示的数值范围为 $-2\ 147\ 483\ 648 \sim 2\ 147\ 483\ 647$。对于 unsigned long，它用于存放四字节无符号数，所能表示的数值范围为 $0 \sim 4\ 294\ 967\ 295$。

3. 字符型 char

字符型数据有 signed char 和 unsigned char 之分，默认为 signed char。它们的长度均为

一个字节（1 B），用于存放一个单字节的数据。通常用于定义处理字符数据的变量和常量。对于 signed char，它用于定义带符号字节数据，其字节的最高位为符号位，"0"表示正数，"1"表示负数，补码表示，所能表示的数值范围是 – 128 ~ 127；对于 unsigned char，用于定义无符号字节数据或字符，可以存放一个字节的无符号数，其所表示的数值范围为 0 ~ 255。unsigned char 可以用来存放无符号数，也可以存放西文字符，一个西文字符占一个字节，在计算机内部用 ASCII 码存放。

4. 单精度实型 float

浮点型 float 型数据的长度为四个字节，格式符合 IEEE – 754 标准的单精度浮点型数据，包含指数和尾数两部分，最高位为符号位，"1"表示负数，"0"表示正数，其次的 8 位为阶码，最后的 23 位为尾数的有效位，由于尾数的整数部分隐含为"1"，所以尾数的精度为 24 位。

需要指出的是，对于浮点型数据，除了正常数值之外，还可能出现非正常数值。根据 IEEE 标准，当浮点数据取以下数值（十六进制数）时即为非正常值。

另外，由 MCS – 51 单片机不包括捕获浮点运算错误的中断向量，因此必须由用户自己根据可能出现的错误条件用软件来进行适当的处理。

2.6.3　扩展数据类型

单片机常用扩展数据类型有：bit，sbit，sfr，sfr16，＊，具体如表 2.20 所示。

表 2.20　Keil C51 编译器能够识别的扩展数据类型

类型	长度	值域	说明
bit	位	0 或 1	位变量声明
sbit	位	0 或 1	特殊功能位声明
sfr	8 位 = 1 字节	0 ~ 255	特殊功能寄存器声明
Sfr16	16 位 = 2 字节	0 ~ 65 535	Sfr 的 16 位数据声明
＊	1 ~ 3 字节		对象的地址

1. bit

用于定义位变量，定义位变量时可以为变量赋值，但不能指定变量的地址。

位类型 bit 是 C51 编译器的一种扩充数据类型，利用它可以定义一个位类型变量，但不能定义位指针，也不能定义位数组。它的值是一个二进制位，只有 0 或 1。

定义格式：bit 变量名 = 变量值。

例如：bit left,right;//定义两个位类型的变量 left、right

2. sbit

此类型变量只要用于访问可位寻址的特殊功能寄存器中的某个位。

定义格式：sbit 变量名 = 位地址；

sbit 变量名 = 地址^位序号；

sbit 变量名 = sfr16 变量^位序号。

图 2.17 中，sbit LED = P1^0 为定义 LED 为 P1 口 P1.0 引脚。

```
01  //程序：led.c
02  //功能：LED闪烁控制
03  #include <REGX51.H>        //包含头文件REGX51.H
04  sbit    LED=P1^0;          //定义P1.0引脚位名称为LED
05  //函数名：delay
06  //函数功能：实现软件延时
07  //形式参数：无符号整型变量i
08  //返回值：无
09  void    delay(unsigned int i)
10  {
11      while(i--);            //i次空操作
12  }
13  void    main()            //主函数
14  {
15      while(1)              //无限循环
16      {
17        LED=0;             //点亮LED
18        delay(20000);      //延时
19        LED=1;             //熄灭LED
20        delay(20000);      //延时
21      }
22  }
```

图 2.17　sbit 扩展数据类型的应用

sbit CY = 0xd7；也可以写成 sbit CY = 0xd0^7；

如果在前面定义了 PSW，还可以写成 sbit CY = 0xPSW^7。

3. sfr

此类型变量可以访问指定的 8 位特殊功能寄存器。

51 单片机内部定义了 21 个专用寄存器，它们不连续地分布在片内 RAM 的高 128 字节中，地址范围为 0x80 - 0xff。

sfr 也是 C51 语言扩展的一种数据类型，占用 1 B，值域为 0 ~ 255。利用它可以访问单片机内部所有的 8 位专用寄存器。定义格式：sfr 变量名 = 变量地址。

例如：`sfr P0 = 0x80;//定义 P0 为 P0 口在片内的寄存器,P0 口地址为 0x80`

4. sfr16

此类型的变量可访问 16 位特殊功能寄存器。

定义格式：sfr16 变量名 = 变量地址。此处的变量地址为 16 位中的低 8 位地址，其地址范围为 0x80 ~ 0xff。通过 sfr16 变量读 16 位特殊功能寄存器时，先读低字节，后读高字节；写特殊功能寄存器时先写高字节，后写低字节。

例如：`sfr16 T2 = 0xcc;//定义 8052 定时器2,地址为 T2 高 8 位:0xcd;T2 低八位:0xcc`

5. *指针型

指针型本身就是一个变量，在这个变量中存放着指向另一个数据的地址。这个指针变量要占用一定的内存单元。对不同的处理器其长度不一样，在 C51 语言中它的长度一般为 1 ~ 3 个字节。

注意：在 C51 编译器提供的 "reg51. h" 头文件中已经定义好专用寄存器的名字，通常与在汇编语言中的名字相同。在 C51 语言程序设计中，编程员可以在 C 源程序开始的地方使用预处理命令把"reg51. h"头文件包含在自己的程序中，直接使用已经定义好的寄存器名称和位名称，也可以在自己的程序中利用关键字 sfr 和 sbit 来自行定义这些专用寄存器和可位寻址位名称。

2.6.4 常量

对于基本数据类型量，按其取值是否可改变又分为常量和变量两种。在程序执行过程中，其值不发生改变的量称为常量。它们可与数据类型结合起来分类。例如，可分为整型常量、浮点常量、字符常量、枚举常量。在程序中，常量是可以不经说明而直接引用的。

1. 直接常量

直接常量（字面常量），如整型常量（12、0、-3），实型常量（4.6、-1.23），字符常量（'a''b'）。

2. 标识符

标识符：用来标识变量名、符号常量名、函数名、数组名、类型名以及文件名的有效字符序列。

标识符的构成规则：（不能使用关键字）

（1）以字母（大小写均可）或下划线开头；

（2）随后可跟若干个（包括 0 个）字母、数字、下划线；

（3）标识符的长度各个系统不同，建议不要超过 8 个。

3. 符号常量

用标识符代表一个常量。在 C 语言中，可以用一个标识符来表示一个常量，称之为符号常量。

符号常量在使用之前必须先定义，其一般形式为：

#define 标识符 常量

其中，#是预处理标志，用于对文本进行预处理操作，#define 也是一条预处理命令（预处理命令都以"#"开头），称为宏定义命令，其功能是把该标识符定义为其后的常量值。一经定义，以后在程序中所有出现该标识符的地方均代之以该常量值。

在图 2.18 中，#define LED P2 作用为用 LED 代替 P2，也就是在程序中 LED = 0xfe，实则为 P2 = 0xfe；#define TIME 200 作用为用 TIME 代替 200，也就是程序中 delay1（TIME）实则为 delay1（200）。

4. 整型常量

整型常量就是整常数。在 C 语言中，整常数有 3 种表示形式：

1）十进制整常数

十进制整常数没有前缀，其数码为 0~9。

以下各数是合法的十进制整常数：237、-568、65 535、1 627。

以下各数不是合法的十进制整常数：023（不能有前导 0）、23D（含有非十进制数码）。

```
01 //程序: led_lsd.c
02 //功能: 顺序程序结构实现流水灯控制系统
03 #include <REGX51.H>
04 #define  LED   P2
05 #define  TIME  200
06 //函数名: delay1
07 void  delay1(unsigned char i)
08 {
09     uchar j,k;            //定义无符号字符型变量j和k
10     for(k=0;k<i;k++)      //双重for循环语句实现软件延时
11       for(j=0;j<255;j++);
12 }
13 void   main()            //主函数
14 {
15     while(1)             //无限循环
16     {
17         LED=0xfe;        //点亮第一个LED
18         delay1(TIME);    //延时
19         LED=0xfd;        //点亮第二个LED
20         delay1(TIME);    //延时
21         LED=0xfb;        //点亮第三个LED
22         delay1(TIME);    //延时
23         LED=0xf7;        //点亮第四个LED
24         delay1(TIME);    //延时
25         LED=0xef;        //点亮第五个LED
26         delay1(TIME);    //延时
27         LED=0xdf;        //点亮第六个LED
28         delay1(TIME);    //延时
29         LED=0xbf;        //点亮第七个LED
30         delay1(TIME);    //延时
31         LED=0x7f;        //点亮第八个LED
32         delay1(TIME);    //延时
33     }
34 }
```

图 2.18　宏定义的用法举例

2）八进制整常数

八进制整常数必须以 0 开头，即以 0 作为八进制数的前缀。数码取值为 0～7。八进制数通常是无符号数。

以下各数是合法的八进制数：

015（十进制为 13）、0101（十进制为 65）、0177777（十进制为 65 535）。

以下各数不是合法的八进制数：

256（无前缀 0）、03A2（包含了非八进制数码）、－0127（出现了负号）。

3）十六进制整常数

十六进制整常数的前缀为 0X 或 0x（不区分大小写）。数码取值为 0～9，A～F 或者为 a～f。

以下各数是合法的十六进制整常数：0X2A（十进制为 42）、0XA0（十进制为 160）、0XFFFF（十进制为 65 535）。

以下各数不是合法的十六进制整常数：5A（无前缀 0X）、0X3H（含有非十六进制数码）。

4）整型常数的后缀

在 16 位字长的机器上，基本整型的长度也为 16 位，因此表示的数的范围也是有限定的。十进制无符号整常数的范围为 0～65 535，有符号数为 －32 768～32 767。八进制无符号数的表示范围为 0～0177777。十六进制无符号数的表示范围为 0X0～0XFFFF 或 0x0～0xffff。如果使用的数超过了上述范围，就必须用长整型数来表示。长整型数是用后缀

"L"或"l"来表示的。

例如：

（1）十进制长整常数–158L（十进制为 158）、358000L（十进制为 358 000）。

（2）八进制长整常数–012L（十进制为 10）、077L（十进制为 63）、0200000L（十进制为 65 536）。

（3）十六进制长整常数–0X15L（十进制为 21）、0XA5L（十进制为 165）、0X10000L（十进制为 65 536）。

长整数 158L 和基本整常数 158 在数值上并无区别。但对 158L，因为是长整型量，C 编译系统将为它分配 4 个字节存储空间。而对 158，因为是基本整型，只分配 2 个字节的存储空间。因此在运算和输出格式上要予以注意，避免出错。

无符号数也可用后缀表示，整型常数的无符号数的后缀为"U"或"u"。例如，358u、0x38Au、235Lu 均为无符号数。

前缀、后缀可同时使用以表示各种类型的数。如 0XA5Lu 表示十六进制无符号长整数 A5，其十进制为 165。

5. 实型常量

实型也称为浮点型。实型常量也称为实数或者浮点数。在 C 语言中，实数只采用十进制。它有两种形式：十进制小数形式、指数形式。

（1）十进制小数形式：由数码 0~9 和小数点组成。例如：0.0、25.0、5.789、0.13、5.0、–267.823 0 等均为合法的实数。注意：必须有小数点。

（2）指数形式：由十进制数，加阶码标志"e"或"E"以及阶码（只能为整数，可以带符号）组成。其一般形式如下：

aEn（a 为十进制数，n 为十进制整数），其值为 $a \times 10^n$。

例如，2.1E5 等于 2.1×10^5，3.7E – 2 等于 3.7×10^{-2}、0.5E7 等于 0.5×10^7、–2.8E – 2 等于 $–2.8 \times 10^{-2}$。

以下不是合法的实数：345（无小数点），E7（阶码标志 E 之前无数字），–5（无阶码标志），53. –E3（负号位置不对），2.7E（无阶码）。

标准 C 语言允许浮点数使用后缀。后缀为"f"或"F"即表示该数为浮点数，如 356f 和 356. 是等价的。

6. 字符型常量

字符型常量为使用英文单引号括起来的单一字符，例如字符常量 'a' 'b' 等。

转义字符是一种特殊形式的字符常量。以"\"开头的字符，含有特定的意义，这是一种"控制字符"，不能在屏幕上显示出来。例如，'\n'，代表一个"换行"符。常用转义字符如表 2.21 所示。

表 2.21　常用转义字符

转义字符	转义字符的作用	ASCII 码（十进制）
\n	回车换行，将光标位置移到下一行开头	10
\r	回车不换行，将光标位置移到本行开头	13

续表

转义字符	转义字符的作用	ASCII 码（十进制）
\t	水平制表（Tab），将光标位置移到下一个制表位置	9
\b	退格，将光标位置移到前一列	8
\f	换页，将光标位置移到下一页开头	12
\a	响铃	7
\0	空操作符，字符串结束标志	0
\'	单引号字符	34
\''	双引号字符	39
\\	一个反斜杠字符	92
\ddd	1~3 位八进制数所代表的字符	
\xhh	1~2 位十六进制数所代表的字符	

7. 字符串型常量

字符串型常量为使用英文双引号括起来的一串字符，如"test""OK"等。字符串是由多个字符连接起来组成的。在 C 语言中存储字符串时系统会自动在字符串后加上"\0"转义字符作为字符串的结束符。因此，字符串常量"A"其实包含两个字符；字符 'A' 和 '\0'，在存储时多占用 1 个字节，这是和字符常量 'A' 不同的。

2.6.5 变量

在程序执行过程中，其值可变的量称为变量。它们可与数据类型结合起来分类。例如，可分为整型变量、浮点变量、字符变量、枚举变量。在程序中，常量是可以不经说明而直接引用的，而变量则必须先定义后使用。

变量代表内存中具有特定属性的一个存储单元，用来存储数据，也就是变量的值，在程序运行过程中，这些值是可以改变的。注意区分变量名和变量值这两个不同的概念，如图 2.19 所示。变量名实际上是以一个名字对应，代表一个地址。

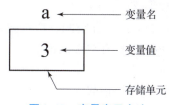

图 2.19　变量表示方法

在对程序编译链接时，是由编译系统给每个变量名分配对应的内存地址。从变量中取值，实际上是通过变量名找到相应的内存地址，从该内存地址中读取数据。变量定义必须放在变量使用之前。一般放在函数体的开头部分。要区分变量名和变量值是两个不同的概念。

1. 整型数据变量

1）整型数据定义方法

例如：定义了一个整型变量 i，变量 i 赋值为 10。

int i；

i = 10；

2）整型变量的分类

（1）基本型：类型说明符为 int，在内存中占 2 个字节。

（2）短整型：类型说明符为 short int 或 short，所占字节和取值范围均与基本型相同。

（3）长整型：类型说明符为 long int 或 long，在内存中占 4 个字节。

（4）无符号型：类型说明符为 unsigned。

无符号型又可与上述三种类型匹配而构成以下几种类型：

（1）无符号基本型：类型说明符为 unsigned int 或 unsigned。

（2）无符号短整型：类型说明符为 unsigned short。

（3）无符号长整型：类型说明符为 unsigned long。

各种无符号类型量所占的内存空间字节数与相应的有符号类型量相同。但由于省去了符号位，故不能表示负数。

3）整型变量的定义

变量定义的一般形式为：

类型说明符 变量名标识符，变量名标识符，……；

例如：

int a,b,c；//a，b，c 为整型变量

long x，y；//x，y 为长整型变量

unsigned p，q；//p，q 为无符号整型变量

在书写变量定义时，应注意以下几点：

（1）允许在一个类型说明符后，定义多个相同类型的变量。各变量名之间用逗号间隔。类型说明符与变量名之间至少用一个空格间隔。

（2）最后一个变量名之后必须以 ";" 号结尾。

（3）变量定义必须放在变量使用之前。一般放在函数体的开头部分。

2. 实型变量

1）实型数据在内存中的存放形式

实型数据一般占 4 个字节（32 位）内存空间，按指数形式存储。实型数据又称为浮点型数据，实型数据 3.14159 在内存中的存放形式如下：

　+.　　　　　　314159　　　　　　　　1

　数符　　　　　　小数部分　　　　指数

小数部分占的位（bit）数越多，数的有效数字越多，精度越高。

指数部分占的位数越多，则能表示的数值范围越大。

2）实型变量的分类

实型变量分为：单精度（float 型）、双精度（double 型）和长双精度（long double 型），如表 2.22 所示。

表 2.22　实型变量分类

类型说明符	位（字节数）	有效数字	数的范围
float	32（4）	6～7	$10^{-37}\sim10^{38}$
double	64（8）	15～16	$10^{-307}\sim10^{308}$
long double	128（16）	18～19	$10^{-4\,931}\sim10^{4\,932}$

实型变量定义的格式和书写规则与整型相同。例如：

float a,b;　　//定义单精度实型变量 a,b

a =123456.789e5；　//为 a 赋值 123456.789e5,123456.789e5 为指数形式的实型数据

b =a +20;

3. 字符型变量

字符型变量占用 1 个字节，可以通过以下方式定义：

char a ='b'；　//定义字符型变量 a,为其赋值字符 b

4. 变量的存储种类

变量的存储种类有四种：auto（自动变量）、register（寄存器变量）、extern（外部变量）和 static（静态变量）。

1）自动变量

只能作内部变量，所以自动变量只在定义它的函数或复合语句内有效，即"局部可见"。变量的作用域是指该程序中可以使用该变量名字的范围。对于在函数开头声明的自动变量来说，其作用域是声明该变量的函数。不同函数中声明的具有相同名字的各个局部变量之间没有任何关系。函数的参数也是这样的，实际上可以将它看作局部变量。

2）寄存器变量

寄存器变量存储在 CPU 的通用寄存器中，因为数据在寄存器中操作比在内存中快得多，因此通常把程序中使用频率最高的少数几个变量定义为寄存器变量，目的是提高运行速度，从而节省大量的时间，大大加快程序的运行速度。但并不是用户定义的寄存器变量都被放入 CPU 寄存器中，能否真正把它们放入 CPU 寄存器中是由编译系统根据具体情况做具体处理的。

注意：尽管使用寄存器变量可以提高程序运行的速度，但计算机的寄存器是有限的，为确保寄存器用于最需要的地方，应将使用最频繁的变量说明为寄存器存储类型。

3）外部变量

外部变量一般用于在程序的多个编译单元之间传送数据，在这种情况下指定为外部变量是在其他编译单元的源程序中定义的，它的存储空间在静态数据区，在程序执行过程中长期占用空间。要访问另一个文件中定义的跨文件作用域的全局变量，必须做外部声明。

注意：如果外部变量不在文件的开头部分定义，其有效的作用范围只限于从定义处到文件结束。如果定义点之前的函数想引用外部变量，则应该在引用前用关键字 extern，从而对该变量做外部声明，有了此声明，就可以从声明处起，合法地使用该外部变量。

4）静态变量

静态变量既可以在函数或复合语句内进行，也可以在所有函数之外进行。在函数或复

合语句内部定义的静态变量称为局部静态变量，在函数外定义的静态变量称为全局静态变量。有时希望函数中的局部变量的值在函数调用结束后不消失而保留原值，即其占用的存储单元不释放，在下次调用该函数时，该变量已有值，其值就是上一次函数调用结束时的值。这时就应该指定该局部变量为"静态局部变量"，用关键字 static 进行声明。局部静态变量和自动变量一样只有定义性说明，没有引用性说明，因此必须先定义后引用。

　　注意：外部静态变量的初始化同外部变量。局部静态变量在第一次进入该块时执行一次且仅执行一次初始化；在有显式初始化的情况下，初值由说明符中的初值说明来确定；在无显式初始化情况下，初值与外部变量无显式初始化时的初值相同。

2.7　运算符及运算表达式

运算符与表达式

　　C 语言运算符十分丰富，可通过构成多种表达式进行多种运算，其运算功能十分强大。C 语言运算符可以分为 12 类，如表 2.23 所示。

　　表达式是由运算符和运算对象组成的、具有特定意义的式子。C 语言是一种表达式语言，表达式后面加上";"就构成了表达式语句。在此我们主要介绍常用的算术运算、赋值运算、关系运算、逻辑运算、位运算等。

表 2.23　C 语言的运算符

运算符名	运算符
算术运算符	+　　−　　*　　/　　%　　++　　−−
关系运算符	>　　<　　==　　>=　　<=　　!=
逻辑运算符	!　　&&　　||
位运算符	<<　　>>　　~　　&　　|^
赋值运算符	=
条件运算符	?　　:
逗号运算符	,
指针运算符	*　　&
求字节数运算符	sizeof
强制类型转换运算符	（类型）
下标运算符	[　]
函数调用运算符	（　）

2.7.1　运算符的结合性和优先级

1. 运算符的结合性

　　在 C 语言的运算符中，所有的单目运算符、条件运算符、赋值运算符及其扩展运算符，结合方向都是从右向左，其余运算符的结合方向是从左向右。

2. 运算符的优先级

各类运算也要区分优先级，由优先级高低级别决定参加运算的顺序，以下为各类运算符的优先级：

（1）初等运算符（圆括号（）、下标运算符［］、结构体成员运算符 ->）。

（2）单目运算符。

（3）算术运算符（先乘除后加减）。

（4）关系运算符。

（5）逻辑运算符（不包括!）。

（6）条件运算符。

（7）赋值运算符。

（8）逗号运算符。

2.7.2　算术运算符及表达式

C51 语言算术运算符如表2.24 所示。

表 2.24　C51 语言算术运算符

运算符	名称	功能
+	加法	求两个数的和，例如 $8+9=17$
-	减法	求两个数的差，例如 $20-9=11$
*	乘法	求两个数的积，例如 $20*5=100$
/	除法	求两个数的商，例如 $20/5=4$
%	取余	求两个数的余数，例如 $20\%9=2$
++	自增1	变量自动加1
--	自减1	变量自动减1

1. +加法运算或正值运算符

例如：$4+4$、$+5$。

2. -减法运算或负值运算符

例如：$6-4$、-10、-29。

3. *乘法运算

例如：注意符号，不是×，而是*。

4. /除法运算

注意符号，不是÷，也不是\，而是/。

整数除以整数，还是整数。1/2 的值是 0，而不是二分之一，不会四舍五入，直接截断取值。

5. ％取余运算

取余：即两个整数相除之后的余数。

注意：％两侧只能是整数，正负性取决于％左侧的数值。

6. 自增、自减运算

（1）自增运算符"++"和自减运算符"--"的作用是使运算变量的值增1或减1。

（2）自增、自减运算符是单目运算符。其运算对象可以是整型或实型变量，但不能是常量和表达式，因为不能给常量或者表达式赋值。

（3）自增、自减运算符可以作为前缀运算符，也可以作为后缀运算符构成一个表达式，如 ++i、--i、i++、i-- 等都是合法的表达式。

①无论是前缀还是后缀运算符，一定会有i的值加1或减1这一步。

②++i、--i：在使用i之前，先使i的值加1或减1，再使此时的表达式的值参加运算，即加前或减前取值。

③i++、i--：在使用i之后，使i的值加1或减1，再使此时的表达式的值参加运算，即加后或减后取值。

④自增、自减运算符的结合方向：自右向左。

例：-i++

解：i的左边是负号运算符，右边是自增运算符，负号运算符和自增运算符的优先级是相同的，而且都为"自右向左"结合的，所以此表达式相当于-（i++）。若i的初值为2，则表达式-（i++）的值为-2，i的值为3。

7. 算术表达式

（1）算术表达式是用算术运算符和括号将运算量（也称操作数）连接起来的、符合C语言语法规则的表达式。其中运算对象包括函数、常量、变量。

（2）算术表达式的运算规则：

①在算术表达式中，可以使用多层圆括号，但括号必须配对。运算时从内层括号开始，由内向外依次计算各表达式的值。

②在算术表达式中，对于不同优先级的运算符，可按运算符的优先级由高到低进行运算，若表达式中运算符的优先级相同，则按运算符的结合方向（算术运算符的结合方向是从左到右）进行运算。

③如果一个运算符两侧的操作数类型不同，则先利用自动转换或强制转换，使两者具有相同数据类型，然后再进行运算。

注意：

（1）当运算对象是负数时，不同机器的运算结果也可能是不同的。

（2）双目运算符两边的数值类型必须一致才能进行运算，所得结果也是相同类型的数值。

（3）双目运算符两边的数值类型如果不一致，必须由系统先进行一致性转换。

转换规则：char -> short -> int -> unsigned -> long -> double -> float。

（4）C语言规定，所有实数的运算都是以双精度方式进行的，若是单精度数值，则需要在尾数后面补零，转换成双精度数才能进行运算。

2.7.3 关系运算符和关系表达式

1. 关系运算符

C 语言提供了 6 种关系运算符：>（大于）、>=（大于等于）、==（等于）、!=（不等于）、<（小于）、<=（小于等于）。

2. 结合性

自左向右：4>3>2，先判断 4 是否大于 3，再判断 1 是否大于 2。

3. 优先级

关系运算符中 ==、!= 的优先级相等，<、<=、>、>= 的优先级相等，且前者的优先级低于后者：2==3>1，先判断 3 是否大于 1，再判断 2 是否等于 1。

4. 关系表达式

（1）定义：由关系运算符连成的表达式。关系运算符的两边可以是 C 语言中任意合法的表达式。

（2）关系运算符的结果是一个整数值——"0 或者 1"，用非零值表示"真"，用零值表示"假"。

（3）当关系运算符两边值的类型不一致时，系统将自动转化。

注意：

①当关系运算符两边值的类型不一致时，如一边是整型，另一边是实型，系统将自动将整型转化为实型数，然后再进行比较。

②若复合语句中有关系运算式和算术运算式时，因为算术运算符的优先级高于关系运算符，所以应该先算出算术表达式的值再去判断关系表达式的值。

2.7.4 位运算符和表达式

1. C 语言提供了 6 种位运算符

（1）&，按位与，规则：若两个相应的二进制位都为 1，则该位的结果为 1，否则为 0；

（2）|，按位或，规则：两个相应的二进制位中只要有一个为 1，则该位的结果为 1，否则为 0；

（3）^，按位异或，规则：若两个二进制位相同，则结果为 0，不同则为 1；

（4）~，按位求反，规则：按位取反，即 0 变 1，1 变 0；

（5）<<，左移，将一个数的二进制位全部左移若干位，左移 1 位相当于乘 2，左移 n 位，相当于乘 2 的 n 次方；

（6）>>，右移，将一个数的二进制位全部右移若干位。不同系统下右移的结果不同，而在 Mac 系统下：正数右移 1 位，相当于除以 2，右移 n 位，相当于除以 2 的 n 次方（移动时，空缺的高位补零，移出的位数舍弃）。

2. 说明

（1）位运算符中除"~"以外，均为双目运算符，即要求两侧各有一个运算量。

（2）运算量只能是整型或字符型数据，不能为实型数据。

（3）位运算符的操作对象是数据所代表的补码。

3. 位运算表达式

（1）求 dat 左移 1 位后，再左移 3 位。

例如：

```
unsigned char dat = 0x55；
dat = dat << 1；
printf("左移一位:% x \n",dat)；
dat = dat << 3；
```

左移运算举例如图 2.20 所示。

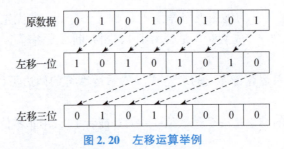

图 2.20　左移运算举例

（2）通过位运算，将第 n 位置成 1。

例如：通过运算 a | = (1 << n)，即可得。

（3）将 a 的第三位置成 0。

例如：通过运算 a& = ~ (1 << n)，即可得。

（4）将 a 的第 n 位取反。

例如：通过运算 a^ = 1 << n，即可得。

2.7.5　逻辑运算符和逻辑表达式

C 语言提供了 3 种逻辑运算符：

1. && 逻辑与

1）使用格式

条件 A&& 条件 B；

2）运算结果

只有当条件 A 和条件 B 都成立时，结果才为 1，也就是"真"；其余情况的结果都为 0，也就是"假"。因此，条件 A 或条件 B 只要有一个不成立，结果都为 0，也就是"假"，如图 2.21 所示。

3）运算过程

总是先判断条件 A 是否成立。

如果条件 A 成立，接着再判断条件 B 是否成立：如果条件 B 成立，"条件 A&& 条件 B"的结果就为 1，即"真"；如果条件 B 不成立，结果就为 0，即"假"。

如果条件 A 不成立，就不会再去判断条件 B 是否成立：因为条件 A 已经不成立了，不管条件 B 如何，"条件 A&& 条件 B"的结果肯定是 0，也就是"假"。

注意：

（1）若想判断 a 的值是否在（3，5）范围内，千万不能写成 3 < a < 5，因为关系运算

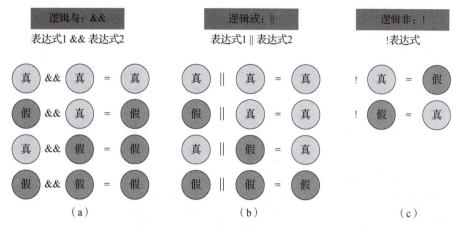

图 2.21 逻辑运算的运行结果
（a）逻辑与；（b）逻辑或；（c）逻辑非

符的结合方向为"从左往右"。比如 a 为 2，它会先算 3 < a，也就是 3 < 2，条件不成立，结果为 0。再与 5 比较，即 0 < 5，条件成立，结果为 1。因此 3 < a < 5 的结果为 1，条件成立，也就是说当 a 的值为 2 时，a 的值是在（3，5）范围内的，这明显是不对的。正确的判断方法是：(a > 3)&&(a < 5)。

2）C 语言规定：任何非 0 值都为"真"，只有 0 才为"假"。因此逻辑与也适用于数值。比如 5&&4 的结果是 1，为"真"；−6&&0 的结果是 0，为"假"。

2. ‖ 逻辑或

1）使用格式

条件 A ‖ 条件 B；

2）运算结果

当条件 A 或条件 B 只要有一个成立时（也包括条件 A 和条件 B 都成立），结果就为 1，也就是"真"；只有当条件 A 和条件 B 都不成立时，结果才为 0，也就是"假"。

3）运算过程

总是先判断条件 A 是否成立。

如果条件 A 成立，就不会再去判断条件 B 是否成立：因为条件 A 已经成立了，不管条件 B 如何，"条件 A ‖ 条件 B"的结果肯定是 1，也就是"真"（逻辑或的"短路运算"）。

如果条件 A 不成立，接着再判断条件 B 是否成立：如果条件 B 成立，"条件 A ‖ 条件 B"的结果就为 1，即"真"，如果条件 B 不成立，结果就为 0，即"假"。

例：逻辑或的结合方向是"自左至右"。比如表达式(a < 3)‖(a > 5)。

若 a 的值是 4：先判断 a < 3，不成立；再判断 a > 5，也不成立，因此结果为 0；

若 a 的值是 2：先判断 a < 3，成立，停止判断，因此结果为 1。

因此，如果 a 的值在（−∞，3）或者（5，+∞）范围内，结果就为 1；否则，结果就为 0。

注意：

C 语言规定：任何非 0 值都为"真"，只有 0 才为"假"。因此逻辑或也适用于数值。

比如 5‖4 的结果是 1，为"真"；-6‖0 的结果是 1，为"真"；0‖0 的结果是 0，为"假"。

3. ! 逻辑非

1）使用格式

! 条件 A；

2）运算结果

其实就是对条件 A 进行取反：若条件 A 成立，结果就为 0，即"假"；若条件 A 不成立，结果就为 1，即"真"。也就是说：真的变假，假的变真。

例：逻辑非的结合方向是"自右至左"。比如表达式!（a>5）。

若 a 的值是 6：先判断 a>5，成立，再取反之后的结果为 0；

若 a 的值是 2：先判断 a>3，不成立，再取反之后的结果为 1。

因此，如果 a 的值大于 5，结果就为 0；否则，结果就为 1。

注意：

（1）可以多次连续使用逻辑非运算符:!（4>2）结果为 0，是"假",!!（4>2）结果为 1，是"真",!!!（4>2）结果为 0，是"假"。

（2）C 语言规定：任何非 0 值都为"真"，只有 0 才为"假"。因此，对非 0 值进行逻辑非! 运算的结果都是 0，对 0 值进行逻辑非! 运算的结果为 1。! 5、! 6.7、! -9 的结果都为 0,! 0 的结果为 1。结合性为自左向右。逻辑运算符的优先级顺序为：小括号（）>负号->! >算术运算符>关系运算符>&& >‖。

例 1：表达式!（3>5）‖（2<4）&&（6<1）：先计算!（3>5）、（2<4）、（6<1），结果为 1，式子变为 1‖1&&0，再计算 1&&0，式子变为 1‖0，最后的结果为 1。

例 2：表达式 3+2<5‖6>3 等价于（（3+2）<5）‖（6>3），结果为 1。

例 3：表达式 4>3&&! -5>2 等价于（4>3）&&（（!（-5））>2），结果为 0。

2.7.6　赋值运算符和赋值表达式

1. 赋值表达式

C 语言中，"="称为赋值运算符，其作用是将一个数值赋给一个变量或将一个变量的值赋给另一个变量，由赋值运算符组成的表达式称为赋值表达式。

2. 简单赋值

（1）一般形式：变量名 = 表达式。

（2）注意：

①在程序中可以多次给一个变量赋值，每赋一次值，与该变量相应的存储单元的数据就被更新一次，内存中当前的数据就是最后一次所赋值的那个数据，即最左边变量所得到的新值是整个赋值表达式的值。

②赋值运算符的优先级别高于逗号运算符。

③注意赋值运算符"="和等于运算符"=="的差别。

④赋值运算符的左侧只能是变量，而不能是常量或表达式。右侧可以是表达式，包括赋值运算表达式。"a = b = 1+1"是对的，而"a = 1+1 = b"是错的。原因：由于赋值运算表达式的结合方式是从右到左，其第一个赋值表达式的左侧是常数，所以错误。

3. 复合赋值

（1）在赋值运算符之前加上其他运算符可以构成复合赋值运算符。其中与算术运算有关的复合运算符有 += 、 −= 、 *= 、/= 和%= 等。

（2）注意：

①两个符号之间不可以有空格。

②复合赋值运算符的优先级与赋值运算符的相同。表达式 n + =1 等价于 n = n + 1，其作用是取变量 n 中的值增 1 再赋值给变量 n，其他复合赋值运算符的运算规则以此类推。

例：求表达式 a += a − = a * a 的值。

解：先进行"a −= a * a"运算，相当于 a = a − a * a = 12 − 144 = − 132。

再进行"a += − 132"运算，相当于 a = a + (− 132) = − 132 − 132 = − 264。

③如果赋值运算符两侧的类型不一致，在赋值前系统将自动先把右侧的值或通过表达式求得的数值按赋值号左边变量的类型进行转换。

2.7.7　逗号运算符和逗号表达式

（1）逗号","就是逗号运算符，用逗号运算符将几个表达式连接起来，如：a = b + c，b = a * a，c = a + b，称为逗号表达式。

（2）一般形式：

表达式 1，表达式 2，表达式 3，…，表达式 n

（3）结合方向：从左到右。

例：c = a + b，a = 2，b = 3 − > c 的值不准确，是一个随机值，因为逗号表达式是从左向右结合的。

（4）逗号表达式的求解过程是：先求表达式 1，然后依次求解表达式 2，直到表达式 n 的值。整个逗号表达式的值就是表达式 n 的值。

（5）注意：逗号运算符是所有运算符中级别最低的。

2.8　C51 语言程序结构

C 语言是一种结构化的编程语言。其基本元素是模块，它是程序的一部分，只有一个入口和一个出口，不允许有中途插入或从模块的其他路径退出。

C 语言有 3 种基本结构：顺序结构、选择结构、循环结构。

2.8.1　顺序结构与表达式语句

顺序结构的程序是最简单、最基本的程序结构，其特点是按指令的排列顺序一条条地执行，如图 2.22 所示，程序先执行 A 操作，再执行 B 操作，两者是顺序执行的关系。

C 语言程序的执行部分由语句组成，C 语句可分为表达式语句、函数调用语句、控制语句、复合语句、空语句和赋值语句等。

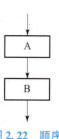

图 2.22　顺序结构

1. 表达式语句

表达式语句由表达式加上分号";"组成。其一般形式如下:

表达式;

执行表达式语句就是计算表达式的值。例如:

```
P1 = 0xff;   //赋值语句,将 P1 口的 8 位引脚置位
y + z;       //加法运算语句,但计算结果不能保留,无实际意义
i ++;        //自增 1 语句,i 值增 1
```

2. 函数调用语句

由函数名、实际参数加上分号";"组成。

其一般形式为:

函数名(实际参数表);

执行函数语句就是调用函数体并把实际参数赋予函数定义中的形式参数,然后执行被调函数体中的语句,求取函数值(在后面函数中详细介绍)。例如:

```
printf("C Program");      //调用库函数,输出字符串
```

3. 控制语句

控制语句用于控制程序的流程,以实现程序的各种结构方式。它们由特定的语句定义符组成。C 语言有九种控制语句,可分成以下三类。

(1) 条件判断语句:if 语句、switch 语句。

(2) 循环执行语句:do while 语句、while 语句、for 语句。

(3) 转向语句:break 语句、goto 语句、continue 语句、return 语句。

4. 复合语句

把多个语句用花括号" {}"括起来组成的一个语句称复合语句。

在程序中应把复合语句看成单条语句,而不是多条语句。

例如:

```
{
  x = y + z;
  a = b + c;
  printf("%d%d",x,a);
}
```

这是一条复合语句。

复合语句内的各条语句都必须以分号";"结尾,在括号"}"外不能加分号。

5. 空语句

只有分号";"组成的语句称为空语句。空语句是什么也不执行的语句。在程序中空语句可用来作空循环体。例如:

```
for(i =1;i <100;i ++)
```

本语句的功能是只要从键盘输入的字符不是回车则重新输入。

这里的循环体为空语句。

6. 赋值语句

赋值语句是由赋值表达式再加上分号构成的表达式语句。其一般形式如下:

变量 = 表达式;

赋值语句的功能和特点与赋值表达式相同，它是程序中使用最多的语句之一。

2.8.2　选择结构与选择语句

条件语句又称为分支语句，其关键字是由 if 语句或 switch/case 构成的。
C 语言提供了 3 种形式的 if 语句结构，下面分别进行介绍。

选择语句

1. 基本 if 语句

基本 if 语句格式如下：

```
if(条件表达式)
{
语句组 i;
}
```

基本 if 语句流程图如图 2.23 所示。

描述：当条件表达式的结果为真时，就执行语句，否则就跳过。例：

```
if(a>=3)
b=0;
```

2. if - else 语句

if - else 语句格式如下：

```
if(条件表达式)
{语句组 i;}
else
{语句组 j;}
```

if - else 语句流程图如图 2.24 所示。

描述：当条件表达式成立时，就执行语句 1，否则就执行语句 2。例：

```
if(a==b)
a++;
else
a--;
```

当 a 等于 b 时，a 加 1，否则 a-1。

3. if - else if - else 语句

if - else if - else 语句格式如下：

```
if(条件表达式 1)
{语句组 1;}
else if(条件表达式 2)
{语句组 2;}
else if(条件表达式 3)
{语句组 3;}
else if(条件表达式 n)
{语句组 n;}
else
```

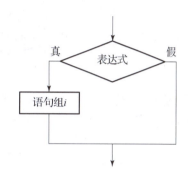

图 2.23　基本 if 语句流程图

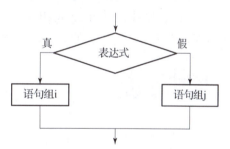

图 2.24　if - else 语句流程图

{语句组 n+1;}

if - else if - else 语句流程图如图 2.25 所示。

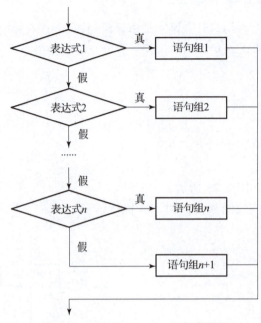

图 2.25　if - else if - else 语句流程图

描述：如果表达式 1 为"真"，则执行语句 1，退出 if 语句；否则去判断表达式 2，如果为"真"，则执行语句 2，退出 if 语句；否则去判断表达式 3……最后，如果表达式 n 也不成立，则执行 else 后面的语句组 $n+1$。else 和语句组 $n+1$ 也可省略不用。例：

```
if(a>=3)
b=10;
else if(a>=2)
b=20;
else if(a>=1)
b=30;
else
b=0;
```

4. switch/case 语句结构

我们学习了条件语句，用多个条件语句可以实现多方向条件分支，但是发现使用过多的条件语句实现多方向分支会使条件语句嵌套过多、程序冗长，这样也很不好读。这时使用 switch 语句同样可以达到处理多分支选择的目的，又可以使程序结构清晰。它的格式如下：

```
switch(表达式)
{
case 常量表达式 1:语句 1;break;
case 常量表达式 2:语句 2;break;
case 常量表达式 3:语句 3;break;
case 常量表达式 n:语句 n;break;
```

```
default:语句 m
}
```

switch 语句流程图如图 2.26 所示。

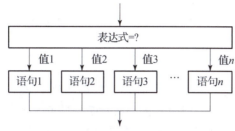

图 2.26　switch 语句流程图

描述：运行中 switch 后面的表达式的值将会作为条件，与 case 后面的各个常量表达式的值相对比，如果相等时则执行后面的语句，再执行 break（间断语句）语句，跳出 switch 语句。如果 case 没有和条件相等的值时就执行 default 后的语句。当要求没有符合的条件时不做任何处理，则可以不写 default 语句。

例如已知：a = 9，b = 4，求 P1 的数值

```
if (a < 3)        { i = 2；b = 10；}
else if (a > b)     i = 1；
else            i = 3；
switch(i)    { case  1：P1 = 0x00；break；
                case  2：P1 = 0x55；break；
                case  3：P1 = 0x0f；break；
                case  4：P1 = 0xf0；break；
                default：break；}
```

根据分析：因为满足 a > b，所以 i = 1，可得出 P1 最终等于 0x00。

2.8.3　循环结构与循环语句

循环语句

循环程序的作用就是用来实现需要反复执行某一部分程序行的操作，有以下两类循环结构。

1. 当型循环

在这种结构中，当判断条件 P 成立时，执行循环体 A 部分。执行完毕回来再一次判断条件 P。如果条件成立则继续循环 A，否则退出循环。通常用 while 循环语句来实现，其流程如图 2.27 所示。其形式如下：

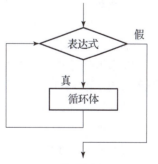

```
while(表达式)
{
    循环语句；
}
```

图 2.27　当型循环流程图

描述：当表达式为非 0（"真"）时，执行 while 中的内嵌循环语句。例如：
```
main()
```

```
{i = 0;s = 0;
while (i <= 100)
        {
            s = s + i;
            i ++;
        }
}
```

2. 直到型循环

在这种结构中，先执行循环 A 部分，然后判断条件 P 成立时，执行循环体 A 部分。执行完毕回来再一次判断条件 P。如果条件成立则继续循环 A，否则退出循环。通常用 do - while 循环语句来实现，其流程如图 2.28 所示。其形式如下：

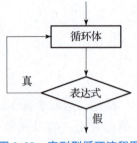

图 2.28　直到型循环流程图

```
do
{
    循环语句;
}
while(表达式)
```

描述：先执行 do - while 中的内嵌循环语句，再判断表达式为非 0（"真"）时，继续执行内嵌循环语句。例如：

```
main()
{i = 0;s = 0;
do
{    s = s + i;
        i ++;
    } while (i <= 100);
}
```

3. for 循环语句

for 语句流程如图 2.29 所示，一般形式为：

```
for(表达式 1;表达式 2;表达式 3)
{
    循环语句;
}
```

描述：①先求解表达式 1。

②求解表达式 2，其值为"真"时，则执行 for 语句中的循环语句，然后执行第③步；如果表达式 2，其值为"假"时，则结束循环，转到第⑤步。

③求解表达式 3。

④转回第②步继续执行。

⑤退出 for 循环。

for 循环工作过程如图 2.30 所示。

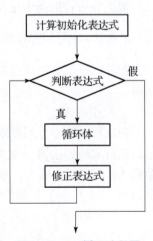

图 2.29　for 循环流程图

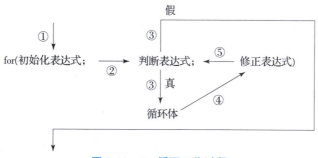

图 2.30 for 循环工作过程

具体用法举例如下:

```
main( )
{ s = 0;
for(i =1;i <=100;i ++ )
{
    s = s +i;
}
}
```

(1) for 语句中表达式 1、表达式 2、表达式 3 类型任意,都可省略,但之间的分号不可省略。

①初始化表达式省略,在循环结构前面给循环变量赋初值。

```
int i = 1;
for(;i <= 100 ; i ++ )
        sum + = i;
```

②判断表达式省略,无循环结束条件,死循环。

```
int i ;
for( i =1; ; i ++ )
        sum + = i;
```

③修正表达式省略,在循环体内部修改循环变量。

```
int i ;
for( i =1; i <= 100 )
{  sum + = i;
    i ++;
}
```

④初始化表达式和修正表达式省略,int i =1;

```
for( ; i <= 100 )
{  sum + = i;
    i ++;
}
```

⑤三个表达式都省略,死循环。

```
for(;;)
{  sum + = i;
        i ++;
```

　　（2）初始化表达式和修正表达式可以是逗号表达式。

```
        for(i = 0,j = 100;i <= j;i ++,j --)
    {
            k += i*j;
    }
```

循环次数为：51 次

k 的最终结果为：$0*100 + 1*99 + 2*98 + \cdots + 50*50$。（3）判断表达式一般为关系或逻辑表达式，若为其他表达式也合法，只要其值不为"假"，则执行循环体。例如：int $i = 0$, $j = 10$, $k = 20$, $sum = 0$;

```
            for( ;i > j,j < k;i ++,j ++,k --)
                sum = i + j + k;
```

等价于：
```
for( ;j < k;i ++,j ++,k --)
                sum = i + j + k;
```

sum 的最终结果：$(0 + 10 + 20) + (1 + 11 + 19) + \cdots + (5 + 15 + 15)$。

2.9　C51 函数

函数与子函数

　　函数是 C 语言程序的基本组成模块。一个 C 语言程序是由一个主函数 main（）和若干个模块化的子函数构成的，所以也把 C 程序称为函数式语言。C 语言有且仅有一个主函数 main（），程序总是从主函数开始执行，由主函数根据需要来调用其他函数，其他函数可以有多个。

　　从用户使用的角度来看，函数有两种类型：标准库函数和用户自定义函数。

2.9.1　C51 库函数

　　标准库函数由 C51 的编译器提供，以头文件形式给出。常用的 C51 库函数有一般 I/O 口函数、访问 SFR 地址函数等。此处列出部分 C51 库函数头文件。

寄存器库函数	REGXXX. H
一般输入/输出函数	STDIO. H
内部函数	INTRINS. H
字符函数	CTYPE. H
字符串函数	STRING. H
数学函数	MATH. H
标准函数	STDLIB. H
绝对地址访问函数	ABSACC. H

　　用户可以直接调用标准函数，使用 C51 库函数时，必须在源程序的开始处使用预处理命令"#include"将相关头文件包含进来。

2.9.2　用户自定义函数

　　用户自定义函数是用户根据需要自行编写的函数，它必须先被定义，然后才能被调用。函数定义的一般形式如下：

```
函数类型 函数名(形式参数列表)
{
        局部变量声明;
        函数体语句;
        return 语句;
}
```

其中，函数类型说明自定义函数返回值的类型。

函数名是自定义函数的名字。

形式参数表给出函数被调用时传递数据的形式参数，形式参数的类型必须加以说明，ANSI C 标准允许在形式参数列表中对形式参数的类型进行说明。如果定义的是无参数函数，可以没有形式参数列表，但是圆括号不能省略。

局部变量定义是对在函数内部需要使用的局部变量进行定义，也称为内部变量。

函数体语句是为完成函数的特定功能而设置的语句。

return 语句用于返回函数执行的结果。对于无返回值函数，该语句可以省略。

因此，一个函数由以下两部分组成：

（1）函数定义，即函数的第一行，包括函数类型、函数名、形式参数列表。

（2）函数体，即花括号部分。由局部变量声明、函数体语句、return 语句组成。

例如：

```
#include <reg51.h>              //包含寄存器库函数头文件,调用 51 单片机 SFR
#include <intrins.h>            //包含内部函数库头文件,调用左移、右移函数
 void delay(unsigned int i)     //定义延时函数
{       unsigned int k;
        for (k = 0;k < i;k ++) ;
}
void main()                     //主函数
{       P1 = 0x7f;              //调用 P1 口寄存器变量
        while(1)                //无限循环
          {
            P1 = _cror_(P1,1);  //调用左移函数,将 P1 的二进制数值循环左移一位
            delay(5000);        //延时函数的调用
          }
}
```

要使用自定义函数，必须在调用前先进行函数定义，然后调用。这个程序中实参 5 000 传递给函数的形参 i。

2.10　小结

本项目从单片机控制流水灯任务入手，从顺序控制 8 位发光二极管，到按键选择控制流水灯花样，再到移位控制流水灯，最后通过函数控制流水灯，循序渐进地介绍了利用

C51 对流水灯进行编程的思路，C51 语言程序结构、基本语句、数据类型、运算符和表达式以及函数，为后面项目的学习打下软件基础。本项目要掌握的重点内容如下：

（1）C 语言的三种基本程序结构：顺序结构、选择结构、循环结构；

（2）C 语言的基本数据类型：整型、字符型、实型；

（3）C51 语言除了具有基本数据类型外，为更加有效利用 51 单片机的硬件资源，还扩展了一些数据类型：bit、sbit、sfr、sfr16，用于访问单片机的专用寄存器和可寻址位；

（4）函数是 C 程序的基本组成单位，一个源程序中有且仅有一个主函数，可有多个子函数或库函数；

（5）C 语言有 12 种运算符，应用时应注意优先级和结合性；

（6）C 语言数据分为常量和变量。

思考与练习题

一、单选题

1. C 语言程序总是从（　　）开始执行。

A. 主函数　　　　　　　B. 子函数　　　　　　C. 主过程　　　　　　D. 子程序

2. 下面叙述不正确的是（　　）。

A. 一个 C 源程序可以由一个或者多个函数构成

B. 一个 C 源程序可有有多个主函数

C. C 语言程序的基本组成单位是函数

D. 在 C 程序中，数据分为常量和变量

3. 在 C 语言中，下列标识符中合法的是（　　）。

A. _int　　　　　　　B. 3in1 - 3　　　　　　C. A_B! D　　　　　　D. void

4. 在 C51 中，常常采用（　　）作为循环体，通过消耗 CPU 运行时间，产生延时效果。

A. 赋值语句　　　　　B. 表达式语句　　　　C. 选择语句　　　　　D. 空语句

5. 最基本的 C 语言语句是（　　）。

A. 赋值语句　　　　　　　　　　　　　　B. 表达式语句

C. 循环语句　　　　　　　　　　　　　　D. 复合语句

6. 下面的 while 循环执行了（　　）次空语句。

```
while(i = 3);
```

A. 无限次　　　　　　B. 3 次　　　　　　C. 5 次　　　　　　D. 1 次

7. 在 C 语言中，函数类型由（　　）决定。

A. return 语句中表达式值的数据类型所决定

B. 调用该函数时主调用函数类型所决定

C. 调用该函数时系统临时决定

D. 在定义该函数时所指定的类型所决定

8. 在 C 语言中，当 while 语句或 do - while 语句中的条件为（　　）时，结束循环。

A. true　　　　　　B. false　　　　　　C. 0　　　　　　D. 非 0

9. 在 C 语言的选择语句中，用作判断的表达式为（　　）。

A. 关系表达式　　　　　　　　　　　　B. 逻辑表达式

C. 算术表达式　　　　　　　　　　　　D. 任意表达式

10. 在 C51 的数据类型中，unsigned char 型的数据长度和值域为（　　）。

A. 单字节，$-128 \sim 127$　　　　　　B. 双字节，$-32\ 768 \sim 32\ 767$

C. 单字节，$0 \sim 255$　　　　　　　　D. 双字节，$0 \sim 65\ 535$

二、填空题

1. 一个 C 源程序有且仅有一个（　　）函数。

2. C51 语言程序定义一个可位寻址变量 LED 访问 P1 口 P1.7 引脚的方法是（　　）。

3. C51 语言扩展数据类型（　　）用于访问 51 单片机内部的所有专用寄存器。

4. 参考本项目示例程序完成下面的程序。

```
#include <reg51.h>
void delay(_____)
{unsigned int k;
 for(k=0;k<i;k++);
 }
void main()
{ while(1)
  { P1=0XFF;
   _____(1200);
   P1=0X00;
   _____(1200);
  }
}
```

5. while 与 do – while 的区别在于：（　　）先执行，后判断；（　　）先判断，后执行。

6. （　　）语句一般用于单一条件或分支数目较少的场合，如果编写超过 3 个以上分支，可用多分支选择的（　　）语句。

7. 结构化程序设计的三种基本结构是（　　）、（　　）、（　　）。

8. 表达式语句由（　　）组成。

9. 单片机 C 程序中，（　　）数据类型常用于处理 ASCII 字符或者用于处理小于等于 255 的整型数。

10. 下面的延时函数 delay()执行了（　　）次空语句。

```
void delay(void)
{ int i;
  for(i=0;i<500;i++);
}
```

三、编程题

1. 利用单片机控制 8 个发光二极管，设计程序实现 LED1、LED3、LED5、LED7 亮，LED2、LED4、LED6、LED8 灭，一段时间之后 LED2、LED4、LED6、LED8 亮，LED1、LED3、LED5、LED7 灭，如此循环。共阴极接法如图 2.31 所示。

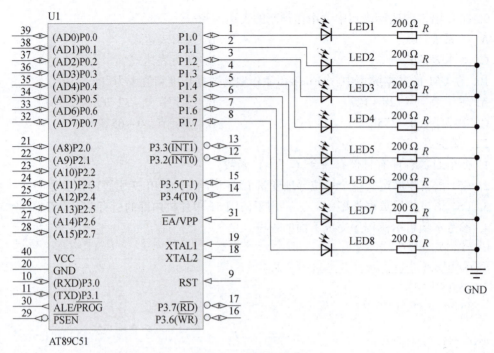

图 2.31　共阴极接法

2. 编程控制 P1 口的 8 个发光二极管，依次点亮的效果。(共阴极接法)

3. 编程控制 P1 口的 8 个发光二极管，每次点亮 2 个，最终全亮，如此循环的效果。共阳极接法如图 2.32 所示。

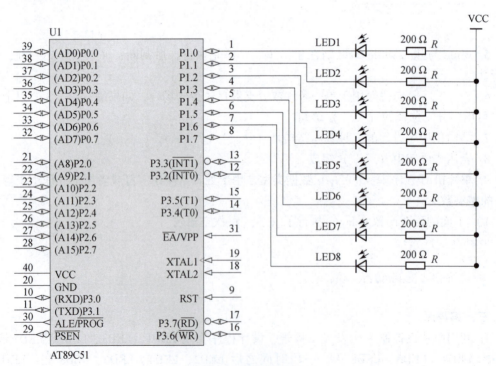

图 2.32　共阳极接法

项目3 常用显示器件的设计

✍ 学习任务

本项目将介绍常用的显示器件、键盘工作原理以及它们如何与单片机接口相互传送信息等技术，首先介绍数组的基本概念，然后介绍单片机的静态显示和动态显示方式，举一反三，介绍 LED 大屏幕显示的原理，独立式按键接口和矩阵式按键接口，通过实际案例，加深读者对单片机外部显示器和键盘的理解。

✍ 学习目标

知识目标

1. 了解 7 段 LED 数码管的内部结构和工作原理；

2. 了解行业标准中电子元器件的规范；

3. 了解 LED 数码管的静态显示和动态显示原理；

4. 掌握 LED 数码管静态显示和动态显示的硬件电路和软件程序的设计方法；

5. 掌握八路抢答器的设计方法。

能力目标

1. 能独立分析和解决硬件设计和软件设计中的问题；

2. 掌握完成工作项目的完整步骤和具体实施方法。

素质目标

1. 具备自主学习、解决问题的能力；

2. 能够根据任务，制订合理的实施计划；

3. 能利用团队的力量完成任务，具备团队合作精神；

4. 具备学生爱岗敬业、遵守规范的意识。

思维导图

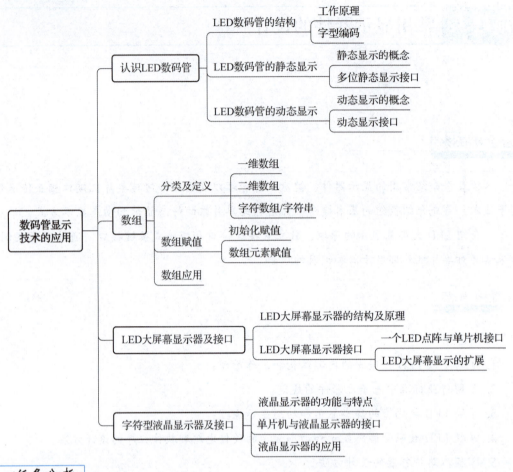

任务分析

3.1　八路抢答器的设计

3.1.1　任务描述

用 8 个独立式按键作为抢答输入按键，序号分别为 0 ~ 7，当某一参赛者首先按下抢答按钮时，在数码管上显示抢答成功的参赛者的序号，此时抢答器不再接收其他输入信号，直到按下系统复位按钮，系统再次接收下一轮的抢答输入。

3.1.2　电路设计

根据任务要求，用一位共阳极 LED（Light Emitting Diode，发光二极管）

八路抢答器

数码管作为显示器件，显示抢答器的状态信息，数码管采用静态连接方式与单片机的P1口连接；8个按键连接到P0口，将与P0.0引脚连接的按键S0作为"0"号抢答输入，与P0.1引脚连接的按键S1作为"1"号抢答输入，以此类推。八路抢答器电路如图3.1所示。

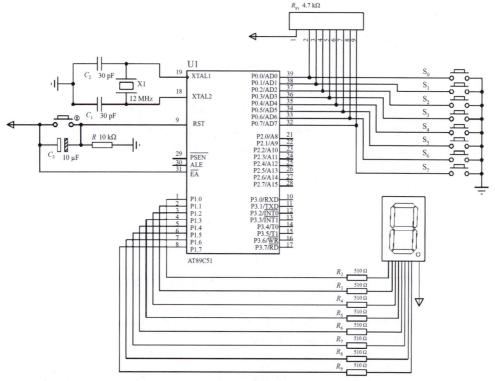

图3.1　八路抢答器电路

✏️ 小知识

（1）在单片机系统中，经常采用LED数码管来显示单片机系统的工作状态、运算结果等信息，LED数码管是单片机人机对话的一种重要输出设备。

（2）LED数码管由8个发光二极管（以下简称段）构成，通过不同的发光字段组合来显示数字0~9、字符A~F、H、L、P、R、U、Y、符号"–"及小数点"."等。

（3）因为只控制一个数码管，选择一直点亮各段的静态显示方式。这种显示方式可在较小的电流驱动下获得较高的显示亮度，且占用CPU时间少，编程简单，便于显示和控制。

（4）按键采用独立式按键接法，每个按键都单独占用一根I/O口线，适用于按键数目比较少的应用场合，其优点是软件结构简单。

（5）电路中P0口外接的上拉电阻是保证按键断开时，I/O口为高电平；按键按下时相应端口为低电平。

简易密码锁
的设计

3.1.3　程序设计

```c
//ew3_1.c
//功能：八路抢答器设计程序
#include <at89x51.h>
//头文件包含,定义 51 单片机的专用寄存器
void delay(unsigned int i);          //延时函数声明
void main()                          //主函数
 {
        unsigned char button;        //保存按键信息
        unsigned char code disp[]={0xc0,0xf9,0xa4,0xb0,0x99,0x92,0x82,0xf8,0xbf};
        //定义数组 disp,依次存储包括 0~7 和"-"的共阳极数码管显示码表
        P0=0xff;                     //读引脚状态,需先置 1
        P1=disp[8];                  //显示"-"
    while(1)
     {
    button=P0;                       //第一次读按键状态
    delay(1200);                     //延时去抖
    button=P0;                       //第二次读按键状态
    switch(button)                   //根据按键的值进行多分支跳转
     {
        case 0xfe: P1=disp[0];delay(10000);while(1);break;   //0 按下,显示 0,待机
        case 0xfd: P1=disp[1];delay(10000);while(1);break;   //1 按下,显示 1,待机
        case 0xfb: P1=disp[2];delay(10000);while(1);break;   //2 按下,显示 2,待机
        case 0xf7: P1=disp[3];delay(10000);while(1);break;   //3 按下,显示 3,待机
        case 0xef: P1=disp[4];delay(10000);while(1);break;   //4 按下,显示 4,待机
        case 0xdf: P1=disp[5];delay(10000);while(1);break;   //5 按下,显示 5,待机
        case 0xbf: P1=disp[6];delay(10000);while(1);break;   //6 按下,显示 6,待机
        case 0x7f: P1=disp[7];delay(10000);while(1);break;   //7 按下,显示 7,待机
        default: break;
     }
     }
 }
void delay(unsigned int i)
 {
unsigned int k;
for(k=0;k<i;k++);
 }
```

✏️ 小知识

在程序设计中，为了处理方便，把具有相同类型的若干数据项按有序的形式组织起来。这些按序排列的同类数据元素的集合称为数组。在上面的程序中，定义了数组 disp[ ]。

unsigned char code disp[ ]={0xc0,0xf9,0xa4,0xb0,0x99,0x92,0x82,0xf8,0xbf}；数组

中的元素有固定数目和相同类型，数组元素的数据类型就是该数组的基本类型。上面数组的类型是无符号字符型，数组名为 disp，数组元素个数为 9 个。

数组元素也是一种变量，其标志方法为数组名后跟一个下标，例如：disp[0]、disp[1]……disp[8]。在这个数组定义语句中，关键字 code 是为了把 disp[ ] 数组存储在片内程序存储器 ROM 中，该数组与程序代码一起固化在程序存储器中。

3.1.4 程序下载

将二进制文件下载到单片机中的方法有很多，例如可以选用具有在系统编程 ISP 功能的单片机芯片，例如 AT89S51、宏晶单片机等。宏晶单片机不仅具有 ISP 下载功能，还具有串口下载功能，使用起来非常方便。

3.1.5 任务梳理

根据单片机开发流程，对任务八路抢答器的设计进行梳理总结，并填写表 3.1。

表3.1 任务单

任务名称	八路抢答器的设计		
任务描述			
小组名称		组长	
组员			
序号	人员	负责内容	完成情况
知识准备	1. 数组的定义。 2. 按键的工作过程。 3. LED 数码管的工作原理。		

续表

知识准备	4. 数码管字型编码如何计算？举例说明。 _____ _____ _____ 5. 数码管静态显示的优点。 _____ _____ _____ _____
电路图	

程序	`#include <at89x51.h>`
	//头文件包含,定义51单片机的专用寄存器
	_____;　　//延时函数声明
	`void main()`　　　　　　//主函数
	`{`
	　　`unsigned char button;`　　//保存按键信息
	_____;
	//定义数组 LED,依次存储包括 0～7 和"－"的共阳极数码管显示码表
	　　`P0 = 0xff;`　　//读引脚状态,需先置1
	　　`P1 = disp[8];`　　//显示"－"
	　　`while(1)`
	　　`{`

续表

程序	

```
        button = P0;              //第一次读按键状态
    _____;             //延时去抖
        button = P0;              //第二次读按键状态
    _____;             //根据按键的值进行多分支跳转
        {
      case _____: P1 = disp[0];delay(10000);while(1);break;  //0 按
下,显示 0,待机
      case _____: P1 = disp[1];delay(10000);while(1);break;  //1 按
下,显示 1,待机
      case _____: P1 = disp[2];delay(10000);while(1);break;  //2 按
下,显示 2,待机
      case _____: P1 = disp[3];delay(10000);while(1);break;  //3 按
下,显示 3,待机
      case _____: P1 = disp[4];delay(10000);while(1);break;  //4 按
下,显示 4,待机
      case _____: P1 = disp[5];delay(10000);while(1);break;  //5 按
下,显示 5,待机
      case _____: P1 = disp[6];delay(10000);while(1);break;  //6 按
下,显示 6,待机
    case 0x7f: P1 = disp[7];delay(10000);while(1);break;  //7 按下,显
示 7,待机
    default: _____;
        }
            }
}
void delay(unsigned int i)
{
unsigned int k;
for(k = 0;k < i;k ++);
}
```

编程调试的过程中存在的问题及解决方法	

3.1.6　任务评价

1. 任务验收

根据项目要求和电气控制工艺规范,进行任务验收,并填写表3.2。

表3.2　项目验收报告

项目名称			组名	
项目概况				
序号	验收项目	验收记录	存在问题	完成时间
1	硬件电路检查			
2	软件程序检查			
3	功能检查			
4	技术文档检查			
5	其他			
预验收结论： 签字： 时间：				

2. 展示评价

　　各组展示作品，介绍任务完成过程，制作过程视频，运行结果视频，整理技术文档并提交汇报材料，进行小组自评、组间互评、教师评价，完成考核评价表，如表3.3所示。

表3.3　考核评价表

序号	评价项目	评价内容	分值	自评20%	互评20%	师评60%	合计
1	职业素养	分工合理，制订计划能力强					
		能够采用多种信息化手段解决问题					
		主动性强，保质保量完成任务					
		遵守行业规范、现场"6S"标准					
		具备团队合作、交流沟通分享的能力					
2	专业能力	电路图设计正确（限流电阻选择合理）					
		数组定义正确					
		延时函数设计正确					
		抢答器程序设计合理					

续表

序号	评价项目	评价内容	分值	自评 20%	互评 20%	师评 60%	合计
2	专业能力	调试运行结果正确					
		技术总结文档完整					
		汇报思路清晰、表达清楚					
3	创新能力	创新性思维和实现效果					
		拓展任务完成情况					

3.1.7　任务小结

通过八路抢答器的设计，让读者理解 C 语言中数组的应用，并初步了解单片机与 LED 数码管的接口电路设计及编程控制方法。

3.2　密码锁的设计

3.2.1　任务描述

设计具有 4 个按键输入和 1 个数码管显示的简易密码锁。在一些智能门控管理系统中，需要输入正确的密码才可以开锁。基于单片机控制的密码锁硬件电路包括三部分，按键输入、数码显示和电控开锁驱动电路，三者状态的对应关系如表 3.4 所示。

表 3.4　简易密码锁状态

按键输入状态	数码管显示信息	锁驱动状态
无密码输入	–	锁定
输入与设定密码相同	P	打开
输入与设定密码不同	E	锁定

简易密码锁的基本功能如下：
（1）4 个按键，分别代表数字 0、1、2、3；
（2）密码在程序中事先设定，为 0~3 的数字；
（3）数码管显示"–"，表示等待密码输入；
（4）密码输入正确时显示字符"P"约 3 s，并通过 P3.0 口将锁打开；否则显示字符"E"约 3 s，继续保持锁定状态。

3.2.2　电路设计

密码锁硬件电路设计：4 个按键，由 P0 口的 P0.0~P0.3 控制；一个数码管，由 P1 口静态控制；一个发光二极管，由 P3.0 引脚控制；发光二极管的亮灭分别模拟开锁电路的打开和锁定。密码锁硬件电路如图 3.2 所示。

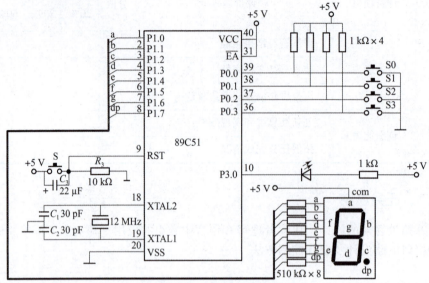

图 3.2　密码锁硬件电路

3.2.3　程序设计

程序设计时，设初始密码锁关闭，显示符号为"－"，当按下数字键后，若与预先设定的密码相同则显示"P"，打开锁，过 3 s 后恢复锁定状态，等待下一次密码输入；否则显示"E"并持续 3 s，保持锁定状态并等待下一次密码输入。采用共阳极 LED 数码管静态显示方式，密码设定为"2"。简易密码锁控制程序的流程如图 3.3 所示，其参考源程序如下。

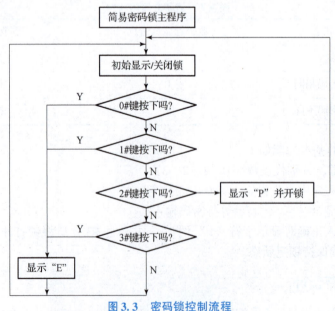

图 3.3　密码锁控制流程

```c
#include <reg51.h>        //包含头文件 reg51.h,定义了 51 单片机的专用寄存器
 sbit P3_0 = P3^0;         //控制开锁,用发光二极管代替
unsigned char button;     //保存按键信息
void delay(unsigned int i);  //延时函数声明
void main()               //主函数
{
    unsigned char button;    //保存按键信息
    unsigned char code tab[7] = {0xc0,0xf9,0xa4,0xb,0xbf,0x86,0x8c};
            //定义显示段码表,分别对应显示字符:0、1、2、3、-、E、P
    P0 = 0xff;            //读 P0 口引脚状态,需先置全 1
    while(1)
    {P1 = tab[4];          //密码锁的初始显示状态" - "
    P3_0 = 1;              //设置密码锁初始状态为"锁定",发光二极管熄灭
    P0 = 0xff;             //读 P0 口引脚状态,需先置全 1
    button = P0;           //读取 P0 口上的按键状态并赋值到变量 button
    delay(1200);           //延时去抖
    button = P0;           //再次读入按键状态
    button& = 0x0f;        //采用与操作保留低 4 位的按键状态,其他位清零
    switch (button)        //判断按键的键值
{
    case 0x0e: P1 = tab[0];delay(10000);P1 = tab[5]; delay(50000);break;
                //0#键按下,密码输入错误,显示"E"
     case 0x0d: P1 = tab[1];delay(10000);P1 = tab[5];delay(50000);break;
                //1#键按下,密码输入错误,显示"E"
    case 0x0b: P1 = tab[2];delay(10000);P1 = tab[6];P3_0 = 0; delay(50000);break;
                //2#键按下,密码正确,开锁并显示"P"
     case 0x07: P1 = tab[3];delay(10000);P1 = tab[5]; delay(50000);break;
                //3#键按下,密码输入错误,显示"E"
}
}
//延时函数
void delay(unsigned int i)
{
unsigned int k;
for(k = 0;k < i;k ++);
}
```

> **小问答**:在程序中用 4 个独立式按键分别代表 0、1、2、3,只有 4 种密码选择,显然不够安全,是否可以用 4 个按键组成更多的密码选择呢?
>
> **答**:能。若用 4 个按键的输入状态分别代表 4 位二进制数,可组成 16 种密码,范围为 0000~1111;若再增加对按键输入顺序的判断还能组成更多种密码选择,但需要修改密码的设置与识别程序才能实现。

3.2.4　程序下载

将二进制文件下载到单片机中的方法有很多，例如可以选用具有 ISP 功能的单片机，例如 AT89S51、宏晶单片机等。宏晶单片机不仅具有 ISP 下载功能，还具有串口下载功能，使用起来非常方便。

3.2.5　任务梳理

根据单片机开发流程，对任务密码锁的设计进行梳理总结，并填写表 3.5。

表 3.5　任务单

任务名称		密码锁的设计	
任务描述			
小组名称		组长	
组员			
序号	人员	负责内容	完成情况
知识准备	1. 字符型数组在什么情况下使用？举例说明。 _____ _____ 2. 按键怎么去抖？ _____ _____ 3. 写出 sbit 定义的格式。 _____ _____ 4. 总结位运算符 & 和 │ 的用法，并举例说明。 _____ _____ _____		

续表

电路图	
| 程序 | ```
#include <reg51.h>              //包含头文件 reg51.h,定义了51单
片机的专用寄存器
  _____ P3_0 = P3^0;           //控制开锁,用发光二极管代替
unsigned char button;           //保存按键信息
void delay(unsigned int i);     //延时函数声明
void main()                     //主函数
{
    unsigned char button;       //保存按键信息

    _____ ;
    //定义显示段码表,分别对应显示字符:0、1、2、3、-、E、P
    P0 = 0xff;          //读 P0 口引脚状态,需先置全1
    while(1)
    {P1 = _____;     //密码锁的初始显示状态"-"
    P3_0 = _____;    //设置密码锁初始状态为"锁定",发光二极管熄灭
    P0 = 0xff;          //读 P0 口引脚状态,需先置全1
    button = P0;        //读取 P0 上的按键状态并赋值到变量 button
    delay(1200);        //延时去抖
    button = P0;        //再次读入按键状态
    button = _____;  //采用与操作保留低4位的按键状态,其他位清零
    switch (button)     //判断按键的键值
{
    case _____: P1 = tab[0];delay(10000);P1 = tab[5]; delay(50000);
break;
                //0#键按下,密码输入错误,显示"E"
    case _____: P1 = tab[1];delay(10000);P1 = tab[5]; delay(50000);
break;
                //1#键按下,密码输入错误,显示"E"
``` |
```

续表

程序	
	case ＿＿＿＿ : P1 = tab[2];delay(10000);P1 = tab[6];P3_0 = 0; delay(50000);
	break;
	      //2#键按下,密码正确,开锁并显示"P"
	case ＿＿＿＿ : P1 = tab[3];delay(10000);P1 = tab[5]; delay(50000);
	break;
	      //3#键按下,密码输入错误,显示"E"
	}
	}
	//延时函数
	void delay(unsigned int i)
	{
	unsigned int k;
	for(k = 0;k < i;k ++);
	}

编程调试的 过程中存在的 问题及解决方法	

3.2.6 任务评价

1. 任务验收

根据项目要求和电气控制工艺规范,进行任务验收,并填写表3.6。

表3.6 项目验收报告

项目名称			组名	
项目概况				
序号	验收项目	验收记录	存在问题	完成时间
1	硬件电路检查			
2	软件程序检查			
3	功能检查			
4	技术文档检查			
5	其他			

续表

预验收结论：

签字：

时间：

2. 展示评价

各组展示作品，介绍任务完成过程，制作过程视频，运行结果视频，整理技术文档并提交汇报材料，进行小组自评、组间互评、教师评价，完成考核评价表，如表 3.7 所示。

表 3.7　考核评价表

序号	评价项目	评价内容	分值	自评 20%	互评 20%	师评 60%	合计
1	职业素养	分工合理，制订计划能力强					
		能够采用多种信息化手段解决问题					
		主动性强，保质保量完成任务					
		遵守行业规范、现场"6S"标准					
		具备团队合作、交流沟通分享的能力					
2	专业能力	电路图设计正确（限流电阻选择合理）					
		数组定义正确					
		延时函数设计正确					
		密码锁程序设计合理					
		调试运行结果正确					
		技术总结文档完整					
		汇报思路清晰、表达清楚					
3	创新能力	创新性思维和实现效果					
		拓展任务完成情况					

3.2.7　任务小结

通过密码锁的设计，读者进一步理解了数组的应用、按键的去抖问题和位运算符的使用，结合完整的任务实施过程，掌握单片机设计全过程，为后续任务实施打下坚实的基础。

3.3　C51 数组

数组定义

在程序设计中，为了处理方便，把具有相同类型的若干数据项按有序的形式组织起来，这些按序排列的同类数据元素的集合称为数组。组成数组的各个数据元素称为数组元素。

数组属于常用的数据类型，数组中的元素有固定数目和相同类型，数组元素的数据类型就是该数组的数据类型。例如：整型数据的有序集合称为整型数组，字符型数据的有序集合称为字符数组。

数组还分为一维、二维、三维和多维数组等，常用的是一维、二维数组和字符数组。

3.3.1　一维数组

1. 一维数组的定义

在 C 语言中，数组必须先定义、后使用。一维数组的定义格式如下：

类型说明符 数组名[常量表达式];

类型说明符是指数组中各个数组元素的数据类型；数组名是用户定义的数组标识符；方括号中的常量表达式表示数组元素的个数，也称为数组的长度。

例如：

Int a[10]; //定义整型数组 a，有 10 个元素，a[0]、a[1]、a[2]、…、a[9]。

float b[10],c[20]; //定义实型数组 b，有 10 个元素，实型数组 c，有 20 个元素。

char ch[20]; //定义字符型数组 ch，有 20 个元素。

定义数组时，应该注意以下几点：

（1）数组的类型实际上是指数组元素的取值类型。对于同一个数组，所有元素的数据类型都是相同的。

（2）数组名的书写则应符合标识符的书写规定。

（3）数组名不能与其他变量名相同。

例如：在下面的程序段中，因为变量 num 和数组 num 同名，程序编译时会出现错误，无法通过：

```
void main( )
{
int num;
float num[100];
......
}
```

（4）方括号中常量表达式表示数组元素的个数，如 a[5]表示数组 a 有 5 个元素。数组元素的下标从 0 开始计算，5 个元素分别为 a[0]、a[1]、a[2]、a[3]、a[4]。

（5）方括号中的常量表达式不可以是变量，但可以是符号常量或常量表达式。

例如，下面的数组定义是合法的：

```
#define NUM 5 //定义符号常量
void main( )
{
int a[NUM],b[7 +8];
……
}
```

但是,下述定义方式是错误的：

```
main( )
{
int num =10;//定义变量 num
int a[num];
……
}
```

（6）允许在同一个类型说明中，说明多个数组和多个变量，例如：

```
int a,b,c,d,k1[10],k2[20];
```

2. 数组元素

数组元素也是一种变量，其标志方法为数组名后跟一个下标，下标表示该数组元素在数组中的顺序号，只能为整型常量或整型表达式。如为小数，C 编译器将自动取整。定义数组元素的一般形式为：

```
数组名[下标]
```

例如:tab[5]、num[i +j]、a[i ++]都是合法的数组元素。

在程序中不能一次引用整个数组，只能逐个使用数组元素。例如，数组 a 包括 10 个数组元素，累加 10 个数组元素之和，必须使用下面的循环语句逐个累加各数组元素：

```
int a[10],sum,i;
sum =0;
for(i =0;i <10;i ++)
sum =sum +a[i];
```

不能用一个语句累加整个数组，下面的写法是错误的：

```
sum =sum +a;
```

3. 数组赋值

给数组赋值的方法有赋值语句和初始化赋值两种。

在程序执行过程中，可以用赋值语句对数组元素逐个赋值，例如：

```
for(i =0;i <10;i ++)
num[i] =i;
```

数组初始化赋值是指在数组定义时给数组元素赋予初值，这种赋值方法是在编译阶段进行的，可以减少程序运行时间，提高程序执行效率。初始化赋值的一般形式为：

```
类型说明符 数组名[常量表达式] ={值,值,…,值};
```

其中{ }中的各数据值即为相应数组元素的初值,各值之间用逗号间隔,例如:

    int num[10] = {0,1,2,3,4,5,6,7,8,9};

相当于:

    num[0] = 0;num[1] = 1;num[2] = 2;…;num[9] = 9;

> **小提示**
>
> 数组长度和数组元素下标在形式上有些相似,但这两者具有完全不同的含义。数组说明的方括号中给出的长度,即可取下标的最大值加1;而数组元素的下标是该元素在数组中的位置标识。前者只能是常量,后者可以是常量、变量和表达式。

【实例】将数组引用至流水灯的控制中,要求从最低位 P1.0 控制的 D1 先亮,然后熄灭;再 D2 亮,再灭,按此方式直到 P1.7 控制的 D8 亮。一个轮回后继续重复上一轮回,一直如此工作下去直到断电。电路图参照图2.1,程序可设计如下所示:

了解数组的定义及引用方法,借用数组简化流水灯程序。

控制的 8 种状态如表3.8 所示。

表3.8　控制的 8 种状态

P1	1111 1110	1111 1101	1111 1011	1111 0111	1110 1111	11011111	1011 1111	0111 1111
状态	0XFE	0XFD	0XFB	0XF7	0XEF	0XDF	0XBF	0X7F

由表3.8 可以看出,可以将流水灯的状态存储在一个一维数组中,根据亮灭的过程引用数组中的元素。

```
//功能:流水灯控制程序
#include <at89x51.h>
//头文件包含,定义 51 单片机的专用寄存器
void delay(unsigned int i)
 {
unsigned int k;
for(k = 0;k < i;k ++);
}
main()
{
   unsigned int i;//定义无符号整型,其数据范围为 0 ~ 65 535
   unsigned char led[8] = {0xfe,0xfd,0xfb,0xf7,0xef,0xdf,0xbf,0x7f};
while(1)
   {
   for(i = 0;i < 8;i ++)
     {P1 = led[i];
      delay(20000);}
   }
 }
```

3.3.2　二维数组

定义二维数组的一般形式为：

类型说明符 数组名[常量表达式1][常量表达式2]；

其中"常量表达式1"表示第一维下标的长度，"常量表达式2"表示第二维下标的长度，例如：

int num[3][4];

说明了一个3行4列的数组，数组名为num，该数组共包括3×4个数组元素，即：

num[0][0],num[0][1],num[0][2],num[0][3]

num[1][0],num[1][1],num[1][2],num[1][3]

num[2][0],num[2][1],num[2][2],num[2][3]

二维数组的存放方式是按行排列，放完一行后顺序放入第二行。对于上面定义的二维数组，先存放num[0]行，再存放num[1]行，最后存放num[2]行；每行中的4个元素也是依次存放的。由于数组num说明为int类型，该类型数据占2字节的内存空间，所以每个元素均占有2字节。

二维数组的初始化赋值可按行分段赋值，也可按行连续赋值。

例如，对数组a[3][4]可按下列方式进行赋值。

（1）按行分段赋值可写为：

int a[3][4]={{80,75,92,61},{65,71,59,63},{70,85,87,90}};

（2）按行连续赋值可写为：

int a[3][4]={80,75,92,61,65,71,59,63,70,85,87,90};

以上两种赋值的结果完全相同。

3.3.3　字符数组

用来存放字符量的数组称为字符数组，每一个数组就是一个字符。

字符数组的使用说明与整型数组相同，例如"char ch[10];"语句，说明ch为字符数组，包含10个字符元素。

字符数组的初始化赋值是直接将各字符赋值给数组中的各个元素。例如：

char ch[10]={'c','h','i','n','a','\0'};

以上定义说明一个包含10个数组元素的字符数组ch，并且将6个字符分别赋值到ch[0]~ch[5]，而ch[6]~ch[9]系统将自动赋予空格字符。

当对全体数组元素赋初值时也可以省去长度说明，例如：

char ch[ ]={'c','h','i','n','a','\0'};

这时ch数组的长度自动定义为6。

通常用字符数组来存放一个字符串，字符串总是以'\0'来作为字符串的结束符。因此，当把一个字符串存入一个数组时，也要把结束符'\0'存入数组，并依次作为字符串结束的标志。

C语言允许用字符串的方式对数组做初始化赋值，例如：

char ch[ ]={'c','h','i','n','a','\0'};

可写为：

char ch[ ]={"china"};

或去掉{ }，写为：

```
char ch[ ] ="china";
```

一个字符串可以用一维数组来装入，但数组的元素数目一定要比字符多一个，即字符串结束符 '\0'，由 C 编译器自动加上。

 ## 3.4　单片机与 LED 接口设计

LED 结构

3.4.1　LED 结构

在单片机系统中，显示器是常用的输出装置，主要用来显示系统的输出数据与工作状态。常用的显示器有 LED 数码管、LCD、辉光数码管、荧光数码管等，如图 3.4 所示。辉光数码管因为体积大、工作电压高（180 V），且不能和集成电路匹配，已被其他数码器件替代。目前，只有在老式数字测量仪表中可见到它，荧光数码管虽然体积小、亮度高、响应速度快，也可以和集成电路匹配，但是它的工作电压仍需要 20 V，现在也很少使用。LED 数码管具有亮度高、寿命长、耐冲击、抗振能力强等优点，因此被广泛应用于各种场合。

（a）　　　　　　　　　　（b）

（c）　　　　　　　　　　（d）

图 3.4　常用的显示器

（a）LED 数码管；（b）LCD；（c）辉光数码管；（d）荧光数码管

LED 数码管有两种显示结构：点阵显示结构和段显示结构。点阵显示器按照点阵规模不同可分为 5×7 点阵显示器、5×8 点阵显示器、8×8 点阵显示器等。段显示器按照段数不同可分为 7 段显示器和"米"字形显示器等。

为了能以十进制数直观地显示单片机系统的测量与处理结果，目前广泛使用 7 段显示器，其由 7 段可发光的线段拼合而成，以不同组合来显示数字和符号，又称 7 段数码管。7 段数码管由 8 个 LED 构成，通过不同的组合可显示数字 0~9，字符 A~F、H、L、P、R、U、Y、符号 "–" 以及小数点 "."。常见的 7 段显示器有 LED 数码管和 LCD 两种。

LED 数码管的引脚图如图 3.5（a）所示，它内部由 8 个 LED 组成，其中 7 个 LED（a~g）作为 7 段笔画组成 "8" 字结构（故也称 7 段 LED 数码管），剩下的 1 个 LED（h 或 dp）用于构成小数点，所有 LED 已在内部完成连接，根据接法不同可分为共阴极 LED

数码管和共阳极 LED 数码管两类，分别如图 3.5（b）和图 3.5（c）所示。共阴极 LED 数码管把所有 LED 的负极（阴极）连接在一起，作为公共端 com；每个 LED 对应的正极分别作为独立引脚（称为笔段电极），其引脚名称分别为 a、b、c、d、e、f、g 及 dp（小数点）。共阳极 LED 数码管把所有 LED 的正极（阳极）连接在一起，作为公共端 com；每个 LED 对应的负极分别作为独立引脚与 LED 的正极（阳极）连接在一起，作为公共端 com；每个 LED 对应的负极分别作为独立引脚（称为笔段电极），其引脚名称分别为 a、b、c、d、e、f、g 及 dp（小数点）。

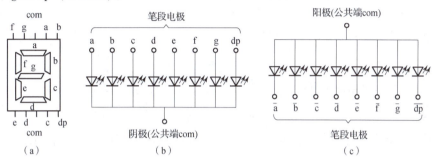

图 3.5　LED 数码管内部原理图
（a）引脚图；（b）共阴极 LED 数码管；（c）共阳极 LED 数码管

只要按规定使某些笔段上的 LED 点亮，就能够显示出不同的字符。例如，要显示"0"，就是让 a 段亮、b 段亮、c 段亮、d 段亮、e 段亮、f 段亮、g 段不亮及 dp 段不亮（不显示小数点）。对于共阴极 LED 数码管，公共端要接地，a、b、c、d、e、f 接高电平，g 及 dp 接低电平；对于共阳极 LED 数码管，公共端要接电源，a、b、c、d、e、f 接低电平，g 及 dp 接高电平。也就是说显示同一个字符，两种接法的 LED 数码管的 7 段显示控制信息是不同的，互为反码。

注意： 使 LED 数码管某段点亮必须具备 2 个条件：①共阴极 LED 数码管的公共端接低电平或接地，共阳极 LED 数码管的公共端接高电平或者电源；②共阴极 LED 数码管的笔段电极端接高电平或电源，共阳极 LED 数码管的笔段电极端接低电平或接地。

小问答：

问： 如何判断数码管的结构是共阳极还是共阴极？如何用指针式万用表测试数码管的极性及好坏？

答： 根据图 3.5，通过判断任意段与公共端连接的二极管的极性就可以判断出是共阳极还是共阴极数码管。

首先将指针式万用表放置在电阻测量方式上，假设数码管是共阳极的，那么将指针式万用表的表内电源正极（黑表笔）与数码管的 com 端相接，然后用指针式万用表的表内电源负极（红表笔）逐个接触数码管的各段，数码管的各段将逐个点亮，则数码管是共阳极的；如果数码管的各段均不亮，则说明数码管是共阴极的。也可将指针式万用表的红黑表笔交换连接后测试。如果数码管只有部分段点亮，而另一部分不亮，说明数码管已经损坏。

3.4.2 LED 数码管的显示方式

段码是 LED 数码管显示的一个基本概念，也叫字形码或段选码，它是指为了使 LED 数码管显示一个数字或符号，在各笔段电极端所加电平按照一定顺序排列所组成的数字，其与 LED 数码管的类型和笔顺的排列顺序有关。LED 数码管段码表如表 3.9 所示。由表 3.9 可看出，段码是相对的，它由各字段在字节中所处位决定。例如，按格式"dp g f e d c b a"形成的显示字符"1"的段码为 06H（共阴极）或 F9H（共阳极）；按格式"a b c d e f g dp"形成的显示字符"1"的段码为 60H（共阴极）或 9FH（共阳极）。表 3.9 中分别列出共阳极、共阴极数码管的显示字型编码。

表 3.9 LED 数码管段码表

显示字符	共阳极数码管									共阴极数码管								
	dp	g	f	e	d	c	b	a	字型码	dp	g	f	e	d	c	b	a	字型码
	P0.7	P0.6	P0.5	P0.4	P0.3	P0.2	P0.1	P0.0		P0.7	P0.6	P0.5	P0.4	P0.3	P0.2	P0.1	P0.0	
0	1	1	0	0	0	0	0	0	C0H	0	0	1	1	1	1	1	1	3FH
1	1	1	1	1	1	0	0	1	F9H	0	0	0	0	0	1	1	0	06H
2	1	0	1	0	0	1	0	0	A4H	0	1	0	1	1	0	1	1	5BH
3	1	0	1	1	0	0	0	0	B0H	0	1	0	0	1	1	1	1	4FH
4	1	0	0	1	1	0	0	1	99H	0	1	1	0	0	1	1	0	66H
5	1	0	0	1	0	0	1	0	92H	0	1	1	0	1	1	0	1	6DH
6	1	0	0	0	0	0	1	0	82H	0	1	1	1	1	1	0	1	7DH
7	1	1	1	1	1	0	0	0	F8H	0	0	0	0	0	1	1	1	07H
8	1	0	0	0	0	0	0	0	80H	0	1	1	1	1	1	1	1	7FH
9	1	0	0	1	0	0	0	0	90H	0	1	1	0	1	1	1	1	6FH
A	1	0	0	0	1	0	0	0	88H	0	1	1	1	0	1	1	1	77H
B	1	0	0	0	0	0	1	1	83H	0	1	1	1	1	1	0	0	7CH
C	1	1	0	0	0	1	1	0	C6H	0	0	1	1	1	0	0	1	39H
D	1	0	1	0	0	0	0	1	A1H	0	1	0	1	1	1	1	0	5EH
E	1	0	0	0	0	1	1	0	86H	0	1	1	1	1	0	0	1	79H
F	1	0	0	0	1	1	1	0	8EH	0	1	1	1	0	0	0	1	71H
H	1	0	0	0	1	0	0	1	89H	0	1	1	1	0	1	1	0	76H
L	1	1	0	0	0	1	1	1	C7H	0	0	1	1	1	0	0	0	38H
P	1	0	0	0	1	1	0	0	8CH	0	1	1	1	0	0	1	1	73H

显示字符	共阳极数码管									共阴极数码管								
	dp P0.7	g P0.6	f P0.5	e P0.4	d P0.3	c P0.2	b P0.1	a P0.0	字型码	dp P0.7	g P0.6	f P0.5	e P0.4	d P0.3	c P0.2	b P0.1	a P0.0	字型码
R	1	1	0	0	1	1	1	0	CEH	0	0	1	1	0	0	0	1	31H
U	1	1	0	0	0	0	0	1	C1H	0	0	1	1	1	1	1	0	3EH
Y	1	0	0	1	0	0	0	1	91H	0	1	1	0	1	1	1	0	6EH
—	1	0	1	1	1	1	1	1	BFH	0	1	0	0	0	0	0	0	40H
.	0	1	1	1	1	1	1	1	7FH	1	0	0	0	0	0	0	0	80H

注意：对于同一个字符，共阳极 LED 的字型编码与共阴极 LED 的字形编码是按位取反的关系，如果 I/O 口与 8 段的连接关系与表 3.9 中顺序不同，字型码要进行调整。

位码也叫位选码，通过 LED 数码管的公共端选中某一位 LED 数码管。通常我们把 LED 数码管的公共端叫作"位选线"，把笔段电极端叫作"段选线"，单片机输出"段码"控制段选线，输出"位码"控制位选线，就可以控制 LED 数码管显示任意字。

假设某一单片机应用系统外接了 8 个共阳极 LED 数码管，所有 LED 数码管的 8 个笔段 a、b、c、d、e、f、g、dp 的同名端已连在一起，单片机 I/O 口与 LED 数码管的引脚的对应控制关系如表 3.10 所示。

表 3.10　单片机 I/O 口与 LED 数码管引脚的对应控制关系

单片机 I/O 口	P0.0	P0.1	P0.2	P0.3	P0.4	P0.5	P0.6	P0.7
数码管的引脚	a	b	c	d	e	f	g	dp
单片机 I/O 口	P2.0	P2.1	P2.2	P2.3	P2.4	P2.5	P2.6	P2.7
数码管的引脚	第一个数码管 com	第二个数码管 com	第三个数码管 com	第四个数码管 com	第五个数码管 com	第六个数码管 com	第七个数码管 com	第八个数码管 com

当 P0 口的口线输出低电平时，其对应控制数码管的段就点亮，否则，熄灭。当 P2 口的口线输出高电平时，其对应控制的数码管被选中，否则，被关闭。如果想在第二个显示器显示"6"，单片机输出的段码应为"10000010"，位码应为"00000010"。

小问答：

问：对于同一个字符，共阳极和共阴极的字型编码之间有什么关系？

答：从表 3.9 中可以看出，当显示字符"0"时，共阳极的字型码为 0xc0，而共阴极的字型码为 0x3f，所以对于同一个字符，共阴和共阳码的关系为取反。

3.4.3　LED 静态显示

将 LED 的公共端恒定接地（共阴极）或 +5 V（共阳极），8 个段控制引脚分别与单片机的一个 8 位 I/O 口相连，这种连接方式称为 LED 静态显示。只要 I/O 口有显示字形码输出，相应的 LED 恒定导通或恒定截止，LED 就显示给定字符，并保持不变，直到 I/O 口输出新的段码。

LED 静态显示

采用静态显示方式，较小的电流就可以获得较高的亮度，且占用 CPU 时间少、编程简单。但 n 位 LED 静态显示需占用 $8 \times n$ 个 I/O 口线，限制了单片机连接 LED 的个数，只适用于显示位数较少的场合。

【实例】要求设计一个 0~9 的 1 位显示器，用单片机控制 1 个 LED 静态显示。

分析：

单片机有 4 个并行 I/O 口 P0~P3，每个 I/O 口包括 8 条 I/O 口线。采用 P3 口来控制 1 个共阳极 LED 的段码，公共端 com 接在 +5 V 上。从 0 开始显示，显示到 9 后，重新从 0 开始显示。

单片机控制静态 LED 显示 1 位显示器的硬件电路如图 3.6 所示。

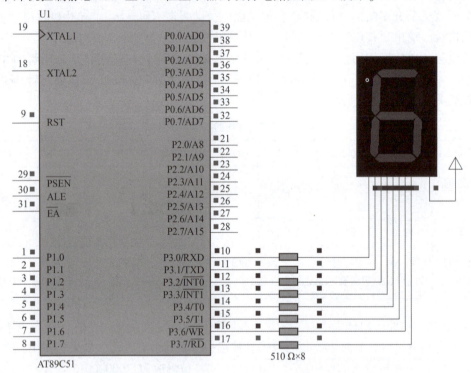

图 3.6　单片机控制静态 LED 显示 1 位显示器的硬件电路

采用一维数组来存放 LED 要显示的数字"0~9"的字形编码，采用数码管静态显示方式，循环显示数字 0~9，控制程序如下所示：

```
//功能:循环显示数字 0~9(静态 LED)

#include <at89x51.h> //包含头文件,定义了单片机的专用寄存器

//函数名:delay
```

```
//函数功能:实现软件延时
//形式参数:无符号整型变量 t,控制空循环的循环次数
//返回值:无
void delay(unsigned int t)//延时函数
{
unsigned int k;
for(k=0;k<t;k++);
}
main()//主函数
{
unsigned int i;
unsigned char led[10]={0xc0,0xf9,0xa4,0xb0,0x99,0x92,0x82,0xf8,0x80,0x90};
while(1)
{
for(i=0;i<10;i++)
{P3=led[i];
delay(50000);}
}
}
```

【实例】

要求设计一个 00～99 的 2 位显示器,用单片机控制 2 个 LED 静态显示。

分析:

单片机有 4 个并行 I/O 口 P0～P3,每个 I/O 口包括 8 条 I/O 口线。采用 P2 口、P3 口来控制 2 个共阳极 LED 的段码,公共端 com 接在 +5 V 上。P2 口控制的 LED 显示十位数,P3 口控制的 LED 显示个位数,从 00 开始显示。显示到 99 后,重新从 00 开始显示。单片机控制静态 LED 显示 2 位显示器的硬件电路如图 3.7 所示。

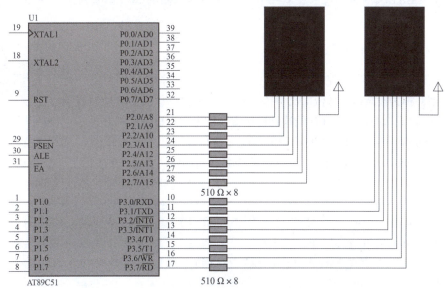

图 3.7 单片机控制静态 LED 显示 2 位显示器的硬件电路

```
//功能：循环显示数字00～99(静态LED)
#include <at89x51.h> //包含头文件,定义了单片机的专用寄存器
//函数名：delay
//函数功能：实现软件延时
//形式参数：无符号整型变量t,控制空循环的循环次数
//返回值：无
void delay(unsigned int t) //延时函数
{
unsigned int k;
for(k=0;k<t;k++);
}
main() //主函数
{
unsigned int i;
unsigned char led[10]={0xc0,0xf9,0xa4,0xb0,0x99,0x92,0x82,0xf8,0x80,0x90};
while(1)
{
for(i=0;i<100;i++)
{
 P2=led[i/10];
 P3=led[i%10];
 delay(50000);
}}}
```

> **小经验**：采用静态显示方式，较小的电流就可获得较高的亮度，且占用CPU时间少，编程简单，便于监测和控制。但占用单片机的I/O口线多，n位数码管的静态显示需占用$8 \times n$个I/O口，所以限制了单片机连接数码管的个数。同时，硬件电路复杂、成本高，因此，数码管静态显示方式适合显示位数较少的场合。

3.4.4   LED动态显示

将各位LED的相应段控制端并联在一起，使用单片机一个8位并行I/O口控制，称为段选口；各位LED的公共端，分别由单片机的I/O口线控制，称为位选口，单片机与LED的这种连接方式称为动态显示控制方式。

数码管的动态显示

    动态显示是一种利用人的视觉暂留效应，按位轮流点亮各位LED，实现LED快速闪动的显示方式。如果每位LED闪动的频率足够高，例如每秒闪动30次以上，就可以给人一种稳定显示的视觉效果。如果延时时间太长，每位LED闪动频率太慢，显示效果就不稳定了。

> **小经验**：视觉暂留现象即视觉暂停现象（Persistence of vision，Visual staying phenomenon，duration of vision）又称"余晖效应"，1824年由英国伦敦大学教授彼得·马克·罗杰特（Peter Mark Roget）在他的研究报告《移动物体的视觉暂留现象》中最先提出。

人眼在观察景物时，光信号传入大脑神经，需经过一段短暂的时间，光的作用结束后，视觉形象并不立即消失，这种残留的视觉称为"后像"，视觉的这一现象则被称为"视觉暂留"。视觉暂留效应如图 3.8 所示。

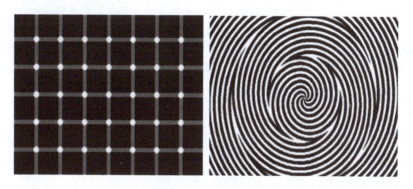

图 3.8　视觉暂留效应

动态扫描显示过程如下：在某一时段，只让其中 1 位 LED 位选口有效，并在段选口上送出相应的字形显示编码。这时，在选中的 LED 上显示指定字符，其他位的 LED 处于熄灭状态；延时一段时间，下一时段按顺序选通另一位 LED，并送出相应的字形显示编码，依此规律循环下去，直到最后一位 LED 被选通，显示指定字符。反复进行以上 LED 动态扫描过程，就能实现各位 LED 稳定显示字符的效果。

> **小经验**：与静态显示方式相比，当显示位数较多时，动态显示方式可节省 I/O 口资源，硬件电路简单，但其显示的亮度低于静态显示方式。由于 CPU 要不断地依次运行扫描显示程序，将占用 CPU 更多的时间。若显示位数较少，采用静态显示方式更加简便。
>
> 　　动态显示方式在实际应用中，由于需要不断地扫描数码管才能得到稳定显示效果，因此在程序中不能有比较长时间地停止数码管扫描的语句，否则会影响显示效果，甚至无法显示。

通常，在程序设计中，把数码管扫描过程做成一个相对独立的扫描函数，在程序中需要延时或等待查询的地方调用该函数，代替空操作延时，就可以保证扫描过程不会间隔时间太长。

【实例】

要求：

用单片机控制 8 个 LED，实现稳定显示生日信息"20040316"的效果。

分析：

如果采用静态显示方式控制 8 个 LED，需要对单片机 I/O 口进行扩展，这将大大增加硬件电路的复杂性和成本，所以，这里采用动态显示电路连接方式。将各位共阳极 LED 相应的段选控制段并联在一起，仅用一个 P1 口控制，用八同相三态缓冲器/线驱动器 74LS245 驱动，将各位 LED 的公共端由 P2 口控制，用 2 个六反相器 74LS04 驱动。

电路：

单片机控制 LED 动态显示的硬件电路如图 3.9 所示。

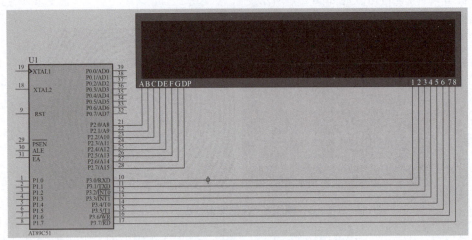

图 3.9　单片机 LED 动态显示的硬件电路

20040316 字符在 P2、P3 口依次输出的数据如表 3.11 所示。

表 3.11　20040316 字符在 P2、P3 口依次输出的数据

显示字符	2	0	0	4	0	3	1	6
P3 (位选码)	0000 0001B	0000 0010B	0000 0100B	0000 1000B	0001 0000B	0010 0000B	0100 0000B	1000 0000B
	0X01	0X02	0X04	0X08	0X10	0X20	0X40	0X80
P2 (段选码)	0XA4	0XC0	0XC0	0X99	0XC0	0XB0	0XF9	0X82

小提示：了解了数码管的动态显示过程，可以采用顺序程序结构实现该显示程序。主要程序段如下所示：

```
while(1)
{
P3 =0xff;//关显示,共阳极数码管段选端设置为 0xff,熄灭
P3 =0x01;//送位码,选 P3.0 连接的数码管
P2 =0xa4；//送 2 的字型码
delay(200);//延时
...
P3 =0xff;//关显示,共阳极数码管段选端设置为 0xff,熄灭
P3 =0x80;//送位码,选 P3.7 连接的数码管
P2 =0x82；//送 6 的字型码
delay(200);//延时
}
```

可以通过数组来简化程序，定义两个一维数组来存储位选码和字选码，8 位数码管动

态显示生日"20040316"的程序如下所示：

程序

```
//功能:稳定显示生日信息20040316(动态显示)
#include <at89x51.h>//包含头文件,定义了单片机的专用寄存器
//函数名:delay
//函数功能:实现软件延时
//形式参数:无符号整型变量t,控制空循环的循环次数
//返回值:无
void delay(unsigned int t)//延时函数
 {
unsigned int k;
for(k=0;k<t;k++);
 }
main()//主函数
 {
unsigned int i;
unsigned char led[8]={0xa4,0xc0,0xc0,0x99,0xc0,0xb0,0xf9,0x82};//段选信号
unsigned char com[8]={0x01,0x02,0x04,0x08,0x10,0x20,0x40,0x80};//位选信号
while(1)
 {
for(i=0;i<8;i++)
 {
  P3=com[i];
  P2=led[i];
  delay(200);
 }
 }
 }
```

小问答:

问：在 LED 数码管动态显示程序中，如果把延时函数的参数 200 修改为 20 000，LED 数码管显示会有什么样的变化？为什么？

答：8 个数码管上轮流显示"20040316"，不能同时稳定显示。

由于人的眼睛存在"视觉暂留效应"，必须保证每位数码管显示间断的时间间隔小于眼睛的暂留时间，才可以给人一种稳定显示的视觉效果，如果延时时间太长，每位数码管闪动频率太慢，就不能产生稳定显示效果。

问：如果去掉关显示语句"P3=0xff"，显示效果会有什么影响？

答：会有拖影现象，影响显示效果。如果在字符交替显示时，不关掉显示，那么会将上一个字符显示在下一个字符位置上很短的时间，形成拖影，导致显示效果不美观。

本任务采用单片机并行 I/O 口 P2 口、P3 口控制 8 个共阳极数码管显示，进一步训练应用单片机并行 I/O 口的能力，熟练掌握数码管动态显示接口技术以及使用数组和循环程序结构设计与调试的能力。

【举一反三】

（1）采用 8 个数码管以多屏交替显示生日"2004 0316"和学号"0322 0778"，实现分屏交替显示不同字符信息的参考程序如下：

```
//程序
//功能:8位数码管交替稳定显示生日"2004 0316"和学号"0322 0778"
#include <at89x51.h>//包含头文件,定义了单片机的专用寄存器
//函数名:delay
void delay(unsigned int t)//延时函数
{
unsigned int k;
for(k=0;k<t;k++);
}
void disp( )//主函数
{
unsigned char lednum[2][8]={{0xA4,0xC0,0xC0,0x99,0xC0,0xB0,0xF9,0x82},
                            {0xC0,0XB0,0XA4,0XA4,0XC0,0XF8,0XF8,0X80}};
                    //二维数组存储20040316和03220778的共阳极字型码
unsigned char com[]={0X01,0X02,0X04,0X8,0X10,0X20,0X40,0X80};
//一维数组存储位选码
unsigned char i,j,num;
for(num=0;num<2;num++)
for(j=0;j<100;j++)
for(i=0;i<8;i++)
 {
P2=0xff;//关显示
P3=com[i];
P2=lednum[num][i];
delay(100);
 }
 }
void main( )
 {
while(1) disp();
 }
```

（2）实现移动显示广告。

采用单片机控制 8 位数码管以移动显示的方式显示"－HELLO－"字样，由右往左移动显示的过程如图 3.10 所示。

					H	第1屏
				H	E	第2屏
			H	E	L	第3屏
		H	E	L	L	第4屏
	H	E	L	L	O	第5屏
H	E	L	L	O		第6屏
					H	第1屏

图 3.10　移动过程

　　本任务只要能依次显示出 6 屏不同的内容，就可以达到移动显示的效果。值得注意的是本任务每屏显示数据之间对应一定的排列顺序，将所有在显示屏上要出现的显示字符按顺序排列为 "×××××HELLO×"，其中×表示无显示。

　　可见，第 1 屏显示的 6 位数据为 "×××××H"，第 2 屏显示的 6 位数据为 "××××HE"，以此类推，第 6 屏显示数据为 "HELLO×"。参考程序如下：

```
//程序功能:6个数码管移动显示"HELLO"
#include <at89x51.h> //包含头文件,定义了单片机的专用寄存器
//函数名:delay
void delay(unsigned int t) //延时函数
 {
unsigned int k;
for(k=0;k<t;k++);
 }
//函数名:disp3
//函数功能:实现6个数码管移动显示"HELLO"
//形式参数:无
//返回值:无
void disp3()
 {
        unsigned char ledmove[]={0xff,0xff,0xff,0xff,0xff,0x89,0x86,0xc7,
0xc7,0xc0,0xff};
                                //存储移动字符×××××HELLO×的字型码
        unsigned char com[]={0xfe,0xfd,0xfb,0xf7,0xef,0xdf};      //存储位选码
        unsigned char i,j,num;
        for(num=0;num<6;num++)        //显示6屏字符
        for(j=0;j<100;j++)            //循环显示一屏字符100次,达到稳定显示作用
              for(i=0;i<6;i++)
                {
                    P1=0xff;                    //消隐,关显示
                    P2=com[i];                  //位选码送位控制口 P2 口
                    P1=ledmove[num+i];          //显示字型码送 P1 口
```

```
            delay(100);                    //延时
        }
    }
```

3.5　单片机与 LED 点阵显示器接口设计

LED 大屏幕点阵显示器一般应用于广告宣传、新闻传播等场合，不仅能显示文字、图形、动画等，还可以有单色和彩色显示。

3.5.1　LED 点阵显示器的结构

LED 点阵显示器是把 LED 按矩阵方式排列在一起，通过对每个 LED 进行发光控制，点亮不同位置的 LED，从而完成各种字符或者图形的显示。

在电子市场有专门的 LED 点阵显示器模块产品。图 3.11（a）所示为 8×8 点阵显示模块，它有 64 个像素，可以显示一些比较简单的字符或图形。用 4 个模块组合成一个正方形，可以显示一个 16×16 点阵的汉字。要显示更复杂的图形或更多的汉字，则要用到更多的模块。

一块 8×8 的点阵 LED 的等效电路如图 3.12 所示，它由 8 行 8 列 LED 构成，对外共有 16 个引脚。其中，8 根行线用数组 0～7（R1～R8）表示，8 根列线用字母 A～H（C1～C8）表示。图 3.11（b）所示为其实际引脚图。

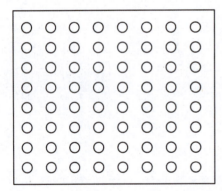

（a）

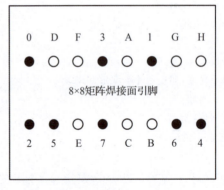

（b）

图 3.11　8×8 点阵 LED 的外观图

（a）8×8 点阵显示模块；（b）实际引脚图

从图 3.12 可以看出，点亮跨接在某行某列的 LED 的条件是：对应的行输出高电平，对应的列输出低电平。例如：$R_1 = 1$，$C_1 = 0$ 时，对应于左下角的 LED 发光。

3.5.2　单片机控制 LED 点阵显示器

用单片机控制一个 8×8 LED 显示模块，需要使用 2 个并行 I/O 口：一个口用于控制行线，另一个口用于控制列线。控制程序通常采用动态显示实现，有逐行扫描法和逐列扫描法 2 种。

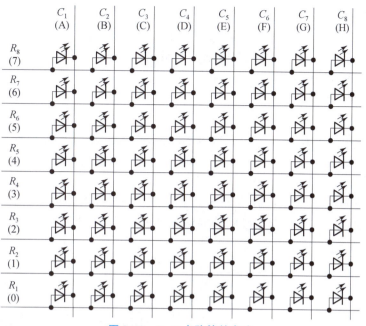

图 3.12 8×8 点阵等效电路

逐行扫描动态显示原理如图 3.13 所示。要显示一个完整的字符，先显示第 1 行，其他 7 行熄灭，延时一段时间；再显示第 2 行，其他 7 行熄灭，延时一段时间；依次扫描第 3 行到第 8 行。利用人眼的视觉暂留效应，不断循环这个过程，就可以完整看到一个字符。同理，也可以采用逐列扫描的方式。

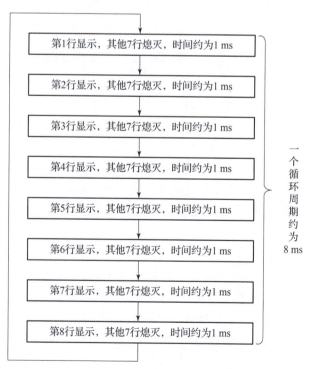

图 3.13 8×8 点阵逐行扫描动态显示原理

图 3.13 中的显示过程以行扫描方式进行。每次显示 1 行 8 个 LED，显示时间称为行周期。8 行扫描显示完成后开始新一轮扫描，这段时间称为场周期。行与行之间延时 1 ~ 2 ms。延时时间受 50 Hz 闪烁频率的限制，不能太大，应保持扫描所有 8 行（即一帧数据）所用时间之和在 20 ms 以下。

【实例】

任务要求：

用单片机控制一块 8×8 LED 点阵式电子广告牌，将一些特定的文字或图形以特定的方式显示出来。具体要求：在 8×8 LED 点阵广告牌上稳定显示"0"。

电路设计：

用单片机控制一块 8×8 LED 点阵式电子广告牌的硬件电路如图 3.14 所示。每一块 8×8 LED 点阵式电子广告牌有 8 行 8 列共 16 个引脚，采用单片机的 P1 口控制 8 条行线，P0 口控制 8 条列线。

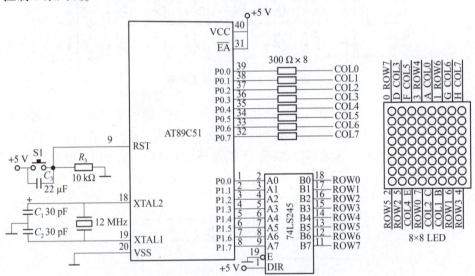

图 3.14　8×8 LED 点阵式电子广告牌控制电路

> **小经验**：为提高单片机端口带负载的能力，通常在端口和外接负载之间增加一个缓冲驱动器。在图 3.14 中，P1 口通过 74LS245 与 LED 连接，提高了 P1 口输出的电流值，既保证了 LED 的亮度，又保护了单片机端口引脚。

源程序设计：

在 8×8 LED 点阵上稳定显示一个字符的程序设计思路如下：首先选中 8×8 LED 的第一行，然后将该行要点亮状态所对应的字型码送到列控制端口，延时约 1 ms 后，选中第二行，并传送该行对应的显示状态字型码，延时后再选中第三行，重复上述过程，直至 8 行均显示一遍，时间约为 8 ms，即完成一遍扫描显示。然后再次从第一行开始循环扫描显示，利用视觉暂留现象，就可以看到一个稳定的图形。在 8×8 点阵上稳定显示"0"的程序如下：

```
//程序功能:在8×8 LED点阵式广告牌上稳定显示数字0
#include <at89x51.h>//包含头文件,定义了单片机的专用寄存器
```

```
//函数名:delay
void delay(unsigned int t) //延时函数
{
unsigned int k;
for(k=0;k<t;k++);
}
void main()
{
unsigned char code led[ ] = {0xe7,0xdb,0xdb,0xdb,0xdb,0xdb,0xdb,0xe7};
                    //"0"的字型显示码
unsigned char w, i;
while(1)
{
        w = 0x01;                      //行初值为 0x01
        for(i = 0;i < 8;i ++)
        {
                P1 = w;        //行数据送 P1 口
                P0 = led[i];   //列数据帧送 P0 口
                delay(100);
                w <<=1;        //行变量左移指向下一行
        }
}
}
```

【实例】

在 8×8 LED 点阵式电子广告牌上循环显示数组 0~9。

多个字符的显示程序可以在一个字符显示程序的基础上再外嵌套一个循环即可。第一屏行扫描显示 0，延时稳定显示；然后第二屏行扫描显示 1，延时稳定显示；……最后行扫描显示 9，延时稳定显示。循环以上过程。采用二维数组实现的 8×8 LED 点阵式电子广告牌控制程序如下：

```
//程序功能:在 8×8 LED 点阵式电子广告牌上循环显示数字 0~9
#include <at89x51.h> //包含头文件,定义了单片机的专用寄存器
//函数名:delay
void delay(unsigned int t) //延时函数
{
unsigned int k;
for(k=0;k<t;k++);
}
void main()
{
unsigned char code led[10][8] = {{0xe7,0xdb,0xdb,0xdb,0xdb,0xdb,0xdb,0xe7}, //0
                    {0xff,0xe7,0xe3,0xe7,0xe7,0xe7,0xe7,0xe7},  //1
                    {0xff,0xe1,0xcf,0xcf,0xe3,0xf9,0xf9,0xc1},  //2
                    {0xff,0xe1,0xcf,0xcf,0xe3,0xcf,0xcf,0xe1},  //3
```

```
                    {0xff,0xcf,0xc7,0xcb,0xcd,0xc1,0xcf,0xcf},    //4
                    {0xff,0xe1,0xfd,0xe1,0xcf,0xcf,0xcf,0xe1},    //5
                    {0xff,0xe3,0xf9,0xe1,0xc9,0xc9,0xc9,0xe3},    //6
                    {0xff,0xc0,0xcf,0xe7,0xe7,0xf3,0xf3,0xf3},    //7
                    {0xff,0xe3,0xc9,0xc9,0xe3,0xc9,0xc9,0xe3},    //8
                    {0xff,0xec,0xc9,0xc9,0xc9,0xc3,0xcf,0xe3}};   //9
unsigned char w;
unsigned int j,k,m;
while(1)
{
        for(k = 0;k < 10;k ++ )                    //第一维下标取值范围为 0 ~ 9
        {
                for(m = 0;m < 200;m ++ )  //每个字符扫描显示 200 次,控制每个字符显示时间
                {
                        w = 0x01;
                        for(j = 0;j < 8;j ++ )    //第二维下标取值范围为 0 ~ 7
                        {
                                P1 = w;                //行控制
                                P0 = led[k][j];  //将指定数组元素赋值给
P0 口,显示码
                                delay(100);
                                w <<= 1;
                        }
                }
        }
}
```

3.6　单片机与字符型液晶显示器接口设计

3.6.1　液晶显示器的功能与特点

液晶显示器（Liquid Crystal Display，LCE）是一种功耗极低的显示器件，它广泛应用于便携式电子产品中。它不仅省电，而且能够显示文字、曲线、图形等大量的信息，其显示界面与数码管相比有了质的提高。

> **小资料**：液晶显示器的特点如下：①低压微功耗。工作电压 3 ~ 5 V，工作电流为几微安，因此它成为便携式和手持仪器仪表首选的显示屏幕。②平板型结构。安装时占用体积小，减小了设备体积。③被动显示。液晶本身不发光，而是靠调制外界光进行显示，因此适合人的视觉习惯，不会使人眼睛疲劳。④显示信息量大。像素小，在相同面积上可容纳更多信息。⑤易于彩色化。⑥没有电磁辐射。在显示期间不会产生电磁辐射，有利于人体健康。⑦寿命长。液晶显示器器件本身无老化问题，因此寿命极长。

液晶显示器可分为笔段型、字符型和点阵图形型三类。

（1）笔段液晶显示器由长条状显示像素组成一位显示。主要用于数字、西文字母或某些字符显示，显示效果与数码管类似。

（2）字符液晶显示器为专门用来显示字母、数字、符号等的点阵型液晶显示模块，在本项目任务中使用的就是这种液晶模块。

（3）图形液晶显示器在一平板上排列多行和多列，形成矩阵形式的晶格点，点的大小可根据显示的清晰度来设计，可广泛用于图形显示，如游戏机、笔记本电脑和彩色电视等设备中。

LCD1602 字符点阵液晶显示模块的外形和外部引脚如图 3.15 所示。该模块有 16 个引脚，各引脚功能如表 3.12 所示。

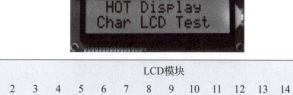

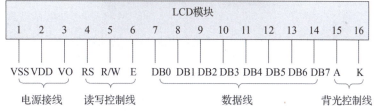

图 3.15　LCD 液晶显示模块

表 3.12　LCD 液晶显示模块引脚的功能含义

引脚号	引脚名称	引脚功能含义
1	VSS	地引脚（GND）
2	VDD	+5 V 电源引脚（Vcc）
3	VO	液晶显示驱动电源（0~5 V），可接电位器
4	RS	数据和指令选择控制端，RS = 0：命令/状态；RS = 1：数据
5	R/W	读写控制线，R/W = 0：写操作；R/W = 1：读操作
6	E	数据读写操作控制位，E 线向 LCD 模块发送一个脉冲，LCD 模块与单片机之间将进行一次数据交换
7 ~ 14	DB0 ~ DB7	数据线，可以用 8 位连接，也可以只用高 4 位连接，节约单片机资源
15	A	背光控制正电源
16	K	背光控制地

3.6.2　字符型液晶显示器与单片机的接口

单片机与字符型 LCD 显示模块的数据传输形式可分为 8 位和 4 位两种，下面任务中采用的是 8 位连接方法，把字符型液晶显示模块作为终端与单片机的并行接口连接，通过单片机对并行接口进行操作，实现 LCD 读写时序控制，从而间接实现对字符型液晶显示模块的控制。

> **小经验**：字符型液晶显示模块比较通用，接口格式也比较统一，主要是因为各制造商所采用的模块控制器都是 HD44780 及其兼容产品，不管显示屏的尺寸如何，操作指令及其形成的模块接口信号定义都是兼容的。所以学会使用一种字符型液晶显示模块，就会通晓所有的字符型液晶显示模块。

3.6.3　字符型液晶显示器的应用

1. 字符型 LCD1602 的基本操作

单片机对 LCD 模块有四种基本操作：写命令、写数据、读状态和读数据，具体操作由 LCD1602 模块的三个控制引脚 RS、R/W 和 E 的不同组合状态确定，如表 3.13 所示。

表 3.13　LCD 模块三个控制引脚状态对应的基本操作

RS	R/W	LCD 基本操作
0	0	写命令操作：用于初始化、清屏、光标定位等
0	1	读状态操作：读忙标志，当忙标志为"1"时，表明 LCD 正在进行内部操作，此时不能进行其他三类操作；当忙标志为"0"时，表明 LCD 内部操作已经结束，可以进行其他三类操作，一般采用查询方式
1	0	写数据操作：写入要显示的内容
1	1	读数据操作：将显示存储区中的数据反读出来，一般比较少用

> **小提示**
>
> 在进行写命令、写数据和读数据三种操作前，必须先进行读状态操作，查询忙标志。当忙标志为 0 时，才能进行这三种操作。

2. 读状态操作

读 LCD 内部状态函数 lcd_r_start( )，该函数返回的状态字格式如表 3.14 所示，最高位的 BF 为忙标志位，为 1 时表示 LCD 正在忙，为 0 时表示不忙。

表 3.14　状态字格式

BF	AC6	AC5	AC4	AC3	AC2	AC1	AC0

通过判断最高位 BF 的 0、1 状态，就可以知道 LCD 当前是否处于忙状态，如果 LCD 一直处于忙状态，则继续查询等待，否则进行后续的操作。查询忙状态的程序段如下：

```
do{                          // 查 LCD 忙操作
    i = lcd_r_start();       // 调用读状态函数,读取 LCD 状态字
    i = i&0x80;              // 与操作屏蔽掉低 7 位
    delayms(1);              // 延时
}while(i! =0);               //LCD 忙,继续查询,否则退出循环
```

小问答

问：在 lcd_r_start( ) 函数中，对 LCD 控制端 RS、R/W 和 E 的操作语句后，为什么都必须调用延时函数？

答：对 LCD 的读写操作必须符合 LCD 的读写操作时序。由于单片机程序执行速度比 LCD 的操作速度快，因此在很多 LCD 操作语句后都加上延时函数。

在读操作时，使能信号 E 的高电平有效，所以在软件设置顺序上，先设置 RS 和 R/W 状态，再设置 E 信号为高电平，这时从数据口读取数据，然后将 E 信号置为低电平，最后复位 RS 和 R/W 状态。

在写操作时，使能信号 E 的下降沿有效，在软件设置顺序上，先设置 RS 和 R/W 状态，再设置数据，然后产生 E 信号的脉冲，最后复位 RS 和 R/W 状态。

3. 写命令操作

写命令函数 lcd_r_cmd( )，字符型 LCD 的命令字如表 3.15 所示，当 RS 和 R/W 都为低电平时，可以进行清屏、光标定位等写命令操作。

表 3.15　字符型 LCD 的命令字

编号	指令名称	控制信号		命令字							
		RS	R/W	D7	D6	D5	D4	D3	D2	D1	D0
1	清屏	0	0	0	0	0	0	0	0	0	1
2	归位 home	0	0	0	0	0	0	0	0	1	×
3	输入方式设置	0	0	0	0	0	0	0	1	I/D	S
4	显示状态设置	0	0	0	0	0	0	1	D	C	B
5	光标画面滚动	0	0	0	0	0	1	S/C	R/L	×	×
6	工作方式设置	0	0	0	0	1	DL	N	F	×	×
7	CGRAM 地址设置	0	0	0	1	A5	A4	A3	A2	A1	A0
8	DDRAM 地址设置	0	0	1	A6	A5	A4	A3	A2	A1	A0
9	读 BF 和 AC	0	1	BF	AC6	AC5	AC4	AC3	AC2	AC1	AC0

4. LCD 初始化操作

LCD 上电时，必须按照一定的时序对 LCD 进行初始化操作，主要任务是设置 LCD 的

工作方式、显示状态、清屏、输入方式、光标位置等。使用命令字对 LCD 进行初始化的流程如图3.16 所示。

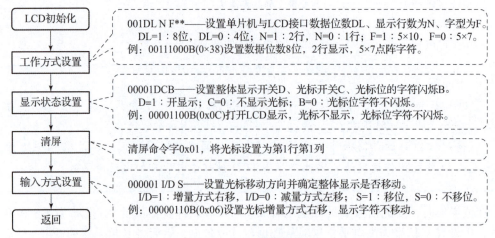

图 3.16   LCD 初始化流程

5. 写数据操作

要想把显示字符显示在某一指定位置，就必须先将显示数据写在相应的 DDRAM 地址中。LCD1602 是 2 行 16 列字符型液晶显示器，它的定位命令字如表3.16 所示。

因此，在指定位置显示一个字符，需要两个步骤：

（1）进行光标定位，写入光标位置命令字（写命令操作）；

（2）写入要显示字符的 ASCII 码（写数据操作）。写数据函数 led_w_dat( )与写命令字函数 led_w_cmd( )的不同之处就是 RS 引脚的状态不同。

表 3.16   LCD1602 液晶显示器光标位置与相应命令字

行列	1	2	3	4	5	6	7	8	9	10	11	12	13	14	15	16
1	80	81	82	83	84	85	86	87	88	89	8A	8B	8C	8D	8E	8F
2	C0	C1	C2	C3	C4	C5	C6	C7	C8	C9	CA	CB	CC	CD	CE	CF

注意：表中命令字以十六进制形式给出，该命令字就是与 LCD 显示位置相对应的 DDRAM 地址。

例如：在 LCD 的第 2 行第 7 列显示字符"A"，可以使用以下语句：

```
lcd_w_cmd(0xc6);              //光标定位在第 2 行第 7 列 DDRAM 地址为 0xc6
lcd_w_dat(0x41);              //该语句也可以写成 lcd_w_dat('A')
```

小提示

当写入一个显示字符后，如果没有再给光标重新定位，则 DDRAM 地址会自动加 1 或者减 1，加或者减由输入方式字设置。这里需要注意的是第一行 DDRAM 地址与第 2 行 DDRAM 地址并不连续。

LCD1602 模块可以显示的标准字库如表3.17 所示。

表 3.17　LCD1602 模块可以显示的标准字库

高位 低4位	0000	0001	0010	0011	0100	0101	0110	0111	1000	1001	1010	1011	1100	1101	1110	1111
xxxx0000	C×3 RAM (1)			0	@	P	`	p				―	タ	ミ	α	p
xxxx0001	(2)		!	1	A	Q	a	q			。	ア	チ	ム	ä	q
xxxx0010	(3)		"	2	B	R	b	r			「	イ	ツ	メ	β	θ
xxxx0011	(4)		#	3	C	S	c	s			」	ウ	テ	モ	ε	∞
xxxx0100	(5)		$	4	D	T	d	t			、	エ	ト	ヤ	μ	Ω
xxxx0101	(6)		%	5	E	U	e	u			・	オ	ナ	ユ	σ	ü
xxxx0110	(7)		&	6	F	V	f	v			ヲ	カ	ニ	ヨ	ρ	Σ
xxxx0111	(8)		'	7	G	W	g	w			ア	キ	ヌ	ラ	g	π
xxxx1000	(1)		(	8	H	X	h	x			イ	ク	ネ	リ	√	x
xxxx1001	(2)		)	9	I	Y	i	y			ゥ	ケ	ノ	ル	⁻¹	y
xxxx1010	(3)		*	:	J	Z	j	z			エ	コ	ハ	レ	j	千
xxxx1011	(4)		+	;	K	[	k	{			オ	サ	ヒ	ロ	×	万
xxxx1100	(5)		,	<	L	¥	l	|			ャ	シ	フ	ワ	¢	円
xxxx1101	(6)		―	=	M	]	m	}			ュ	ス	ヘ	ン	£	÷
xxxx1110	(7)		.	>	N	^	n	→			ョ	セ	ホ	゛	ñ	
xxxx1111	(8)		/	?	O	_	o	←			ッ	ソ	マ	゜	ö	█

6. 字符型 LCD1602 模块的自编字库

可以看出字符型 LCD1602 模块的标准字库表中，并没有可显示的中文字符。如何用 LCD1602 模块显示出中文字符呢？

我们可以利用字符发生存储器 CGRAM 编制并显示标准字库表中没有的字符。一般 LCD 模板所提供的 CGRAM 能够自编 8 个 5×8 字符。

对 LCD1602 模板设置 CGRAM 地址以显示自编字符的命令字格式如表 3.18 所示。

表 3.18　命令字格式

A7	A6	A5	A4	A3	A2	A1	A0
0	1	AC5	AC4	AC3	AC2	AC1	AC0

命令字中各位的具体含义如下：

（1）A7 A6 = "01"：CGRAM 地址设置的命令字。

（2）A5 A4 A3：与自编字符的 DDRAM 数据相对应的字符代码。若 A5 A4 A3 = "000"，则该字符写入 DDRAM 的代码为 00，若 A5 A4 A3 = "001"，则该字符写入 DDRAM 的代码为 01，以此类推。

（3）A2 A1 A0：与 CGRAM 字模的 8 行相对应。当 A2 A1 A0 = "000" 时，写入第 1 行的字模码，当 A2 A1 A0 = "001" 时，写入第 2 行的字模码，以此类推。

例如，"工""人"的字模及 CGRAM 地址、CGRAM 字模和 DDRAM 字符代码的关系，如表 3.19 所示。

表 3.19　CGRAM 地址、CGRAM 字模和 DDRAM 字符代码的关系

DDRAM字符代码	A7	A6	A5	A4	A3	A2	A1	A0	CGRAM地址	P7	P6	P5	P4	P3	P2	P1	P0	CGRAM字模
0X00	0	1	0	0	0	0	0	0	0X40	×	×	×	●	●	●	●	●	0X1F
	0	1	0	0	0	0	0	1	0X41	×	×	×	●	●	●	●	●	0X1F
	0	1	0	0	0	0	1	0	0X42	×	×	×	○	○	●	○	○	0X04
	0	1	0	0	0	0	1	1	0X43	×	×	×	○	○	●	○	○	0X04
	0	1	0	0	0	1	0	0	0X44	×	×	×	○	○	●	○	○	0X04
	0	1	0	0	0	1	0	1	0X45	×	×	×	●	●	●	●	●	0X1F
	0	1	0	0	0	1	1	0	0X46	×	×	×	●	●	●	●	●	0X1F
	0	1	0	0	0	1	1	1	0X47	×	×	×	○	○	○	○	○	0X00
0X01	0	1	0	0	0	0	0	0	0X40	×	×	×	○	○	○	○	○	0X00
	0	1	0	0	1	0	0	0	0X48	×	×	×	○	○	●	○	○	0X04
	0	1	0	0	1	0	1	0	0X4A	×	×	×	○	○	●	○	○	0X04
	0	1	0	0	1	0	1	1	0X4B	×	×	×	○	●	○	●	○	0X0A
	0	1	0	0	1	1	0	0	0X4C	×	×	×	○	●	○	●	○	0X0A
	0	1	0	0	1	1	0	1	0X4D	×	×	×	●	○	○	○	●	0X11
	0	1	0	0	1	1	1	0	0X4E	×	×	×	●	○	○	○	●	0X11
	0	1	0	0	1	1	1	1	0X4F	×	×	×	○	○	○	○	○	0X00

【实例】

用单片机控制 LCD1602 液晶模块，在第 1 行正中间显示 "SHEN ZHEN" 字符串。

电路设计

单片机控制 LCD1602 字符液晶显示器的实用接口电路如图 3.17 所示。单片机的 P1 口与液晶模块的 8 条数据线相连，P3 口的 P3.0、P3.1、P3.2 分别与液晶模块的三个控制端

RS、R/W、E 连接，电位器 R_1 为 VO 提供可调的液晶驱动电压，用于调整显示对比度。

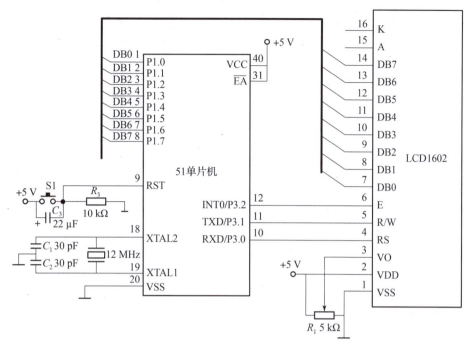

图 3.17　单片机与 LCD1602 液晶显示器连接电路

> **小提示**
>
> 如果需要背光控制，可以采用单片机的 I/O 口控制 A、K 端来实现，控制方法与控制发光二极管的方法完全相同。

源程序设计

```
//程序功能:LCD 液晶显示程序,采用 8 位数据接口
#include <intrins.h> //包含头文件 intrins.h,代码中引用_nop_( )函数
#include <reg51.h> //包含头文件,定义了单片机的专用寄存器
//定义控制信号端口
sbit RS = 0xb0;                    //P3.0
sbit RW = 0xb1;                    //P3.1
sbit E = 0xb2;                     //P3.2
//声明函数
void lcd_w_cmd(unsigned char com);//写命令字函数
void lcd_w_dat(unsigned char dat);//写数据函数
unsigned char lcd_r_start( );//读状态字函数
void lcd_int( );//LCD 初始化函数
void delay(unsigned int i);//可控延时函数
void delay1( );//软件延时函数,大约几个机器周期
//主函数
void main()
{
```

```
            unsigned char lcd[ ] = "SHEN ZHEN";
            unsigned char i;
            P1 = 0xff;                          //送全 1 到 P0 口
            lcd_int();                          //初始化 LCD
            delay(255);
            lcd_w_cmd(0x83);                    //设置显示位置
            delay(255);
            for(i = 0;lcd[i]! = '\0';i ++)      //显示字符串,字符串结束符为'\0'
            {
                    lcd_w_dat(lcd[i]);
                    delay(200);
            }
            while(1);                           //原地踏步,待机命令
    }
    //lcd 初始化
    void lcd_init()
    {
      lcd_w_cmd(0x3c);        //设置工作方式
      lcd_w_cmd(0x0e);        //设置光标
      lcd_w_cmd(0x01);        //清屏
      lcd_w_cmd(0x06);        //设置输入方式
    }

    //函数名:delay
    void delay(unsigned int t)//延时函数
    {
    unsigned int k;
    for(k = 0;k < t;k ++);
    }
    //函数名:delay1
    //函数功能:采用软件实现延时,大约几个机器周期
    void delay1()//延时函数
    {
    _nop_( );
    _nop_( );
    _nop_( );
    }
    //读状态函数
    //返回值:返回状态字,最高位 D7 = 0,LCD 控制器空闲,D7 = 1,LCD 控制器忙
    unsigned char lcd_r_start( )  //8 位数据线连接方式
    {
      unsigned char s;
      RW = 1;             //RW = 1,RS = 0,读 LCD 状态
      delayus();
```

```
   RS = 0;
   delayus();
   E = 1;                 //E 端时序
   delayus();
   s = LCD_DB;            //从 LCD 的数据口读状态
   delayus();
   E = 0;
   delayus();
   RW = 0;
   delayus();
   return(s);            //返回读取的 LCD 状态字
}
//写命令操作函数
//形式参数:命令字已经存入 com 单元中
void lcd_w_cmd(unsigned char com) //8 位数据线连接方式
{
   unsigned char i;
   do{                         //查 LCD 忙操作
       i = lcd_r_start();   //调用读状态字函数
       i = i&0x80;             //与操作屏蔽掉低 7 位
       delayms(1);
      }while(i! = 0);   //LCD 忙,继续查询,否则退出循环
   RW = 0;
   delayus();
   RS = 0;                 //RW = 0,RS = 0,写 LCD 命令字
   delayus();
   E = 1;                 //E 端时序
   delayus();
   LCD_DB = com;         //将 com 中的命令字写入 LCD 数据口
   delayus();
   E = 0;
   delayus();
   RW = 1;
   delayms(50);
}
//写数据函数
void lcd_w_dat(unsigned char dat)   //8 位数据线连接方式
{
   unsigned char i;
   do{                         //查 LCD 忙操作
     i = lcd_r_start();         //调用读状态字函数
     i = i&0x80;             //与操作屏蔽掉低 7 位
     delayms(1);
```

```
    }while(i! =0);//LCD 忙,继续查询,否则退出循环
    RW =0;
    delayus();
    RS =1;                      //RW =0,RS =1,写 LCD 数据
    delayus();
    E =1;                       //E 端时序
    delayus();
    LCD_DB =dat;                //将 com 中的命令字写入 LCD 数据口
    delayus();
    E =0;
    delayus();
    RW =1;
    delayms(50);
}
```

3.7 小结

本项目通过 5 个任务的设计与制作,介绍了单片机与 LED 数码管、LED 大屏幕点阵、LCD 液晶模块等常见的显示输出器件以及编程应用。

本项目要掌握的重点内容如下:

(1) LED 数码管静态显示;

(2) LED 数码管动态显示;

(3) LED 大屏幕动态显示;

(4) LCD 字符液晶显示;

(5) C 语言程序中的数组及其编程应用。

思考与练习题

一、单选题

1. 在单片机应用系统中,LED 数码管显示电路通常有 (   ) 显示方式。

A. 静态   B. 动态   C. 静态和动态   D. 查询

2. (   ) 显示方式编程较简单,但占用 I/O 口线多,其一般适用显示位数较少的场合。

A. 静态   B. 动态   C. 静态和动态   D. 查询

3. LED 数码管若采用动态显示方式,下列说法错误的是 (   )。

A. 将各位数码管的段选线并联

B. 将段选线用一份 8 位 I/O 口控制

C. 将各位数码管的公共端直接连在 +5 V 或者 GND 上

D. 将各位数码的位选线用各自独立的 I/O 控制

4. 共阳极 LED 数码管加反相器驱动时显示字符 "6" 的段码是（　　）。

A. 0X06　　　　　　B. 0X7D　　　　　　C. 0X82　　　　　　D. 0XFA

5. 一个单片机应用系统用 LED 数码管显示字符 "8" 的段码是 0x80，可以断定该显示系统用的是（　　）。

A. 不加反相驱动的共阴极数码管

B. 加反相驱动的共阴极数码管或不加反相驱动的共阳极数码管

C. 加反相驱动的共阳极数码管

D. 以上都不对

6. 在共阳极数码管使用中，若要是仅显示小数点，则其相应的字型码是（　　）。

A. 0X80　　　　　　B. 0X10　　　　　　C. 0X40　　　　　　D. 0X7F

7. 某一应用系统需要扩展十个功能键，通常采用（　　）方式更好。

A. 独立式按键　　　　B. 矩阵式键盘　　　　C. 动态键盘　　　　D. 静态键盘

8. 按键开关的结构通常是机械弹性元件，在按键按下和断开时，触点在闭合和断开瞬间会产生接触不稳定，为消除抖动不良后果常采用的方法有（　　）。

A. 硬件去抖动　　　　　　　　　　B. 软件去抖动

C. 硬、软件两种方法　　　　　　　D. 单稳态电路去抖方法

9. 下面是对一维数组 s 的初始化，其中不正确的是（　　）。

A. char s[5]={"abc"};　　　　　　B. char s[5]={'a','b','c'};

C. char s[5]="";　　　　　　　　　D. char s[5]="abcdef";

10. 对两个数组 a 和 b 进行以下初始化：

char a[ ]="ABCDEF";

char b[ ]={'A','B','C','D','E','F'};

则以下叙述正确的是（　　）。

A. a 与 b 数组完全相同　　　　　　B. a 与 b 长度相同

C. a 和 b 中都存放字符串　　　　　D. a 数组比 b 数组长度长

11. 在 C 语言中，引用数组元素时，其数组下标的数据类型允许是（　　）。

A. 整型常量　　　　　　　　　　　B. 整型表达式

C. 整型常量或整型表达式　　　　　D. 任何类型的表达式

二、填空题

1. 请补充完整下列程序：如图 3.18 所示，上电复位后 P1 口所接的一个共阳极数码管循环显示 0~9。

```
#include<reg51.h>
void delay( )
{
unsigned int i;
for(i=0;i<10000;i++);
}
void main ( )
{
unsigned char led[]={0xc0,0xf9,0xa4,0xb0,0x99,0x92,0x82,0xf8,0x80,0x90};
```

```
unsigned char k;
while(1)
{
for(k = 0;k < 10;)
{P1 = _____ ;              //点亮 P1 口
k ++ ;

_____ ;              //调用延时
}
}
}
```

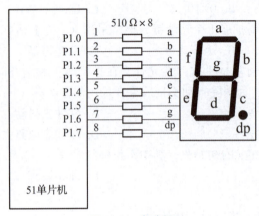

图 3.18   电路图

2. C51 语言中的字符串总是以（   ）作为串的结束符，通常用字符数组来存放。

3. 以下的数组定义中，关键字 "code" 是为了把 tab 数组存储在（   ）。

`unsigned char code b[ ] = {'A','B','C','D','E','F'};`

三、简答题

1. 图 3.18 中，如果直接将共阳极数码管换成共阴极数码管，能否正常显示？为什么？应采取什么措施？

2. 七段 LED 静态显示和动态显示在硬件连接上分别具有什么特点，实际设计时应如何选择使用？

3. LED 大屏幕显示一次能点亮多少行？显示的原理是什么？

4. 机械式按键组成的键盘，应如何消除按键抖动？

5. 独立式按键和矩阵式按键分别具有什么特点？适用于什么场合？

项目 4　定时/计数器设计

✍学习任务

　　本项目应用单片机的定时/计数器设计实用的定时器和脉冲计数器，要求学生通过本项目的学习，掌握单片机定时/计数器的工作原理、初始化方法和使用方法。

✍学习目标

知识目标

1. 了解单片机定时/计数器的组成；

2. 掌握单片机定时/计数器的工作原理和功能运用方法；

3. 掌握单片机定时/计数器的初始化方法；

4. 掌握定时器的设计方法；

5. 掌握脉冲计数器的设计方法。

能力目标

1. 能根据设计要求使用定时/计数器 4 种工作方式；

2. 能设计定时器的硬件电路和软件程序；

3. 能独立分析和解决硬件设计和软件设计的问题。

素养目标

1. 具备采用多种信息化手段解决问题的能力；

2. 能够根据任务，制订合理的实施计划；

3. 具备爱岗敬业、团结协作、分享沟通的能力；

4. 具备热爱专业、遵守规范的意识。

✍ 思维导图

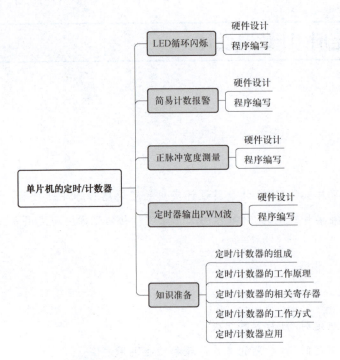

4.1 LED 的循环闪烁控制

4.1.1 目的与要求

本任务要求使用 AT89C51 的 T1 工作方式 0 设计一个定时时间为 1 s 的定时器，用定时器的查询方法使 AT89C51 控制的一个 LED 定时 1 s 闪烁。

4.1.2 电路与元器件

用 AT89C51 的 T1 工作方式 0 设计定时器，控制一个 LED 定时 1 s 闪烁，所要用到的元器件清单如表 4.1 所示。

表 4.1　单片机控制 LED 系统电路元器件清单

元器件名称	参数	数量	元器件名称	参数	数量
单片机	DIP40 封装的 51 单片机	1	电阻	1 kΩ	1
晶体振荡器	12 MHz	1	电阻	10 kΩ	1
瓷片电容	22 pF	2	发光二极管		1
电解电容	22 μf	1			

4.1.3 硬件单路设计

根据任务要求设计硬件电路，电路原理图如图 4.1 所示。将 LED 的阳极通过限流电阻连接 +5 V 电源，阴极连接 AT89C51 的 P1.0，给 P1.0 送 "0"，则 LED 点亮，给 P1.0 送 "1"，则 LED 熄灭。

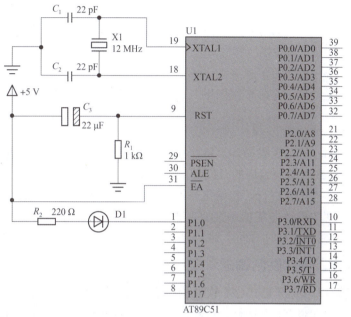

图 4.1 用定时器控制 LED 定时 1 s 闪烁硬件电路原理图

4.1.4 程序设计

源程序参考如下。

```c
#include < AT89X51.h >
void sTime ( )              //定时 1s 子程序
{
    unsigned int i;
    TMOD = 0x00;            //设定时器 1 为方式 0
    TH1 = 0x63;            //置定时器初值
    TL1 = 0x18;
    TR1 = 1;               //启动 T1
    for(i = 0; i <= 200 ; )
    {
        if ( TF1 == 1)     //查询计数溢出
        {
            i ++;
            TF1 = 0;
            TH1 = 0x63;    //重新置定时器初值
            TL1 = 0x18;
```

```
            }
        }
    return ;
}
//发光二极管定时1 s闪烁主程序
void main()
{
for( ; ; )
    {
        P1_0 = ! P1_0;    //取反P1.0使发光二极管闪烁
        sTime ();         //调用1 s定时
    }
}
```

主程序中采用for(;;)无限循环，将连接LED的P1.0反复取反，其值就会在0和1之间变化，使LED实现闪烁。闪烁的时间间隔由调用的定时1 s子程序来决定。在定时1 s子程序中对T1工作方式0进行了初始化，设置定时时间为5 ms，经过200次循环后实现定时时间为1 s，其中循环的增值一定要在查询到TF1为1后才能增加，否则会出现没有计满就进行下一次循环，定时时间不到1 s的情况。

4.1.5 软件、硬件联合调试

将编写好的源程序利用Keil C51软件编译成 ∗.hex文件，再下载到Proteus软件的硬件电路原理图中的AT89C51上运行，可看到LED以1 s的时间间隔不停地闪烁运行。

注意：使用单片机的定时/计数器时一定要先进行初始化。只要将定时/计数器开启，加1计数器就会不停地工作，直到关闭或断电为止。

4.1.6 任务梳理

根据单片机开发流程，对任务LED的循环闪烁控制进行梳理总结，并填写表4.2。

表4.2 任务单

任务名称	LED的循环闪烁控制			
任务描述				
小组名称			组长	
组员				
序号	人员	负责内容		完成情况

知识准备	1. 如何设置 T1 为工作方式 0？ ——————————— ——————————— 2. T1 初值的计算。 ——————————— ——————————— 3. 如何实现 LED 闪烁？ ——————————— ——————————— ———————————
电路图	

程序	```
	#include <AT89X51.h>
	void sTime ( ) //定时 1 s 子程序
	{
	unsigned int i;
	———————————— //设定时器 1 为方式 0
	———————————— //置定时器初值
	————————————
	———————————— //启动 T1
	     for(i =0; i <=200 ;)
	     { ———————————— //查询计数溢出
	         {
	         i ++;
	                 TF1 =0;
	                 TH1 =0x63; //重新置定时器初值
	``

续表

| 程序 | ```
                                    TL1 = 0x18;

                            }

                        }

                        return ;

            }

//发光二极管定时 1 s 闪烁主程序

void main()

{

            for( ; ; )

                    {

                                                    //取反 P1.0 使发光二极管闪烁
            _____
                                                    //调用 1 s 定时
                        _____

                    }

}
``` |
|---|---|
| 编程调试的过程中存在的问题及解决方法 | |

4.1.7　任务评价

1. 任务验收

根据项目要求和电气控制工艺规范，进行任务验收，并填写表 4.3。

表 4.3　项目验收报告

项目名称			组名	
项目概况				
序号	验收项目	验收记录	存在问题	完成时间
1	硬件电路检查			
2	软件程序检查			
3	电气元件布局规范性检查			
4	功能检查			
5	技术文档检查			
6	其他			
预验收结论： 签字： 时间：				
```

2. 展示评价

各组展示作品，介绍任务完成过程，制作过程视频，运行结果视频，整理技术文档并提交汇报材料，进行小组自评、组间互评、教师评价，完成考核评价表，如表 4.4 所示。

表 4.4　考核评价表

序号	评价项目	评价内容	分值	自评 20%	互评 20%	师评 60%	合计
1	职业素养	分工合理，制订计划能力强					
		能够采用多种信息化手段解决问题					
		主动性强，保质保量完成任务					
		遵守行业规范、现场"6S"标准					
		团队合作、交流沟通分享的能力					
2	专业能力	电路图设计正确					
		程序设计合理					
		调试结果正确					
		技术总结文档完整					
		汇报思路清晰、表达清楚					
3	创新能力	创新性思维和实现效果					
		拓展任务完成情况					

4.1.8　任务小结

通过一个 LED 发光二极管闪烁控制系统的制作过程，读者对单片机中的定时器工作方式、相关寄存器的使用有了直观认识。

4.2　简易脉冲计数器的设计

4.2.1　目的与要求

本任务要求用 AT89C51 设计一个计数范围为 0～99 的简易脉冲计数器，也就是用 AT89C51 的定时／计数器采样计数外部按键输送的脉冲信号，并用 LED 数码管将计数值显示出来。

4.2.2　电路与元器件

根据任务要求，用 AT89C51 的定时/计数器设计简易脉冲计数器，对按键产生的脉冲计数，所要用到的元器件清单如表 4.5 所示。

表 4.5　单片机控制 LED 系统电路元器件清单

元器件名称	参数	数量	元器件名称	参数	数量
单片机	DIP40 封装的 51 单片机	1	电阻	1 kΩ	8
晶体振荡器	12 MHz	1	电阻	10 kΩ	1
瓷片电容	22 pF	2	轻触按键		2
电解电容	22 μf	1	数码管	共阴极连接方式	1

4.2.3　硬件电路设计

脉冲计数器硬件电路原理如图 4.2 所示。将按键 K1 的一端连接到定时/计数器的 T0 (P3.4)引脚，另一端接地，这样一旦按下 K1，P3.4 引脚上就会产生由高电平向低电平的负跳变信号，在释放 K1 后，P3.4 引脚又由低电平转换为高电平，形成脉冲信号。P3.2 引脚连接按键 K2，用于随时将计数清零。计数值采用两个共阴极 LED 数码管通过静态方式显示，P0 口控制十位上数字的显示，P2 口控制个位上数字的显示，由于共阴极 LED 数码管的段码要用高电平点亮，所以 P0 口作为段码输出口需要上拉，此处用排阻 R_{P1} 上拉到电源。

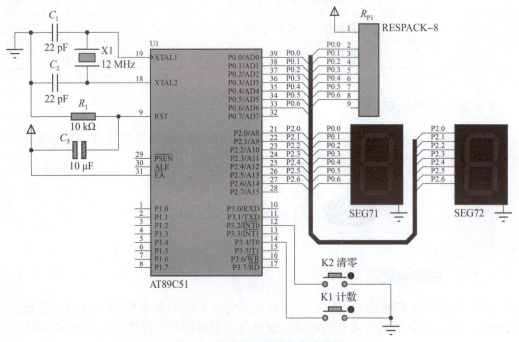

图 4.2　脉冲计数器硬件电路原理

4.2.4 源程序

```
#include < AT89X51.h >
//数码管段码定义
unsigned char code DSY_CODE[ ] = {0x3f,0x06, 0x5b, 0x4f, 0x66, 0x6d,0x7d, 0x07,
0x7f, 0x6f, 0x00,};
unsigned char count = 0;
void main()
{
    P0 = DSY_CODE[0];
    P2 = DSY_CODE[0];
    TMOD = 0x06;               //置定时器 0 为方式 2 计数
    TH0 = 0xFF ;               //置 TH0 初值
    TL0 = 0xFF ;               //置 TL0 初值
    TR0 = 1 ;                  //启动 TL0 计数
    while (1)
    {
        if( TF0 == 1 )              //查询 TF0 是否为 1
        {
            TF0 = 0;                            //TF0 清零
            count = (count + 1)%100;        //计数值控制在 100 以内
            P0 = DSY_CODE[count /10 ] ;     //显示计数值高位
            P2 = DSY_CODE[count %10 ] ;     //显示计数值低位
        }
        if( P3_2 == 0 )         //查询到 P3.2 上有低电平
        {
            count = 0;          //计数值清零
            P0 = DSY_CODE[0];           //显示清零
            P2 = DSY_CODE[0];           //显示清零
        }
    }
}
```

把共阴极 LED 数码管的段码（0~9）放在 DSY_CODE[ ]数组中，设置一个计数变量 count，上电前，两个共阴极数码管均显示"0"，将 DSY_CODE[0]送至 P0 口和 P2 口。按照任意十位数字从 P0 口输出，个位数字从 P2 口输出。按下 K2 时，P3.2 引脚就会变为低电平，也就是 P3.2 = 0，表明要求全部清零，此时会将 count 里面的值清零，显示值也全部清零，程序循环实现脉冲计数的功能。

4.2.5 软件、硬件联合调试

将编写好的源程序利用 Keil C51 软件编译成＊.hex 文件，再下载到 Proteus 软件的硬件电路原理图中的 AT89C51 上运行，LED 数码管显示"00"，按一次 K1，显示"01"，再按一次 K1 显示"02"，以此类推，可显示计数值最大到"99"，期间任意时刻按下 K2，显示清零，下次按 K1 从头计数。这样就设计好了一个简易的脉冲计数器。

注意： 在编写和分析定时/计数器的工作程序时一定要结合硬件电路，程序不是独立的，离开硬件电路无法对程序有很好的理解。

4.2.6　任务梳理

根据单片机开发流程，对任务简易脉冲计数器的设计进行梳理总结，并填写表 4.6。

表 4.6　任务单

任务名称	简易脉冲计数器的设计		
任务描述			
小组名称		组长	
组员			
序号	人员	负责内容	完成情况
知识准备	1. 选用哪一种器件可实现电平变化？ 2. 设置 T0 为计数工作方式，计数外部的脉冲，工作于方式 2，则 TMOD 值为多少？ 3. 将初值设置为多少，可以实现脉冲计数器计数？		
电路图			

4

续表

| 程序 | ```
#include < AT89X51.h >

_____//使用 DSY_CODE 数组,完成数码管段码
定义

_____ //定义一个变量 count,初值为 0
void main( )
{
        P0 = DSY_CODE[0];
        P2 = DSY_CODE[0];
_____//置定时器 0 为方式 2 计数
_____//置 TH0 初值
_____//置 TL0 初值
_____//启动 TL0 计数
while (1)
{
    _____//查询 TF0 是否为 1
    {
    _____//将 TF0 清零
    _____ //计数值控制在 100 以内
    _____//显示计数值高位
    _____//显示计数值低位
    }
    _____ //查询到 P3.2 上有低电平
    {
        _____//计数值清零
        _____//十位数显示清零
        _____//百位数显示清零
    }
  }
}
``` |
| 编程调试的过程中存在的问题及解决方法 | |

4.2.7　任务小结

通过设计一个简易脉冲计数器,读者进一步掌握了定时/计数器的工作方式、初值计算、开启定时/计数器中断、启动定时/计数器工作等内容,能根据任务要求,对定时/计数器完成初始化。
```

4.3　　正脉冲宽度测量

4.3.1　目的与要求

　　测量信号的正脉冲宽度，并在 LCD 上显示。系统晶振为 12 MHz。采用定时器 T1 的硬启动方式，利用该功能，待测量的脉冲信号从$\overline{INT1}$引脚输入，这个引脚的电平决定了 T1 的启动和停止。当该引脚为低电平时，先初始化 T1（GATE = 1，TR1 = 1，TH1 = TL1 = 0）$\overline{INT1}$引脚为低电平期间，T1 不满足硬启动条件，T1 不工作；一旦该引脚的脉冲信号变成高电平，也就是$\overline{INT1}$引脚变为高电平时，满足 T1 的硬启动条件，T1 就自动启动，从 0 开始进行累计机器周期的个数；一旦该引脚的脉冲信号变为低电平，也就是$\overline{INT1}$引脚变为低电平，T1 又不满足硬启动条件了，T1 自动停止定时。这时，TH1 和 TL1 的值就是 T1 累计的脉冲信号的高电平时间，也就是待测量脉冲信号的正脉冲宽度。利用 GATE 位测量正脉冲的宽度如图 4.3 所示。

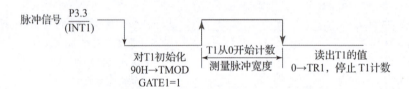

图 4.3　利用 GATE 位测量正脉冲的宽度

4.3.2　电路与元器件

　　根据任务要求，用 AT89C52 单片机测量信号的正脉冲宽度，并在 LCD 上显示，所要用到的元器件清单如表 4.7 所示。

表 4.7　正脉冲宽度测量系统电路元器件清单

元器件名称	参数	数量	元器件名称	参数	数量
单片机	AT89C52	1	数码管	共阴极连接方式	1
信号发生器		1	电位器		1
轻触按键	LM016L	1			

4.3.3　硬件电路设计

　　待测量的脉冲信号由信号发生器产生，在 P3.3 引脚上连接一个信号发生器，通过旋转信号发生器旋钮可测量脉冲的信号宽度。LM016L 模块的数据端 D0 ~ D7 与 P2.0 ~ P2.7 相连，RS、RW、E 分别与单片机的 P1.0、P1.1 和 P1.2 相连，VEE 接电位器。仿真电路如图 4.4 所示，最小系统电路省略。

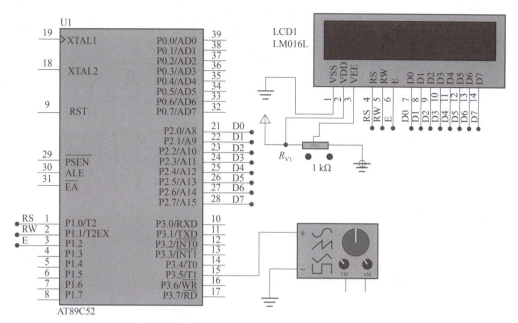

图 4.4　正脉冲宽度测量仿真电路

说明：在 Proteus 中，单击"P"按钮，挑选元器件 AT89C52、LM016L（代替 LCD1602）、POT－HG（电位器），单击 📖 菜单选项，选中 SIGNAL GENERATOR（信号发生器）。

4.3.4　软件设计

设计思想：测量信号的脉冲宽度主要利用定时器 T1 的硬启动功能，软件设计的关键环节如下。

1. T1 初始化

方式 1：定时、硬启动，不需要中断。

（1）设置 TMOD：T1 设置 TMOD 的高 4 位，"TMOD = 0b10010000 = 0x90;"。

（2）计算初值：从 0 开始定时，"TH1 = TL1 = 0;"。

（3）准备启动 T1："TR1 = 1;"还需$\overline{\text{INT1}}$引脚高电平 T1 才能真正启动。

2. 计算脉冲宽度

当$\overline{\text{INT1}}$引脚由高电平变为低电平，再变为高电平时，T1 开始定时，当$\overline{\text{INT1}}$引脚变为低电平时，T1 停止定时，此时读出 T1 的数值就是$\overline{\text{INT1}}$引脚输入信号正脉冲的宽度 Width_num。

3. LCD 显示

将脉冲宽度 Width_num 分离出十万、万、千、百、十、个位，并转换为 ASCII，存放到字符数组 width[7]中，写入 LCD。

参考程序如下：

```
#include <reg52.h>
#define uint unsigned int
#define uchar unsigned char
sbit lcdrs = P1^0; //LCD1602 液晶显示器数据/命令选择口
```

```
sbit lcdrw = P1^1;  //LCD1602 液晶显示器读/写选择口
sbit lcden = P1^2;  //LCD1602 液晶显示器使能口
sbit P3_3 = P3^3;        //INT1 测量脉冲输入引脚定义
void delay(uint dat);  //延时程序
void lcd_init();  //lcd 初始化
void write_cmd(char cmd);       //写指令函数
void write_data(uchar dat);  //写数据函数
void write_str(uchar *str);  //写字符串函数
void display(uint date);  //显示
uint Width_num;  //脉冲的宽度,T1 的计数值
void main( )
    {
        lcd_init();  //LCD 初始化
        write_cmd(0x82);
        write_str("Pulse Width: ");
        while(1)
            {
                TMOD = 0x90;
                TH1 = 0;
                TL1 = 0;
                while(P3_3 ==1);
                TR1 =1;  //如果INT1为低,TR1 =1,等待INT1变高启动 T1
                while(P3_3 ==0);  //等待INT1变高,硬启动条件满足,T1 计数
                 while(P3_3 ==1);  //等待INT1变低,变低后 T1 停止计数
                TR1 =0;  //复位 TR1
                Width_num = TH1 * 256 + TL1;  //计算 T1 计数值,即脉冲宽度
                display(Width_num);  //显示脉冲宽度(机器周期个数)
            }
    }

void display(uint date)
{
        uchar width[7];  //定义字符数组,存放脉冲宽度每一位的 ASCII
        width[0] = date/10000 +0x30;  //分离十万位,转换为 ASCII
        width[1] = date%100000/10000 +0x30;  //分离万位,转换为 ASCII
        width[2] = date%10000/1000 +0x30;  //分离千位,转换为 ASCII
        width[3] = date%1000/100 +0x30;  //分离百位,转换为 ASCII
        width[4] = date%100/10 +0x30;  //分离十位,转换为 ASCII
        width[5] = date%10 +0x30;       //分离个位,转换为 ASCII
        width[6] = '\0';    //数组末尾填加字符串结束的标志
        write_cmd(0xc5);  //在 LCD 第 2 行第 5 个位置写入
         write_str(width);  //将脉冲宽度转换为字符数组写入 LCD
}
/****************** 延时函数,延时 ms *********************/
```

```
void delay(uint dat)
{
uint x,y;
for(x=112;x>0;x--)
    for(y=z;y>0;y--);
}
/************************LCD1602 初始化函数 ****************************/
void lcd_init() //初始化1602
{
write_cmd(0x38);//显示模式设置
write_cmd(0x0c);//显示开关,光标没有闪烁
write_cmd(0x06);//显示光标移动设置
write_cmd(0x01);//清除屏幕
delay(1);
}
/**************************写指令函数 ***************************/
void write_cmd(char cmd) //写指令函数
{
check_busy();//检查 LCD1 是否忙
lcden=0;//把使能信号 E 拉低
lcdrs=0;//RS=0,写命令
lcdrw=0;//R/W=0,写操作
out=cmd;//cmd 是命令字,写到 out
lcden=1;//使能信号 E 拉高,产生高脉冲的上升沿
delay(1);//延时
lcden=0;//使能信号 E 拉低,产生高脉冲的下降沿
delay(1);//延时
}
/**************************写数据函数 ***************************/
void write_data(uchar dat) //写数据函数
{
check_busy();//检查 LCD1 是否忙
lcden=0;////把使能信号 E 拉低
lcdrs=1;//RS=1,写数据
lcdrw=0;//R/W=0,写操作
out=dat;//dat 是字符数,写到 out
lcden=1;//使能信号 E 拉高,产生高脉冲的上升沿
delay(1);//延时
lcden=0;//使能信号 E 拉低,产生高脉冲的下降沿
delay(1);//延时
}
/**************************写字符串函数 ***************************/
void write_str(uchar *str) //写字符串函数
```

```
    {
    while( * str! = '\0')//字符串的一个字符不等于"\0",说明未到字符串的最后一个
                        //字符,执行 while 循环,若等于"\0",则退出 while 循环
    {
        write_data( * str + +);//输出字符串,指针增 1
        delay(5);
    }
    }
```

4.3.5　软件、硬件联合调试

将程序编译生成 *. hex 文件,加载到单片机中,单击运行按钮,弹出信号发生器运行界面。调整第 1 个按钮为 2,第 2 个按钮为 1(单位为 kHz),此时频率是 2 kHz;调整第 3 个按钮为 5,第 4 个按钮为幅值是 5 V。单击"Waveform",选择方波信号,单击"Polariy",选择"Uni"单极性。调整信号发生器频率,测量结果随之改变。运动效果如图 4 - 4 所示。

4.3.6　任务梳理

根据单片机开发流程,对任务正脉冲宽度测量进行梳理总结,并填写表4.8。

表 4.8　任务单

任务名称	正脉冲宽度测量			
任务描述				
小组名称		组长		
组员				
序号	人员	负责内容		完成情况
知识准备	1. 什么是信号的正脉冲宽度? 2. 如何测量信号的正脉冲宽度?			

续表

电路图	

程序	

```
#include < reg52.h >
#define uint unsigned int
#define uchar unsigned char
sbit lcdrs = P1^0;              //LCD1602 液晶显示器数据/命令选择口
sbit lcdrw = P1^1;              //LCD1602 液晶显示器读/写选择口
sbit lcden = P1^2;              //LCD1602 液晶显示器使能口
sbit P3_3 = P3^3;              //INT1 测量脉冲输入引脚定义
void delay(uint dat);           //延时程序
void lcd_init();               //lcd 初始化
void write_cmd(char cmd);       //写指令函数
void write_data(uchar dat);     //写数据函数
void write_str(uchar * str);    //写字符串函数
void display(uint date);        //显示
uint Width_num;               //脉冲的宽度,T1 的计数值
void main( )
    {
        _____ //LCD 初始化
        write_cmd(0x82);
        write_str("Pulse Width: ");
        while(1)
            {
                TMOD = 0x90;
                TH1 = 0;
                TL1 = 0;
                while( P3_3 ==1);
                TR1 =1;  //如果INT1为低,TR1 =1,等待INT1变高启动 T1
```

续表

程序	
	while(P3_3==0); //等待$\overline{INT1}$变高,硬启动条件满足,T1
	计数
	while(P3_3==1); //等待$\overline{INT1}$变低,变低后 T1 停止计数
	_____ //复位 TR1
	_____; //计算 T1 计数值,即脉冲宽度
	display(Width_num); //显示脉冲宽度(机器周期个数)
	}
	}
	void display(uint date)
	{
	uchar width[7]; //定义字符数组,存放脉冲宽度每一位的 ASCII
	_____ //分离十万位,转换为 ASCII
	_____ //分离万位,转换为 ASCII
	_____ //分离千位,转换为 ASCII
	_____ //分离百位,转换为 ASCII
	_____ //分离十位,转换为 ASCII
	_____ //分离个位,转换为 ASCII
	_____ //数组末尾填加字符串结束的标志
	write_cmd(0xc5); //在 LCD 第 2 行第 5 个位置写入
	write_str(width); //将脉冲宽度转换为字符数组写入 LCD
	}

编程调试的过程中存在的问题及解决方法	

4.3.7 任务评价

1. 任务验收

根据项目要求和电气控制工艺规范,进行任务验收,并填写表4.9。

表4.9 项目验收报告

项目名称			组名	
项目概况				
序号	验收项目	验收记录	存在问题	完成时间
1	硬件电路检查			
2	软件程序检查			
3	电气元件布局规范性检查			

序号	验收项目	验收记录	存在问题	完成时间
4	功能检查			
5	技术文档检查			
6	其他			
预验收结论： 签字： 时间：				

2. 展示评价

各组展示作品，介绍任务完成过程，制作过程视频，运行结果视频，整理技术文档并提交汇报材料，进行小组自评、组间互评、教师评价，完成考核评价表，如表 4.10 所示。

表 4.10 考核评价表

序号	评价项目	评价内容	分值	自评 20%	互评 20%	师评 60%	合计
1	职业素养	分工合理，制订计划能力强					
		能够采用多种信息化手段解决问题					
		主动性强，保质保量完成任务					
		遵守行业规范、现场"6S"标准					
		具备团队合作、交流沟通分享的能力					
2	专业能力	电路图设计正确					
		程序设计合理					
		调试结果正确					
		技术总结文档完整					
		汇报思路清晰、表达清楚					
3	创新能力	创新性思维和实现效果					
		拓展任务完成情况					

4.3.8　任务小结

通过测量信号的正脉冲宽度，学会使用 GATE 位测量脉冲的宽度。

4.4　I/O 口输出 PWM 波

4.4.1　目的与要求

采用按键控制 I/O 口输出频率为 50 Hz，占空比分别为 25%、50% 和 75% 的 PWM 波形。系统晶振为 12 MHz。

【PWM 知识点】

PWM（Pulse Width Modulation）技术就是脉冲宽度调制技术。通过改变脉冲的宽度进行调制，也就是通过调节占空比来调节信号能量的变化。占空比是指在一个周期内信号处于高电平的时间占据整个信号周期的百分比。PWM 技术广泛应用于调光电路、直流斩波电路、电动机驱动和逆变电路等。AT89C52 单片机内部没有 PWM 功能模块，可以利用 I/O 口输出 PWM 信号，通过改变占空比来改变输出信号平均电压的高低。

4.4.2　硬件电路设计

采用单片机的 P2.0 引脚输出 PWM 信号，用虚拟示波器观察结果，电路元器件如表4.11 所示。

表 4.11　I/O 口输出 PWM 波电路元器件清单

元器件名称	参数	数量	元器件名称	参数	数量
单片机	DIP40 封装的 51 单片机	1	弹性按键		3
晶体振荡器	12 MHz	1	示波器		1
瓷片电容	30 pF	2	电阻	10 kΩ	1
电解电容	22 μF	1			

按键 KEY1 与 P2.3 连接，按下按键 KEY1 输出占空比为 25% 的 PWM 信号；按键 KEY2 与 P2.4 连接，按下按键 KEY2 输出占空比为 50% 的 PWM 信号；按键 KEY3 与 P2.5 连接，按下按键 KEY3 输出占空比为 75% 的 PWM 信号。输出 PWM 波仿真电路如图 4.5 所示。

说明：在 Proteus 中单击"P"按钮，挑选元器件 AT89C52、RES（电阻）、BUTTON（按钮）CRYSTAL（晶振）、CAP（电容）、CAP – ELEC（电解电容），单击图标 选择 OSCIL – LOSCOPE（示波器）。

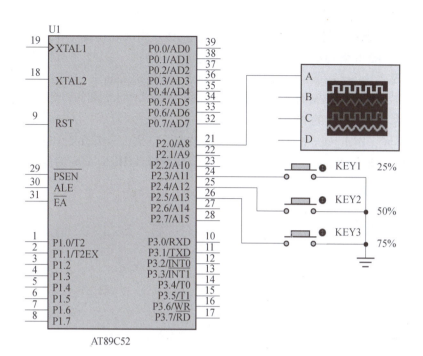

图 4.5　输出 PWM 波仿真电路

4.4.3　软件设计

设计思想：PWM 波示意如图 4.6 所示。PWM 波的关键参数有两个，一个是周期 T，一个是高电平所占的时间 High_num。所以，要产生不同频率、不同占空比的 PWM 波，就要控制这两个参数。关键环节为：

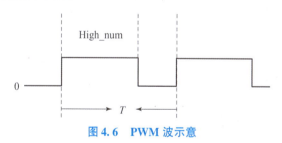

图 4.6　PWM 波示意

（1）周期 T 的确定。

本例 PWM 波的频率为 50 Hz，周期为 20 ms。采用 T1 的定时方式 2，一次定时时间设为 100 μs，在中断服务程序中，累计进入中断的次数 count，当 count = 200 时就是 20 ms。把累计的次数 200 记为 T，则 T = 200。

编程：设置 TMOD = 0b00100000 = 0x20；定时 100 μs，晶振 12 MHz，初值 X = 256 − 100 = 156；T1 开中断，ET1 = 1；EA = 1；T1 中断服务程序中累计进入中断的次数 count。

（2）高电平时间 High_num 的确定。

若占空比为 25%，由于 T = 200，则 High_num = 50；若占空比为 50%，则 High_num = 100；若占空比为 75%，则 High_num = 150。

（3）PWM 波的输出控制。

当 T1 进入中断的次数 count < High_num 时，P2.0 引脚输出高电平；当 High_num < count < 200 时，P2.0 引脚输出低电平。当 High_num = 50 时，在 P2.0 引脚就可以得到占空比为 25%、频率为 50 Hz 的 PWM 波形。同理，当 High_num = 100 时，得到占空比为 50%、频率为 50 Hz 的 PWM 波形。

（4）产生不同占空比的 PWM 波。

占空比不同，High_num 的值就不同。所以改变占空比，只需改变 High_num 的值。本例中的占空比是通过按键修改的，所以按下 3 个按键修改 High_num 的值分别为 50、100 和 150。

参考程序如下：

```c
#include "reg52.h"
#define uchar unsigned char
#define uint unsigned int
sbit PWM = P2^0;//输出 PWM
sbit key1 = P2^3;//占空比 25%
sbit key2 = P2^4;//占空比 50%
sbit key3 = P2^5;//占空比 75%
void T1_init();//T1 初始化
uchar keyscan();//设置占空比阈值
uchar count = 0,High_num = 0;
Void delay()
{

   uint i,j;
   for(j = dat;j > 0;j -- )
     for(i = 110;i > 0;i -- );
}
void main()
{
   T1_init();
   while(1)
    {
        keyscan();
    }
}

void T1_init()
  {
      TMOD = 0x20
      TH1 = 256 - 100
      TL1 = 256 - 100;
      TR1 = 1;//启动 T1
```

```
    ET1 = 1; //开启 T1 中断
    EA = 1; //开总中断
 }


void T1_int() interrupt 3
    {
            count ++; //累计中断次数
            if(count >= 200) count = 0;
            if(count < High_num) PWM = 1;
            else PWM = 0;
    }
uchar keyscan()
{
    if(key1 == 0)
     {
            delay(5);
            if(key1 == 0)
                    High_num = 50; //KEY1 = 25%
            while(! key1);
     }
    if(key2 == 0)
      {
            delay(5);
            if(key2 == 0)
            High_num = 100; //KEY2 = 50%
            while(!key2);
      }
    if(key3 == 0)
       {
            delay(5);
            if(key3 == 0)
                    High_num = 150;
             while(!key3);
       }
    return High_num;
}
```

4.4.4 软件、硬件联合调试

将程序编译生成 *.hex 文件，加载到单片机中，单击运行按钮，按下按键 KEY1，P2.0 引脚输出占空比为 25% 的 PWM 信号。

4.4.5 任务梳理

根据单片机开发流程，对任务 I/O 口输出 PWM 波进行梳理总结，并填表 4.12。

表4.12　任务单

任务名称	正脉冲宽度测量		
任务描述			
小组名称		组长	
组员			
序号	人员	负责内容	完成情况

知识准备	1. 什么是 PWM？

电路图	

续表

程序	

```
#include "reg52.h"
#define uchar unsigned char
#define uint unsigned int
sbit PWM = P2^0;                        //输出 PWM
sbit key1 = P2^3;                       //占空比 25%
sbit key2 = P2^4;                       //占空比 50%
sbit key3 = P2^5;                       //占空比 75%
void T1_init();                         //T1 初始化
uchar keyscan();                        //设置占空比阈值
uchar count = 0,High_num = 0;
Void delay()
{
   uint i,j;
   for(j = dat;j > 0;j --)
       for(i = 110;i > 0;i --);
}
void main()
{
   T1_init();
   while(1)
    {
         keyscan();
    }
}


void T1_init()
 {
   TMOD = 0x20
   TH1 = 256 – 100
   TL1 = 256 – 100;
   TR1 = 1;//启动 T1
    ET1 = 1;//开启 T1 中断
   EA = 1; //开总中断
 }

void T1_int() interrupt 3
    {
        count ++;                       //累计中断次数
        if(count >= 200) count = 0;
        if(count < High_num)
             PWM = 1;
```

续表

程序	```
	        else
	            PWM = 0;
	    }
	  uchar keyscan()
	  {
	    if(key1 ==0)
	     {
	            delay(5);
	            if(key1 ==0)
	                _____ //KEY1 =25%
	            while(!key1);
	     }
	    if(key2 ==0)
	     {
	            delay(5);
	            if(key2 ==0)
	                _____ //KEY2 =50%
	            while(!key2);
	     }
	  if(key3 ==0)
	     {
	            delay(5);
	            if(key3 ==0)
	                _____ //KEY3 =75%
	            while(!key3);
	     }
	  return High_num;
	}
	``

编程调试的过程中存在的问题及解决方法	

4.4.6　任务评价

1. 任务验收

根据项目要求和电气控制工艺规范，进行任务验收，并填写表4.13。

表4.13　项目验收报告

项目名称			组名	
项目概况				
序号	验收项目	验收记录	存在问题	完成时间
1	硬件电路检查			
2	软件程序检查			
3	电气元件布局规范性检查			
4	功能检查			
5	技术文档检查			
6	其他			
预验收结论： 　　　　　　　　　　　　　　　　　　签字： 　　　　　　　　　　　　　　　　　　时间：				

2. 展示评价

各组展示作品，介绍任务完成过程，制作过程视频，运行结果视频，整理技术文档并提交汇报材料，进行小组自评、组间互评、教师评价，完成考核评价表，如表4.14所示。

表4.14　考核评价表

序号	评价项目	评价内容	分值	自评 20%	互评 20%	师评 60%	合计
1	职业素养	分工合理，制订计划能力强					
		能够采用多种信息化手段解决问题					
		主动性强，保质保量完成任务					
		遵守行业规范、现场"6S"标准					
		具备团队合作、交流沟通分享的能力					
2	专业能力	电路图设计正确					
		程序设计合理					
		调试结果正确					
		技术总结文档完整					
		汇报思路清晰、表达清楚					

序号	评价项目	评价内容	分值	自评 20%	互评 20%	师评 60%	合计
3	创新能力	创新性思维和实现效果					
		拓展任务完成情况					

4.4.7　任务小结

通过改变占空比来改变输出信号平均电压的高低，实现了利用 I/O 口输出 PWM 波。

4.5　定时/计数器的工作原理

4.5.1　定时/计数器的组成

51 单片机内部有两个 16 位的可编程定时/计数器，称为定时/计数器 0(T0) 和定时/计数器 1(T1)，可通过编程选择将其用作定时器或计数器。定时/计数器的逻辑结构如图 4.7 所示。

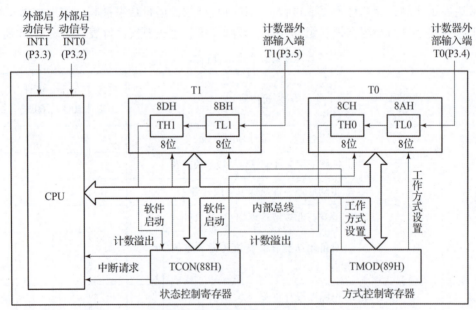

图 4.7　定时/计数器的逻辑结构

51 单片机的定时/计数器由 T0、T1、工作方式寄存器 TMOD 和控制寄存器 TCON 四部分组成。T0 由两个 8 位计数器 TH0 和 TL0 组成，T1 由两个 8 位计数器 TH1 和 TL1 组成，T0 和 T1 均为加法计数器，均以加 1 的方式计数；TMOD 为方式控制寄存器，主要用来设置定时/计数器的工作方式；TCON 为状态控制寄存器，主要用于控制定时/计数器的启动与停止，以及保存定时/计数器的溢出和中断标志。

T0 或 T1 在用作计数器使用时，对由引脚 T0（P3.4）和 T1（P3.5）输入的脉冲进行计数，每输入一个脉冲，计数器加 1；用作定时器使用时，对内部机器周期进行计数。

TMOD、TCON 与 T0、T1 通过内部总线及逻辑电路实现，定时/计数器的工作方式、定时时间和启动与停止控制是通过指令设置相关寄存器的状态实现的。

4.5.2 定时/计数器的工作原理

定时计数器的
结构和工作原理

16 位的定时/计数器实质上是一个加 1 计数器，可实现定时和计数两种功能，其功能由软件控制和切换。定时/计数器通过硬件实现定时和计数功能，是单片机中效率高且工作灵活的部件。

在定时/计数器开始工作之前，CPU 必须将一些命令（称为控制字）写入定时/计数器。将控制字写入定时/计数器的过程叫作定时/计数器的初始化。

在初始化过程中，要将工作方式控制字写入 TMOD，将工作状态控制字（或相关位）写入 TCON，为 TH0（TH1）和 TL0（TL1）赋定时或计数初值。

1. 定时工作方式

定时器对内部机器周期进行计数，每过一个机器周期，计数器加 1，直至溢出。定时器的定时时间与系统的振荡频率紧密相关，单片机的一个机器周期由 12 个振荡脉冲组成，所以计数频率 $f_c = f_{osc}/12$。如果单片机系统采用 12 MHz 晶振，计数周期 $T = 1/(12 \times 10^6 \times 1/12) = 1$（μs），这是最短的定时时间。通过改变定时器的定时初值，并适当选择定时器的长度（8 位、13 位或 16 位），可以调整定时时间。

2. 计数工作方式

计数器对由引脚 T0（P3.4）或 T1（P3.5）输入的脉冲进行计数，外部脉冲的下降沿将触发计数。在每个机器周期的 S_5P_2 期间采样引脚输入电平，若前一个机器周期采样值为 1，后一个机器周期采样值为 0，则计数器加 1。新的计数值是在检测到输入信号电平发生由 1 到 0 的负跳变后，于下一个机器周期的 S_3P_1 其间装入计数器的。由此可见，检测到一个输入信号电平由 1 到 0 的负跳变需要 2 个机器周期。所以，最高检测频率为振荡频率的 1/24。计数器对外部输入信号的占空比没有特别的限制，但必须保证输入信号的高电平与低电平的持续时间高于 1 个机器周期。

注意： 定时/计数器的最短定时时间是 1 个机器周期，最小的计数脉冲周期是 2 个机器周期。定时/计数器的定时功能其实也是通过计数实现的，与计数功能不同的是，此时计数脉冲来自单片机的内部时钟脉冲，是对内部时钟脉冲信号进行统计。

4.5.3 定时/计数器相关寄存器

定时计数器的
寄存器的使用方法

单片机的定时/计数器是一种可编程的部件，它的功能、工作方式、计数初值、启动和停止等均要求在定时/计数器工作之前由 CPU 写入一些控制字来控制，也就是进行初始化。下面，介绍与定时/计数器工作有关的寄存器。

1. 定时/计数器工作方式寄存器 TMOD

TMOD 是一种可编程的特殊功能寄存器，用于设定 T0 和 T1 的工作方式，字节地址为

89H，不可位寻址。其中，高 4 位用于控制 T1，低 4 位用于控制 T0。TMOD 的结构如图
4.8 所示。

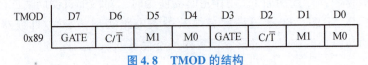

图 4.8　TMOD 的结构

TMOD 的低 4 位为 T0 的工作方式字段，高 4 位为 T1 的工作方式字段，它们的含义完全相同。

（1）GATE：门控制位。

当门控制位 GATE = 0 时，为软件启动方式，将 TCON 寄存器中的 TR0 或 TR1 置 1，即可启动相应定时器。

当门控制位 GATE = 1 时，定时/计数器的启动方式为软硬件共同启动方式，其启动除了受寄存器标志位 TR0 或 TR1 控制，同时还需 $\overline{INT0}$（P3.2）引脚或 $\overline{INT1}$（P3.3）引脚为高电平才可启动相应定时器，即允许外部中断 $\overline{INT0}$、$\overline{INT1}$ 启动定时器。

（2）C/$\overline{T}$：工作方式选择位。

工作方式选择位 C/$\overline{T}$ = 0 时，设定为定时器工作方式；工作方式选择位 C/$\overline{T}$ = 1 时，设定为计数器工作方式。

（3）M1 和 M0：工作方式选择位。

定时/计数器工作方式由 M1 和 M0 两位的编码状态决定，编码的 4 种方式决定了 4 种工作方式，如表 4.15 所示。

表 4.15　定时/计数器的工作方式

M1	M0	工作方式	功能说明
0	0	模式 0	13 位定时/计数器
0	1	模式 1	16 位定时/计数器
1	0	模式 2	自动重新载入的 8 位定时/计数器
1	1	模式 3	T0 分成两个 8 位计数器，T1 停止计数

2. 定时/计数器控制寄存器 TCON

定时/计数器控制寄存器 TCON 也是一种可编程的特殊功能寄存器。其作用是控制定时/计数器的启动与停止，保存定时/计数器的溢出和中断标志。TCON 的格式如图 4.9 所示。

TCON	0x8f	0x8e	0x8d	0x8c	0x8b	0x8a	0x89	0x88
0x88	TF1	TR1	TF0	TR0	IE1	IT1	IE0	IT0

图 4.9　TCON 的结构

定时/计数器控制寄存器 TCON 各位的含义如表 4.16 所示。

表 4.16　控制寄存器 TCON 各位的含义

控制位		位名称	说明
TF1	T1 溢出中断标志	TCON. 7	当 T1 计数满产生溢出时，由硬件自动置 TF1 = 1。在中断允许时，该位向 CPU 发出 T1 的中断请求，进入中断服务程序后，该位由硬件自动清零。在中断屏蔽时，TF1 可作查询测试用，此时只能由软件清零
TR1	T1 运行控制位	TCON. 6	由软件置 1 或清零来启动或关闭 T1。当 GATE = 1，且 $\overline{INT1}$ 为高电平时，TR1 置 1 启动 T1；GATE = 0 时，TR1 置 1 即可启动 T1
TF0	T0 溢出中断标志	TCON. 5	其含义及功能与 TF1 相似
TR0	T0 运行控制位	TCON. 4	其含义及功能与 TR1 相似
IE1	外部中断 1（INT1）请求标志位	TCON. 3	控制外部中断，与定时/计数器无关
IT1	外部中断 1 触发方式	TCON. 2	
IE0	选择位外部中断 0（INT0）请求标志位	TCON. 1	
IT0	外部中断 0 触发方式选择位	TCON. 0	

　　寄存器 TCON 的低 4 位与外部中断有关，与定时/计数器无关，此处不介绍。当系统复位时，TCON 的所有位均清零。

　　寄存器 TCON 可以按位操作，位地址为 88H ~ 8FH，字节地址为 88H，溢出标志位清零或启动定时器都可以用位操作语句，例如：

```
TR1 =1;   //启动 T1
TF1 =0;   //T1 溢出标志位清零
```

4.5.4　定时/计数器的工作方式

　　如表 4.15 所示，方式控制寄存器 TMOD 的 M1 和 M0 位用于选择四种工作方式，下面以 T0 为例进行分析。

1. 工作方式 0

　　当 M1M0 = 00 时，定时/计数器 T0 工作于方式 0，如图 4.10 所示，在方式 0 情况下，内部计数器为 13 位。由 TL0 低 5 位和 TH0 高 8 位组成，TL0 低 5 位计数满时，不向 TL0 第 6 位进位，而是向 TH0 进位，13 位计满溢出时，TF0 置"1"，最大计数值为 $2^{13} = 8\,192$（计数器初值为 0）。

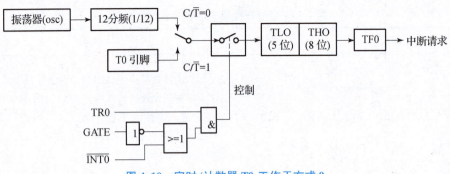

图 4.10 定时/计数器 T0 工作于方式 0

2. 工作方式 1

当 M1M0 = 01 时，定时/计数器工作于方式 1，如图 4.11 所示。在方式 1 情况下，内部数器为 16 位。由 TL0 作低 8 位，TH0 作高 8 位。16 位计满溢出时，TF0 置"1"。

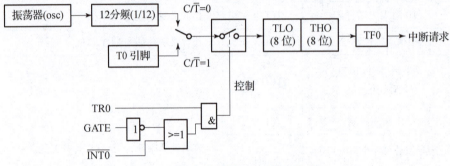

图 4.11 定时/计数器 T0 工作于方式 1

方式 1 与方式 0 的区别在于，方式 0 是 13 位计数器，最大计数值 2^{13} = 8 192；方式 1 是 16 位计数器，最大计数值为 2^{16} = 65 536。用作定时器时，若 f_{osc} = 12 MHz，则方式 0 最大定时时间为 8 192 μs，方式 1 最大定时时间为 65 536 μs。

3. 工作方式 2

当 M1M0 = 10 时，定时/计数器工作于方式 2，如图 4.12 所示。在方式 2 情况下，定时/计数器为 8 位，能自动恢复定时/计数器初值。

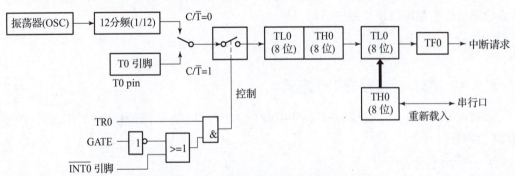

图 4.12 定时/计数器 T0 工作于方式 2

工作于方式 0、方式 1 时，定时/计数器的初值不能自动恢复，计满后若要恢复原来的初值，需在程序中用指令重新给 TH0、TL0 赋值。但当工作于方式 2 时，仅用 TL0 计数，

最大计数值为 $2^8 = 256$，计满溢出后，一方面进位 TF0，使溢出标志 TF0 = 1，另一方面，使原来装在 TH0 中的初值装入 TL0（TH0 中的初值允许与 TL0 不同）。所以，工作方式 2 既有优点，又有缺点。优点是定时初值可自动恢复，缺点是计数范围小。因此，工作方式 2 适用于需要重复定时且定时范围不大的场合。

注意：在工作方式 0 和工作方式 1 下，每次计数溢出后，计数器自动复位为 0，要进行新一轮计数，必须重置计数器初值。

重新设置初值影响定时时间精度，又导致编程麻烦。工作方式 2 具有初值自动装载功能，适合用于精度较精确的定时场合。

以 T0 为例，在工作方式 2 下，TL0 用作 8 位计数器，TH0 用来保持初值。编程时，TL0 和 TH0 必须由软件赋予相同的初值。一旦 TL0 计数溢出，TF0 将被置位，同时，TH0 中保存的初值自动装入 TL0，进入新一轮计数，如此循环下去。

4. 工作方式 3

当 M1M0 = 11 时，定时/计数器工作于方式 3，将 16 位计数器分成两个相互独立的 8 位计数器 TL0 和 TH0。定时/计数器的工作模式 3 只适用于 T0。对于 T1，设置为模式 3 时，相当于使 TR1 = 0，使其停止计数，没有什么实际意义，即只有 T0 可以设置为工作方式 3，T1 设置为工作方式 3 后不工作。T0 在工作方式 3 时的工作情况如图 4.13 所示。

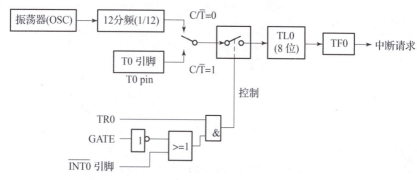

图 4.13　定时/计数器 T0 工作于方式 3

T0 被分解成两个独立的 8 位计数器 TL0 和 TH0。

TL0 占用 T0 的控制位、引脚和中断源，包括 C/$\overline{T}$、GATE、TR0、TF0 和 T0（P3.4）引脚、$\overline{INT0}$（P3.2）引脚。可定时也可计数，除计数位数不同于工作方式 0 外，其功能、操作与工作方式 0 完全相同。

TH0 占用 T1 的控制位 TF1 和 TR1，同时还占用了 T1 的中断源，其启动和关闭仅受 TR1 控制。TH0 只能对机器周期进行计数，也可以用于简单的内部定时，不能用于对外部脉冲进行计数，是 T0 附加的一个 8 位定时器。

注意：当 T0 工作于方式 3 时，T1 仍可设置为方式 0、方式 1 或方式 2。但由于 TR1、TF1 和 TI 的中断源已被 T0 占用，因此定时器 T1 仅由控制位 C/$\overline{T}$切换其定时或计数功能。当计数器计满溢出时，只能将输出送往串行口。在这种情况下，T1 一般用作串行口波特率发生器或不需要中断的场合。因 TI 的 TR1 被占用，当设置好工作方式后，T1 自动开始计数；当送入一个设置 T1 为工作方式 3 的方式字后，T1 停止计数。

4.6　定时/计数器的应用

由于定时/计数器的功能是由软件编程确定的，所以一般在使用定时/计数器前都要对其进行初始化，初始化步骤如下：

（1）确定工作方式——对 TMOD 赋值。

例如：TMOD = 0x10，表明 T1 工作于工作方式 1，且为定时工作方式。

（2）预置定时或计数初值——直接将初值写入 TH0、TL0 或 TH1、TL1。

定时/计数器的初值因工作方式的不同而不同。设最大计数值为 M，则各种工作方式的比较如表 4.17 所示。

表 4.17　定时器工作方式比较

工作方式	工作方式 0	工作方式 1	工作方式 2
计数位数	13 位定时/计数器	16 位定时/计数器	8 位定时/计数器
计数寄存器	THi 高 8 位，TLi 低 5 位	THi 高 8 位，TLi 低 8 位	TLi
最大计数值 M	$M = 2^{13} = 8\,192$	$M = 2^{16} = 65\,536$	$M = 2^8 = 256$
初值计算公式	$X_{初值} = M - T_{定时时间} / T_{机器周期}$		
初值设置	TH$i = X_{初值}/32$； TL$i = X_{初值}\%32$；	TH$i = X_{初值}/256$； TL$i = X_{初值}\%256$；	TH$i = X_{初值}$； TL$i = X_{初值}$；
初值设置举例	假定定时时间为 5 ms， 初值设置： TH$i = (8\,192 - 5\,000/1)/32$ TL$i = (8\,192 - 5\,000/1)\%32$	假定定时时间为 50 ms， 初值设置： TH$i = (65\,536 - 50\,000/1)/256$ TL$i = (65\,536 - 50\,000/1)\%256$	假定定时时间为 250 μs， 初值设置： TH$i = 256 - 250/1$ TL$i = 256 - 250/1$
特点	初值不可自动重载	初值不可自动重载	初值可自动重载

注意：其中 i 表示 0 或 1，晶振频率假定为 12 MHz，$T_{机器周期} = 1$ μs。

工作方式 3：因为 T0 分成两个 8 位定时/计数器，所以两个定时/计数器的 M 均为 256。

例如：T1 工作方式 1 定时，$M = 65\,536$，要求每 50 ms 溢出一次，若采用 12 MHz 的晶振，则计数周期 $T = 1$ μs，计数值 $= (50 \times 1000)/1 = 50\,000$，所以计数初值为

$$X_{初值} = 65\,536 - 50\,000 = 15\,536 = 0x3cb0$$

将 0x3c、0xc0 分别预置给 TH1、TL1。

（3）根据需要开启定时/计数器中断——直接对 IE 寄存器赋值。

（4）启动定时/计数器——将 TR0 或 TR1 置为 1。

当 GATE = 0 时，直接由软件置位启动定时/计数器；当 GATE = 1 时，除软件置位以外，还需要在外部中断引脚处加上相应的电平值才能启动定时/计数器。如果 GATE = 0，

则直接由软件置位启动定时/计数器，其指令为 TR1 = 1。

这样，定时/计数器的初始化过程完成。下面是定时/计数器初始化的完整过程。

$$TMOD = 0x10;$$

$$TH1 = 0x3c;$$

$$TL1 = 0xb0;$$

$$TR1 = 1;$$

4.7 小结

（1）合理选择定时/计数器工作方式。根据所要求的定时时间长短、定时的重复性，合理选择定时/计数器的工作方式，确定实现方法。

一般来讲，定时时间长，用方式 1（尽量不用方式 0）；定时时间短（≤255 机器周期）且需重复使用自动恢复定时初值，用方式 2；串行通信波特率，用 T1 方式 2。

（2）计算定时/计数器定时初值计算。

（3）编制应用程序。

①定时/计数器的初始化。包括定义 TMOD，写入定时初值，设置中断系统，启动定时/计数器运行等。

②正确编制定时/计数器的中断服务程序。注意是否需要重装定时初值。若需要连续反复使用原定时时间，且未工作在方式 2，则应在中断服务程序中重装定时初值。

③若将定时/计数器用于计数方式，则外部事件脉冲必须从 P3.4（T0）或 P3.5（T1）引脚输入，且外部脉冲的最高频率不能超过时钟频率的 1/24。

思考与练习题

一、选择题

1. 定时器 T1 有（　　）种工作方式。

A. 1 种　　　　　　　　B. 2 种　　　　　　　　C. 3 种　　　　　　　　D. 4 种

2. 定时器 T0/T1 工作于方式 1 时，其计数器为（　　）位。

A. 8 位　　　　　　　　B. 16 位　　　　　　　　C. 14 位　　　　　　　　D. 13 位

3. T0 定时溢出时，（　　）位由硬件自动置 1。

A. TR0　　　　　　　　B. TF0　　　　　　　　C. ET0　　　　　　　　D. PT0

4. 定时器 T0 的 GATE = 1 时，其计数器是否计数的条件（　　）。

A. 仅取决于 TR0 状态　　　　　　　　　　B. 仅取决于 GATE 位状态

C. 是由 TR0 和 $\overline{INT0}$ 两个条件共同控制　　D. 仅取决于（INT0）的状态

5. T1 计数计满溢出时，溢出标志位 TF1 = （　　）。

A. 0　　　　　　　　　B. 1　　　　　　　　　C. 0xff　　　　　　　　D. 0x00

6. 采用 T1 方式 2，计满 250 次溢出，则 TH1 和 TL1 的初值为（　　）。

A. 0x06，0x06　　　　B. 0xff，0x06　　　　C. 0x06，0xff　　　　D. 0x00，0x06

7. T0 方式 1 是（   ）计数器。

A. 16 位加 1   B. 16 位减 1   C. 8 位加 1   D. 8 位减 1

8. 51 单片机的定时器 T1 用作计数方式时，采用工作方式 2，则工作方式控制字为（   ）。

A. 0x60   B. 0x02   C. 0x06   D. 0x20

二、填空题

1. T0/T1 作为计数器使用时，T0 对（   ）引脚的外部脉冲进行计数，T1 对（   ）引脚的外部脉冲进行计数。

2. 如果采用晶振的频率为 12 MHz，T0/T1 方式 1 的最大定时时间为（   ），方式 2 的最大定时时间为（   ）。

3. T0/T1 作为计数器模式时，外部输入脉冲的最高频率为系统晶振频率的（   ）。

4. 晶振频率为 12 MHz，T0 方式 1 产生 1 ms 定时，则 TH0 =（   ），TL0 =（   ）。

5. 晶振频率为 12 MHz，T1 的方式 2 定时 100 μs，则 TH1 =（   ），TL1 =（   ）。

三、简答题

1. 说明 T0/T1 溢出中断标志位 TF0/TF1 的撤销方法。

2. 对 T0/T1 溢出中断标志位 TF0/TF1 的检测方法有哪些？各有什么优缺点？

四、仿真练习

1. 基本要求：利用 T1 方式 1 控制发出 1kHz 的音频信号，采用虚拟示波器查看波形。

2. 基本要求：利用 T0 采用方式 2 在 P2.0 引脚输出周期为 1 ms、占空比为 80% 的矩形脉冲。

学习任务

本项目以发光二极管的闪烁控制、秒表显示控制和数字时钟系统控制为实例，首先介绍了中断的基本概念，然后介绍了单片机中断系统的结构，包括中断源、中断请求标志、中断允许控制和中断优先级等，最后介绍了单片机中断的处理过程，包括中断响应条件、响应过程、响应时间和中断请求撤除等。

学习目标

知识目标

1. 了解 7 段 LED 数码管的内部结构和工作原理；
2. 了解发光二极管闪烁控制、秒表显示控制、数字钟系统控制的软硬件设计方法；
3. 掌握单片机中断的基本概念；
4. 掌握单片机中断系统的结构；
5. 了解单片机中断系统的初始化方法；
6. 掌握单片机中断系统的处理过程。

能力目标

1. 会设计发光二极管闪烁控制的软硬件；
2. 会设计秒表显示控制的软硬件；
3. 会设计数字时钟系统控制的软硬件。

素养目标

1. 能够采用多种信息化手段，解决问题的能力；
2. 能够根据任务，制订合理的实施计划；
3. 具备严谨细致的学习态度和科学精神；
4. 具备创新精神和实践能力。

✎思维导图

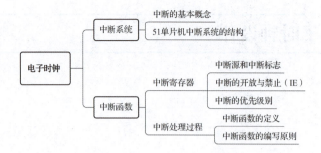

✎任务分析

5.1　中断控制 LED 闪烁

5.1.1　目的与要求

通过中断控制 LED 闪烁，掌握中断程序的应用，在 AT89C51 的电路中，用 $\overline{INT0}$ 控制 LED 的点亮与熄灭。P3.2 引脚连接一个轻触按键，由按键来控制 LED 的点亮与熄灭，当按下按键时 LED 点亮，再次按下按键 LED 熄灭，如此反复。

5.1.2　电路与器件

单片机中断控制 LED 闪烁电路如图 5.1 所示，包括单片机、复位电路、时钟电路、电源电路及 LED 闪烁控制电路。在 Proteus 软件中先将 AT89C51 的时钟电路和复位电路连接好，在 P0.0 口上连接 1 个 LED，在 P3.2（$\overline{INT0}$）引脚和地之间连接 1 个轻触按键。

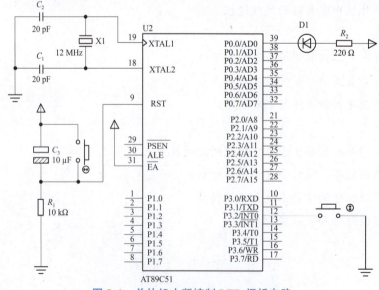

图 5.1　单片机中断控制 LED 闪烁电路

单片机控制 LED 闪烁系统电路的元器件清单如表 5.1 所示。

表 5.1 单片机控制 LED 闪烁系统电路的元器件清单

元器件名称	参数	数量	元器件名称	参数	数量
单片机	DIP40 封装的 51 单片机	1	弹性按键		1
晶体振荡器	12 MHz	1	电阻	220 Ω	1
瓷片电容	20 pF	2	电阻	10 kΩ	1
电解电容	10 μF	1	发光二极管	LED – YELLOW	1

通过按键来触发$\overline{\text{INT0}}$中断，一旦产生中断就去点亮或熄灭 LED。我们可以将轻触按键的一端接 P3.2 引脚，另一端接地。P3.2 引脚在开机时初始化为高电平 1，这样一旦按下按键就可使其接地，P3.2 引脚会由高电平 1 变为低电平 0，产生一个负跳变，触发$\overline{\text{INT0}}$中断，CPU 接收到中断请求信号后去点亮或熄灭 LED。由于$\overline{\text{INT0}}$设为下降沿触发，IT0 要为 1，所以 TCON 设为 0x01。

5.1.3 硬件电路板制作

在万能板上按照电路图焊接元器件，完成电路板的制作。图 5.2 所示为焊接好的电路实物图。

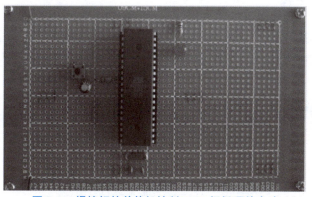

图 5.2 焊接好的单片机控制 LED 闪烁硬件电路

5.1.4 源程序

源程序如下：

```
//********************************************************
//宏定义
//#include < reg51.h >
//********************************************************
//定义端口
sbit LED = P0^0
//********************************************************
//主程序
```

```
void main()
{    LED = 1;
     EA = 1;      //开中断
     EX0 = 1;      //允许INT0中断,可用 IE = 0x81 代替上两行
     TCON = 0x01;   //IT0 = 1
     While(1);
}
//**********************************************************
//中断服务子程序
void External_Interrupt_0()interrupt0
{
     LED = ! LED;
}
//**********************************************************
```

在程序中只要将 EA 和 EX0 打开，并设置INT0的触发方式为下降沿触发，即 IT0 为 1 即可，只要将硬件电路中的 K1 按下，P3.2 引脚上有下降沿信号就会触发中断，CPU 会自动去执行中断服务子程序。

注意：开启的中断源一定要与中断服务子程序中的中断编号对应。在主程序中无须调用中断服务子程序，只要中断被触发，CPU 就会自动执行中断服务子程序。

5.1.5 程序下载

将编写好的源程序利用 Keil C51 软件编译成 ∗.hex 文件，再下载到 Proteus 软件的硬件电路中的 AT89C51 上运行，在第一次按下 K1 时 LED 点亮，在第二次按下 K1 时 LED 熄灭，如此反复。

5.1.6 任务梳理

根据单片机开发流程，对任务中断控制 LED 闪烁进行梳理总结，并填写表 5.2。

表 5.2 任务单

任务名称	中断控制 LED 闪烁		
任务描述			
小组名称		组长	
组员			
序号	人员	负责内容	完成情况

知识准备	1. 什么是中断？ 2. 简述 MCS - 51 单片机的中断系统。 3. 单片机中断源的定义。 4. 中断初始化程序。 5. 单片机中断程序的编写。 6. 单片机应用系统的开发过程。
电路图	

| 程序 | ```
#include <at89x51.h> //_____
     _____; //定义端口,LED = P0.0
void main( )           //_____
 {
     _____;        //熄灭 LED
     _____;        //开中断
     _____;        //允许INT0中断
     _____;        //设置INT0为下降沿触发
 while(1);
 }
void External_Interrupt_0()interrupt 0 //_____
  {
     _____;      //LED 闪烁
  }
``` |
|---|---|
| 编程调试的过程中存在的问题及解决方法 | |

5.1.7　任务评价

1. 任务验收

根据项目要求和电气控制工艺规范，进行任务验收，并填写表 5.3。

表 5.3　项目验收报告

项目名称			组名	
项目概况				
序号	验收项目	验收记录	存在问题	完成时间
1	硬件电路检查			
2	软件程序检查			
3	电气元件布局规范性检查			
4	功能检查			
5	技术文档检查			
6	其他			
```

续表

预验收结论：

签字：

时间：

2. 展示评价

各组展示作品，介绍任务完成过程，制作过程视频，运行结果视频，整理技术文档并提交汇报材料，进行小组自评、组间互评、教师评价，完成考核评价表，如表 5.4 所示。

表 5.4　考核评价表

序号	评价项目	评价内容	分值	自评 20%	互评 20%	师评 60%	合计
1	职业素养	分工合理，制订计划能力强					
		能够采用多种信息化手段解决问题					
		主动性强，保质保量完成任务					
		遵守行业规范、现场"6S"标准					
		具备团队合作、交流沟通分享的能力					
2	专业能力	电路图设计正确					
		程序设计合理					
		调试结果正确					
		技术总结文档完整					
		汇报思路清晰、表达清楚					
3	创新能力	创新性思维和实现效果					
		拓展任务完成情况					

5.1.8　任务小结

在本任务中，采用中断控制方式实现 LED 的点亮与熄灭，设置 $\overline{INT0}$ 为下降沿触发，通过按键触发 $\overline{INT0}$ 中断，由按键来控制 LED 的点亮与熄灭，实现了当按下按键时 LED 点亮，再次按下按键则 LED 熄灭。

5.2　**LED 显示秒表控制**

5.2.1　目的与要求

通过设计与制作两个 LED 数码管显示的简易秒表控制系统，熟悉单片机定时/计数器及中断的编程控制方法，包括定时器工作方式设定、初始值设置、中断编程、中断函数的应用等。用单片机控制两个 LED 数码管，采用静态连接方式，要求两个数码管显示 00～99 计数，时间间隔为 1 s。

5.2.2　电路与元器件

单片机中断控制显示秒表硬件电路如图 5.3 所示，包括单片机、复位电路、时钟电路、电源电路及数码管显示控制电路。单片机与两个共阳极数码管采用静态连接方式，数码管的段码分别由 P1 和 P2 口控制，公共端接高电平。

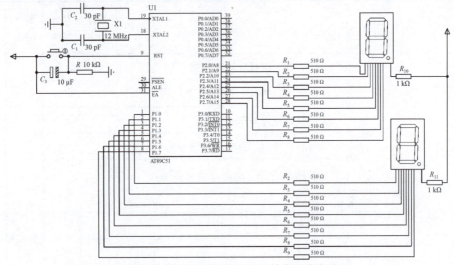

图 5.3　单片机中断控制显示秒表硬件电路

　　注意：使 LED 数码管某段点亮必须具备 2 个条件：①共阴极 LED 数码管的公共端接低电平或接地，共阳极 LED 数码管的公共端接高电平或电源；②共阴极 LED 数码管的笔段电极端接高电平或电源，共阳极 LED 数码管的笔段电极端接低电平或接地。

　　单片机中断控制显示秒表系统元电路的元器件清单如表 5.5 所示。

表 5.5　单片机控制显示秒表系统电路的元器件清单

元器件名称	参数	数量	元器件名称	参数	数量
单片机	DIP40 封装的 51 单片机	1	弹性按键		1
晶体振荡器	12 MHz	1	电阻	1 kΩ	2
瓷片电容	30 pF	2	电阻	10 kΩ	1
电解电容	10 μF	1	数码管	共阳极	2

提示：可以用指针式万用表来判断数码管的结构是共阳极还是共阴极及好坏。首先将指针式万用表放置在电阻测量方式上，假设数码管是共阳极的，那么将指针式万用表的表内电源正极（黑表笔）与数码管的 com 端相接，然后用指针式万用表的表内电源负极（红表笔）逐个接触数码管的各段，数码管的各段将逐个点亮，则数码管是共阳极的；如果数码管的各段均不亮，则说明数码管是共阴极的。也可将指针式万用表的红黑表笔交换连接后测试。如果数码管只有部分段点亮，而另一部分不亮，说明数码管已经损坏。

对电路中的主要元器件介绍如下：

（1）数码管的外形和内部结构如图 5.4 所示。LED 数码管可分为共阳极和共阴极两种结构。共阳极数码管的内部结构如图 5.4（b）所示，8 个发光二极管的阳极连接在一起，作为公共控制端（com），接高电平。阴极作为"段"控制端，当某段控制端为低电平时，该段对应的发光二极管导通并点亮。通过点亮不同的段，显示出不同的字符。如显示数字1 时，b、c 两端接低电平，其他各端接高电平；共阴极数码管的内部结构如图 5.4（c）所示。8 个发光二极管的阴极连接在一起，作为公共控制端（com），接低电平。阳极作为"段"控制端，当某段控制端为高电平时，该段对应的发光二极管导通并点亮。

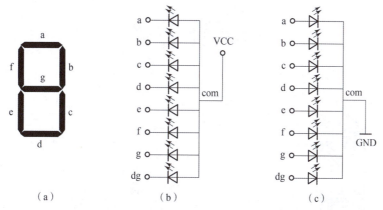

图 5.4　数码管的外形和内部结构

（a）数码管外形；（b）共阳极；（c）共阴极

使用数码管静态显示字符时，数码管的公共端恒定接地（共阴极）或 +5 V 电源（共阳极）。将每个数码管的 8 段控制引脚分别与单片机的一个 8 位 I/O 口相连接。只要 I/O 口有显示字符码输出，数码管就显示给定字符，并保持不变，直到 I/O 口输出新的段码。采用静态显示方式，以较小的电流就可获得较高的亮度，其占用 CPU 时间少，编程简单，便于监测和控制。但占用单片机的 I/O 口线多，n 位数码管的静态显示需占用 $8 \times n$ 个 I/O 口，所以限制了单片机连接数码管的个数。同时，硬件电路复杂、成本高，因此，数码管静态显示方式适合显示位数较少的场合。

（2）色环电阻又称为彩色环电阻或编码电阻，是一种常见的电子元件，用于限制电流、调节电压和分压。它的外观类似于普通电阻，但在电阻体上印有一组有色的环带，每个环带代表一个数字或颜色，用于表示电阻的阻值。色环电阻广泛应用于电子电路、通信设备、计算机硬件和各种电子设备中，以满足对精确电阻值的需求。通过解读色环编码，可以确定电阻的阻值和精度。使用色环电阻有助于准确调整电路参数，确保电子设备的正常运行。图 5.5 所示为色环电阻外形。

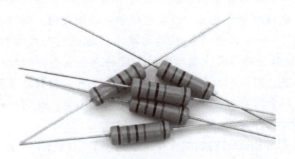

图 5.5　色环电阻外形

　　根据色环的数量，一般分为四环电阻、五环电阻等。电阻上每种颜色的色环代表不同的含义，有的色环表示数字，有的色环代表误差。具体含义为：黑 0、棕 1、红 2、橙 3、黄 4、绿 5、蓝 6、紫 7、灰 8、白 9，金表示误差为 5%，银表示误差为 10%，无色表示误差为 20%。四环电阻与五环电阻各色环对应关系如图 5.6 所示。

数值的读取方法

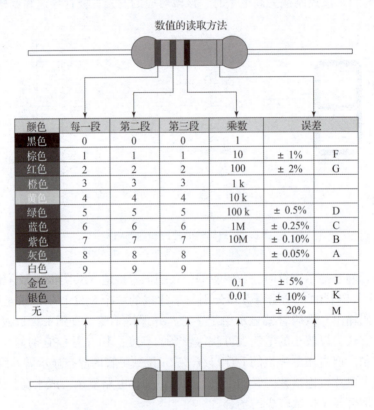

颜色	每一段	第二段	第三段	乘数	误差	
黑色	0	0	0	1		
棕色	1	1	1	10	± 1%	F
红色	2	2	2	100	± 2%	G
橙色	3	3	3	1 k		
黄色	4	4	4	10 k		
绿色	5	5	5	100 k	± 0.5%	D
蓝色	6	6	6	1M	± 0.25%	C
紫色	7	7	7	10M	± 0.10%	B
灰色	8	8	8		± 0.05%	A
白色	9	9	9			
金色				0.1	± 5%	J
银色				0.01	± 10%	K
无					± 20%	M

图 5.6　四环电阻与五环电阻各色环对应关系

　　第一个色环，表示电阻阻值的第一位数字；

　　第二个色环：表示电阻阻值的第二位数字；

　　第三个色环：表示电阻阻值的第三位数字；

　　第四个色环：表示乘的倍率（10 的几次幂，是几就乘 10 的几次方，或者说前三个色环读数后加几个 0）；

第五个色环：误差（常见是棕色，误差为1%）；

四色环电阻误差一般是5%~10%，五色环电阻常为1%，精度提高了很多。

5.2.3　硬件电路板制作

在万能板上按照电路图焊接元器件，完成电路板的制作。图5.7所示为焊接好的电路板实物。

图5.7　焊接好的电路板实物

在使用LED数码管时一定要串联限流电阻，以限制流过每个笔段的电流，使其不大于额定值。

5.2.4　源程序

必须在单片机芯片的内部存储器中烧录预先编写好的控制程序，才能看到秒表显示的效果。

具体源程序如下所示：

```
//程序:ex5_1.c
//功能:00~99的简易秒表设计,两个静态数码管,定时器采用中断方式
#include "reg51.h" //包含头文件reg51.h,定义了51单片机的专用寄存器
//全局变量定义
unsigned char count = 0;     //对50 ms定时时间进行计数
unsigned char miao = 0;        //秒计数器
//函数名:timer_1()
//函数功能:定时器T1中断函数,T1在工作方式1下每50 ms产生中断,执行该中断函数
//形式参数:无
//返回值:无
void timer_1() interrupt 3 //T1的中断类型号为3
  {
```

```
        TH1 = (65536 - 50000)/256;        //重新设置 T1 计数初值高 8 位
        TL1 = (65536 - 50000)%256;        //重新设置 T1 计数初值低 8 位
        count ++;                            //50 ms 计数器加 1
        if(count == 20)                   //1 s 时间到
    {
        count = 0;                        //50 ms 计数器清零
        miao ++;                          //秒计数器加 1
        if(miao == 100)miao = 0;//miao 计数到 100,则从 0 开始计数
    }
}
```

```
//函数名:disp(unsigned char i)
//函数功能:将 i 的值显示在两个静态连接的数码管上
//形式参数:i,取值范围 0~99
//返回值:无
void disp(unsigned char i)
{
        unsigned char led[] = {0xc0,0xf9,0xa4,0xb0,0x99,0x92,0x82,0xf8,0x80,0x90};
        //定义 0~9 显示码,共阳极数码管
        P1 = led[i/10]; //显示 i 高位
        P2 = led[i%10];  //显示 i 低位
}
```

```
void main()                                 //主函数
{
        TMOD = 0x10;                         //设置 T1 为工作方式 1
        TH1 = (65536 - 50000)/256;      //设置 T1 计数初值高 8 位,定时时间 50 ms
        TL1 = (65536 - 50000)%256;       //设置 T1 计数初值低 8 位
        ET1 = 1;                           //开放 T1 中断允许
        EA = 1;                            //开放总中断允许
        TR1 = 1;                           //启动 T1 开始计数
        while(1)
        {
                disp(miao);                //显示秒计数器值
        }
}
```

提示:

(1) 全局变量是相对于局部变量而言的,凡是在函数外部定义的变量都是全局变量,可以默认有 extern 说明符,因此也称为外部变量。外部变量定义后,其后面的所有函数均可以使用。例如秒计数器变量 miao 在中断函数 timer_1( )和主函数 main( )中都有使用。定义全局变量时需要注意,全局变量中的值可以被多个函数修改,其中保留的是最新的修改值。

(2) 对定时器编程需要的步骤:定时器初始化(设置工作方式)、初值计算和设置、启动定时器计数、计数溢出处理(程序中采用中断处理)。

（3）进行中断编程需要的步骤：开放中断源允许、开放总中断允许、中断函数编程。

（4）只有当定时器 T1 定时 50 ms 时间到时，T1 才申请中断，在中断允许的情况下，程序才自动跳转到 T1 中断函数 timer_1( ) 执行。中断函数执行完毕，返回到跳转处继续执行主程序。所以中断函数与之前编写的函数不同之处在于：该函数不需要事先在程序中安排函数调用语句，当事件发生（T1 定时 50 ms 时间到）时，硬件自动跳转到中断函数执行。

5.2.5　程序下载

将编写好的源程序利用 Keil C51 软件编译成 *.hex 文件，再下载到 Proteus 软件的硬件电路中的 AT89C51 上运行，启动后两个数码管开始在 00～99 进行显示，间隔时间为 1 s。

5.2.6　任务梳理

根据单片机开发流程，对任务 LED 显示秒表控制进行梳理总结，并填写表 5.6。

表 5.6　任务单

任务名称	LED 显示秒表控制		
任务描述			
小组名称		组长	
组员			
序号	人员	负责内容	完成情况
知识准备	1. LED 数码管的结构。 2. LED 数码管的显示方式。 3. 计算限流电阻的数值。		

知识准备	4. 中断初始值的设置。 _____ 5. 单片机中断函数的编写。 _____ _____ _____ 6. 单片机应用系统的开发过程。 _____ _____ _____ _____
电路图	

程序	`#include"reg51.h"` //_____
	`unsigned char count = 0;` //_____
	`unsigned char miao = 0;` //_____
	`void timer_1() interrupt 3` //_____
	`{`
	_____; //重新设置 T1 计数初值高 8 位
	_____; //重新设置 T1 计数初值低 8 位
	`count ++;`　　　　　　　//50 ms 计数器加 1
	_____; //如果 1s 时间到
	　`{`

程序	_____ ;//50 ms 计数器清零
	_____ ;//秒计数器加 1
	_____ ;//miao 计数到 100,则从 0 开始计数
	   }
	}
	void disp(unsigned char i)
	{
	   unsigned char
	led[ ]={0xc0,0xf9,0xa4,0xb0,0x99,0x92,0x82,0xf8,0x80,0x90};
	                //_____
	_____ ;//显示 i 高位
	_____ ;//显示 i 低位
	   }
	void main( ) //主函数
	{
	_____ ;//设置 T1 为工作方式 1
	_____ ;//设置 T1 计数初值高 8 位,定时时间 50 ms
	_____ ;//设置 T1 计数初值低 8 位
	_____ ;//开放 T1 中断允许
	_____ ;//开放总中断允许
	_____ ;//启动 T1 开始计数
	while(1)
	  {
	_____ ;//显示秒计数器值
	  }
	}

编程调试的过程中存在的问题及解决方法	

5.2.7　任务评价

1. 任务验收

根据项目要求和电气控制工艺规范,进行任务验收,并填写表 5.7。

表 5.7　项目验收报告

项目名称		组名	
项目概况			

续表

序号	验收项目	验收记录	存在问题	完成时间
1	硬件电路检查			
2	软件程序检查			
3	电气元件布局规范性检查			
4	功能检查			
5	技术文档检查			
6	其他			

预验收结论：

签字：

时间：

2. 展示评价

各组展示作品，介绍任务完成过程，制作过程视频，运行结果视频，整理技术文档并提交汇报材料，进行小组自评、组间互评、教师评价，完成考核评价表，如表 5.8 所示。

表 5.8　考核评价表

序号	评价项目	评价内容	分值	自评 20%	互评 20%	师评 60%	合计
1	职业素养	分工合理，制订计划能力强					
		能够采用多种信息化手段解决问题					
		主动性强，保质保量完成任务					
		遵守行业规范、现场"6S"标准					
		具备团队合作、交流沟通分享的能力					
2	专业能力	电路图设计正确					
		程序设计合理					
		调试结果正确					
		技术总结文档完整					
		汇报思路清晰、表达清楚					

续表

序号	评价项目	评价内容	分值	自评 20%	互评 20%	师评 60%	合计
3	创新能力	创新性思维和实现效果					
		拓展任务完成情况					

5.2.8 任务小结

在本任务中，通过两个 LED 数码管，采用静态显示方式，利用单片机定时/计数器及中断的编程控制方法，实现了数码管显示 00~99 的计数，时间间隔为 1 s。

5.3 数字钟控制

5.3.1 目的与要求

通过数字钟设计与制作，将前面所学的单片机内部定时器资源、并行 I/O 口、键盘和显示接口、中断系统等知识融会贯通，锻炼独立设计、制作和调试应用系统的能力，深入领会单片机应用系统硬件设计、模块化程序设计及软硬件调试方法等，并掌握单片机应用系统的开发过程。设计并制作出的数字钟应具有以下功能：①自动计时，由 6 位 LED 显示器显示时、分、秒；②具备校准功能，可以设置当前时间；③具备定时启闹功能，可以设置启闹时间，并同时开启闹钟功能，启闹 15 s 后自动关闭闹铃；④在闹钟开启状态下或在闹铃报警过程中，可以按键关闭闹钟功能。

5.3.2 电路与元器件

根据任务要求和任务分析，数字钟硬件设计电路如图 5.8 所示，单片机的 P0 口作为 6 位 LED 显示的位选口，其中 P0.0~P0.5 分别对应 LED0~LED5，P1 口作为段选口，由于采用共阴极数码管，因此 P0 口输出低电平选中相应的位，而 P1 口输出高电平则点亮相应的段。

数字钟控制系统电路的元器件清单如表 5.9 所示。

单片机 P3 口的 P3.0、P3.2 和 P3.3 为键盘输入口。单片机的 P2.7 引脚接蜂鸣器，低电平驱动蜂鸣器鸣叫，模拟闹钟启闹。P2.0 引脚连接一个 LED 作为闹钟功能指示灯，闹钟功能开启则 LED 点亮，闹钟功能关闭则 LED 熄灭。

对电路中的主要器件介绍如下：

1. 单片机选型

选用具有串口和 ISP 下载功能的 STC90C516RD + 系列增强型 8 位单片机，频率高达 80 MHz，可工作于 6 Clock，32 个 I/O 口，3 个定时器；内置 WDT 和 EEPROM。指令代码完全兼容传统的 51 单片机。

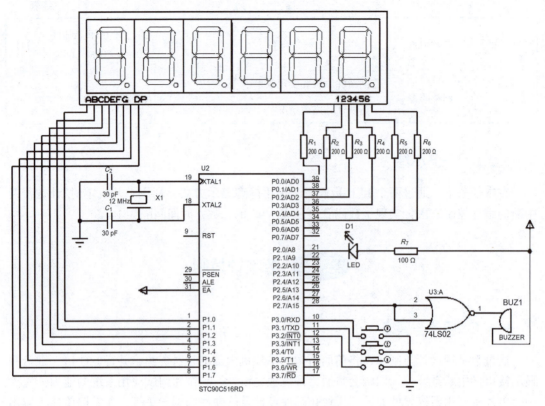

图 5.8　数字钟硬件设计电路

表 5.9　数字钟控制系统电路的元器件清单

元器件名称	参数	数量	元器件名称	参数	数量
单片机	STC90C516RD	1	电阻	1 kΩ	1
晶体振荡器	12 MHz	1	集成电路板	74ALS02	1
瓷片电容	30 pF	2	轻触按键		4
电解电容	22 μF	1	LED 数码管	6 位	1
电阻	100 Ω	1	有源蜂鸣器		1
电阻	200 Ω	6			

　　目前单片机的种类、型号极多，有 8 位、16 位、32 位机等，片内的集成度各不相同，有的处理器在片内集成了 WDT、PWM、串行 EEPROM、A/D、比较器等多种资源，并提供 UART、I2C、SPI 协议的串行接口，工作频率范围也从早期的 0～12 MHz 增至 33～40 MHz。我们应根据系统的功能目标、复杂程度、可靠性要求、精度和速度要求，选择性能价格比合理的单片机机型。在进行机型选择时应考虑以下几个方面：

　　（1）所选处理器内部资源尽可能符合系统总体要求，同时应综合考虑低功耗等性能要求，要留有余地，以备后期更新升级。

（2）开发方便，具有良好的开发工具、开发环境和软硬件技术支持。

（3）市场货源（包括外部扩展器件）在较长时间内供应充足。

（4）设计人员熟悉处理器的开发技术，以利于缩短研制周期。

2. 蜂鸣器

闹钟在定时时间到了时需要报警通知定时的人，所以需要一个发声的元器件，一般我们选用蜂鸣器。蜂鸣器是一种一体化结构的电子讯响器，采用直流电压供电，广泛应用在计算机、打印机、复印件、报警器、电子玩具、汽车电子设备、定时器等电子产品中作为发声元器件。蜂鸣器实物如图 5.9 所示。

蜂鸣器主要分为压电式蜂鸣器和电磁式蜂鸣器两种类型。压电式蜂鸣器主要由多谐振荡器、压电蜂鸣片、阻抗匹配器、共鸣箱及外壳组成。有的压电式蜂鸣器外壳上还装有 LED。多谐振荡器由晶体管或集成电路构成。在接通电源（1.5~15 V 直流工作电压）后，多谐振荡器起振，输出 1.5~2.5 kHz 的音频信号，阻抗匹配器推动压电蜂鸣片发声。压电蜂鸣片由锆钛酸铅或铌镁酸铅压电陶瓷材料制成。

图 5.9　蜂鸣器实物

陶瓷片的两面镀有银电极，经极化和老化处理后，再与黄铜片或不锈钢片粘在一起。

电磁式蜂鸣器主要由振荡器、电磁线圈、磁铁、振动膜片及外壳组成。在接通电源后，振荡器产生的音频信号电流通过电磁线圈，使电磁线圈周围产生磁场。振动膜片在电磁线圈和磁铁的相互作用下，周期性地振动发声。

按照是否带有振荡源，蜂鸣器又分为有源蜂鸣器与无源蜂鸣器。有源蜂鸣器内部带振荡源，所以只要一通电就会鸣叫。有源蜂鸣器的优点是程序控制方便。无源蜂鸣器内部不带振荡源，所以用直流信号无法令其鸣叫，必须用 2~5 kHz 的方波信号去驱动它。无源蜂鸣器的优点较多，如便宜、声音频率可控，在一些特例中可以和 LED 复用一个控制端口等。蜂鸣器的驱动电路一般包含以下几个部分：三极管、蜂鸣器、续流二极管和电源滤波电容。

5.3.3　硬件电路板制作

在万能板上按照电路图焊接元器件，完成电路板制作。图 5.10 所示为焊接好的数字钟电路板。

图 5.10　焊接好的数字钟电路板

> **小经验**：有些时钟芯片也可作为数字钟的控制器件，但是需要带有锂电池作后备电源，具备永不停止的计时功能；有些具有编程方波输出功能，可用作实时测控系统的采样信号等；还有些芯片内部带有非易失性 RAM，可用来存放需长期保存但有时也需变更的数据。

5.3.4　源程序

必须在单片机芯片的内部存储器中烧录预先编写好的控制程序，才可以观察到时钟显示的效果。

具体源程序如下所示：

```
//程序:ex8_1.c
//功能:数字钟程序
#include "reg51.h"
Typedef unsigned int u16;
Typedef unsigned char u8;
//********************** 位名称定义 **********************//
sbit naodeng = P2^0;              //闹钟开灯亮;否则灭
sbit S1 = P3^0;                   //切换模式(开关闹钟,调闹钟)
sbit S2 = P3^2;                   //调时
sbit S3 = P3^3;                   //调分
sbit beep = P2^7;                 //蜂鸣器
//********************** 函数声明 **********************//
void shijian( );                  //计时时间显示
void Timer0Init( );               //定时器中断初始化函数
void DigDisplay( );               //LED动态显示扫描函数
void alarm( );                    //闹铃报警处理
void tiao_nao( );                 //闹铃时间设置
void moshi( );                    //闹钟模式设置
void delay( u16 i);               //软件延时函数
//********************** 全局变量定义 **********************//
bit nao;                          //闹钟开关标志,nao =1闹钟开;nao =0闹钟关
u8 a =0;                          //记录S1按下次数,第一次按下修改闹钟时间,
                                  第2次按下切换闹钟开关
u8 display [] ={0,0,0,0,0,0};     //显示缓冲区,对应六个数码管
u8 ssec,sec,min,hour,nao_hour =0,nao_min =0;
                                  //10毫秒、秒、分、小时、闹钟小时、闹钟分钟
//********************** 延时函数 **********************//
//函数名:delay
//函数功能:软件延时
//形式参数:无符号整型变量 I,0 ~65 535
//返回值:无
Void delay(u16 i)
```

```
{
    While(i--);
}
//**********************定时器中断初始化函数******************//
//函数名 Timer0 Init
//函数功能:定时器 T0 定时中断,interrupt 1,开放两个外部中断
//形式参数:无
//返回值:无
Void Timer0 Init()
{
    TMOD |= 0x01;          //选择为定时器 0 模式,工作方式 1,仅用 TR0 打开启动
    EX0 = 1;
    IT0 = 1;              //外部中断 0 采用下降沿触发
    PX0 = 1;
    EX1 = 1;
    IT1 = 0;              //外部中断 1 采用低电平触发
    TH0 = 0xd8;           //给定时器赋初值,定时 10 ms,12 MHz 晶振频率
    TL0 = 0xf0;
    ET0 = 1;              //开放定时器 0 中断允许
    EA = 1;              //开放总中断
    TR0 = 1;             //定时器开始计数
}
//********************6 位 LED 显示函数********************//
//函数名:DigDisplay
//函数功能:6 位 LED 动态显示,将显示缓冲区 display 中的数依次扫描显示一遍
//形式参数:无
//返回值:无
void DigDisplay ()
{
    u8 i , j , m , temp ;
    u8 led [] = (0x3 f,0x06,0x5b,0x4f,0x66,0x6d,0x7d,0x07,0x7f,0x6f);
                            //0~9 的共阴极显示码
    temp = 0x01;
    for ( i =0; i <6; i ++)
    {
        P1 = 0x00;                    //关显示
        j = display [ i ];
        Pl = led [ j ];              //P1 送段码
        P0 =~temp ;                  //P0 对应端口低电平选位
        temp <<=1;
        for ( m =0; m <100; m ++);   //每一位显示延时
    }
}
//********************** 报警函数 **********************//
```

```
//函数名：alarm
//函数功能：闹钟时分和当前时分相同、闹钟功能开启的情况下,蜂鸣器响15 s
//形式参数：无
//返回值：无
void alarm()
{
    if(nao_hour == hour&&nao_min == min&&sec >= 0&&sec <15&&nao ==1)
    {
        beep = 1;
        delay(5);
        beep =0;
        delay(5);
    }
}
//************************闹钟时间调节************************//
//函数名：tiao_nao
//函数功能：闹钟时间修改,修改小时和分钟,S1按下结束调节
//设置完闹钟时间后,自动开启闹钟
//形式参数：无
//返回值：无
void tiao_nao()
{
    IT0 =1;          //关溢出进1
    EX1 =1;          //关中断系统
    EX0 =1;          //关中断系统
    delay(10);
    while( S1 )      //当S1没有按下时进行闹钟时间调节,当按下S时,结束闹钟时间调节
    {
        if(S2 ==0)   //闹钟小时调节
        {
            delay(10);
            if(S2 ==0) nao_hour ++;
            while(! S2);
        }
        if( nao_hour >=24) nao_hour =0; //24小时后归0
        if(S3 ==0)                      //闹钟分钟调节
        { delay(10);
          if(S3 ==0) nao_min ++; while(!S3);}
        if(nao_min >=60) nao_min =0;    //60 min后归0
        display[5]=0;                   //闹钟显示
        display[4]=0;
        display[3]=nao_min%10;
        display[2]=nao_min/10;
        display[1]=nao_hour%10;
```

```
            display[0]=nao_hour/10;
            DigDisplay();                    //数码管显示函数
        }
    IT0=1;
    EX1=1;
    EX0=1;
    nao=1;                                   //退出闹钟调试,自动开启闹钟
}
//***********************闹钟功能设置***************************//
//函数名:moshi
//函数功能:按键 S1 用来控制闹钟功能的开启和关闭,以及闹钟时间设置
//按下进入闹钟时间设置,在该状态下再次按下 S1,结束闹钟时间设置,并同时开启闹钟功能
//在闹钟开启或闹铃响期间,按下 S1,关闭闹钟功能
//形式参数:无
//返回值:无
void moshi()
{
    if(S1==0)
    {
        delay(100);
        if(S1==0)
        {
            a++;                             //记录 S1 按下次数
            if(a>=2) a=0;
            while(!S1);
            switch(a)
            {
                case(0):nao=~nao; break;
                case(1):tiao_nao(); break;
            }
        }
    }
    while(!S1);
}
//********************当前时间显示************************//
//函数名:shijian
//函数功能:将当前计时时间的"小时""分钟"和"秒"拆分到显示缓冲区,并调用 LED 显示扫描函数
实现时间的显示
//形式参数:无
//返回值:无
void shijian()
{
    Display[5]=sec%10;
    display[4]=sec/10;
```

```
            display [3] = min%10;
            display [2] = min/10;
            display [1] = hour%10;
            display [0] = hour/10;
            DigDisplay ();                       //LED 显示扫描函数
    }
    //**********************T0 中断服务函数 *********************//
    //函数名：Timer0
    //函数功能：每 10 ms 中断一次,进行 10 ms、秒、分、小时计数
    //形式参数：无
    //返回值：无
    void Timer0() interrupt 1
    {
            TH0  = 0xd8;                    //给定时器赋初值,定时 10 ms
            TL0  = 0xf0;
            ssec ++;
            if ( ssec >=100)          //1 s
            {
                    ssec =0;
                    sec ++;
                    if (sec >=60)
                    {
                            sec =0;
                            min ++;
                            if (min >=60)
                            {
                                    min =0;
                                    hour ++;
                                    if (hour >=24)
                                    {
                                            hour =0;
                                    }
                            }
                    }
            }
    }
    //**********************外部中断 0 服务函数 *********************//
    //函数名：int0
    //函数功能：小时调节
    //形式参数：无
    //返回值：无
    void int0() interrupt 0
    {
            delay (10);                        //采用下降沿触发,延时去抖
```

```
    hour ++;
    if( hour >= 24 ) hour = 0;
}
//********************外部中断1服务函数********************//
//函数名: int1
//函数功能: 分钟调节
//形式参数: 无
//返回值: 无
void int1 ( ) interrupt 2
{
    min ++;
    if ( min == 60 ) min = 0;
    while ( ! S3 );                 //采用低电平触发,等待按键弹起,避免重复中断
}
//********************main 函数********************//
void main ( )
{
    Timer0 Init ( );                //定时器中断初始化
    while (1)
    {
        if( nao == 1 ) naodeng = 0；//LED 提示闹钟功能开关状态
        else naodeng = 1；
        shijian ( );                //显示当前时间
        moshi ( );                  //闹钟时间设置等
        alarm ( );                  //闹钟报警
    }
}
```

小经验: 在软件编程过程中应注意对程序代码的优化,一般要从以下几方面考虑:

(1) 灵活选择变量的存储类型是提高程序运行效率的重要途径,要合理分配存储器资源,对经常使用和频繁计算的数据,应该采用内部存储器。

(2) 灵活分配变量的全局和局部类型,高效利用存储器。

(3) 合理设置变量类型及运算模式可以减少代码量,尽可能选用无符号的字符类型,减少占用存储空间。

(4) 合理分配模块间函数调用的参数,可以利用指针作为传递参数,使各模块有很好的独立性和封装性,同时又能实现各模块间数据的灵活高效传输。

(5) 用汇编语言与 C 语言混合编程,以提高程序执行效率,汇编语言程序的执行效率高,实时响应性好,将一些实时性或者运算能力要求很高的程序,如中断处理程序、数据采集程序、实时控制程序等嵌入 C 语言中,或分开独立编成汇编语言程序进行处理。

(6) 利用丰富的标准函数,可以大大提高编程效率。

5.3.5 程序下载

将编写好的源程序利用 Keil C51 软件编译成 *.hex 文件，再下载到 Proteus 软件的硬件电路中的 STC90C516RD 上运行，启动后数码管将显示 00:00:00。若不能正确计时，则应在定时器中断服务函数中设置断点，检查各计时单元是否随断点运行而变化。然后，修改计时单元初始值，将计时初值改为"23:58:58"，运行主程序（不按任何键），检验能否正确进位。

5.3.6 任务梳理

根据单片机开发流程，对任务数字钟控制进行梳理总结，并填写表 5.10。

表 5.10　任务单

任务名称	数字钟控制		
任务描述			
小组名称		组长	
组员			
序号	人员	负责内容	完成情况
知识准备	1. 单片机内部定时器资源。 2. LED 动态显示原理。 3. 蜂鸣器电路设计。 4. 中断初始值的设置。 5. 单片机中断函数的编写。		

知识准备	6. 单片机应用系统的开发过程。
电路图	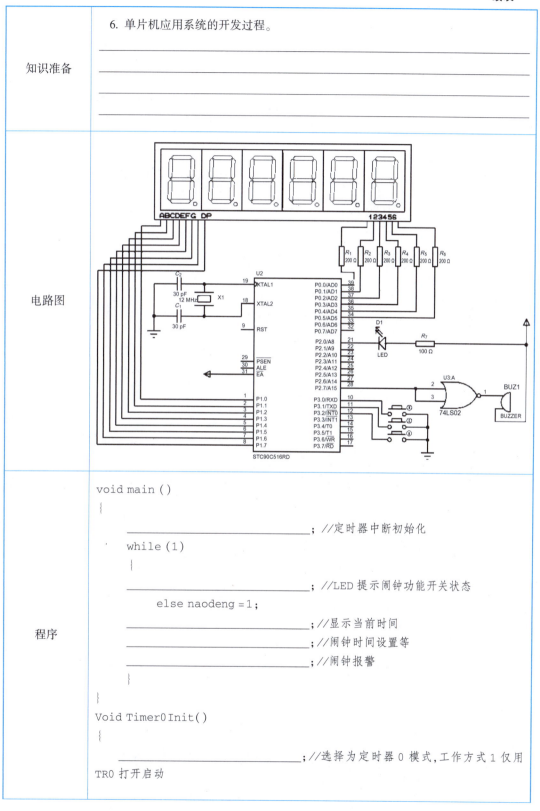
程序	(见下方程序)

```
void main ()
{
    _____; //定时器中断初始化
    while (1)
    {
        _____; //LED 提示闹钟功能开关状态
            else naodeng = 1;
        _____; //显示当前时间
        _____; //闹钟时间设置等
        _____; //闹钟报警
    }
}
Void Timer0 Init()
{
    _____; //选择为定时器 0 模式, 工作方式 1 仅用
TR0 打开启动
```

| 程序 | ```
    EX0 =1;
    _____;//外部中断 0 采用下降沿触发
    PX0 =1;
    EX1 =1;
    _____;//外部中断 1 采用低电平触发
    _____;//给定时器赋初值,定时 10 ms,12 MHz
晶振频率
    TL0 =0xf0;
    _____;//开放定时器 0 中断允许
    _____;//开放总中断
    _____;//定时器开始计数
}
void DigDisplay ()
{
    u8 i , j , m , temp ;
    _____;//0～9 的共阴极显示码
    temp =0x01;
    for ( i =0; i <6; i ++)
    {
    _____; //关显示
        j = display [ i ];
    _____;//P1 送段码
    _____;//P0 对应端口低电平选位
        temp <<=1;
        _____;//每一位显示延时
    }
}
``` |
| 编程调试的过程中存在的问题及解决方法 | |

5.3.7 任务评价

1. 任务验收

根据项目要求和电气控制工艺规范,进行任务验收,并填写表5.11。
```

表 5.11　项目验收报告

项目名称				组名	
项目概况					
序号	验收项目	验收记录	存在问题	完成时间	
1	硬件电路检查				
2	软件程序检查				
3	电气元件布局规范性检查				
4	功能检查				
5	技术文档检查				
6	其他				
预验收结论： 签字： 时间：					

2. 展示评价

各组展示作品，介绍任务完成过程，制作过程视频，运行结果视频，整理技术文档并提交汇报材料，进行小组自评、组间互评、教师评价，完成考核评价表，如表 5.12 所示。

表 5.12　考核评价表

序号	评价项目	评价内容	分值	自评20%	互评20%	师评60%	合计
1	职业素养	分工合理，制订计划能力强					
		能够采用多种信息化手段解决问题					
		主动性强，保质保量完成任务					
		遵守行业规范、现场"6S"标准					
		具备团队合作、交流沟通分享的能力					
2	专业能力	电路图设计正确					
		程序设计合理					
		调试结果正确					
		技术总结文档完整					
		汇报思路清晰、表达清楚					

续表

序号	评价项目	评价内容	分值	自评 20%	互评 20%	师评 60%	合计
3	创新能力	创新性思维和实现效果					
		拓展任务完成情况					

5.3.8　任务小结

（1）通过完成数字钟的设计与制作调试，掌握单片机应用系统的设计过程。单片机应用系统开发的一般工作流程包括：项目任务的需求分析（确定任务），制定系统软、硬件方案（总体设计），系统硬件设计与制作，系统软件模块划分与设计，系统软、硬件联调，程序固化，脱机运行等。

（2）学习自顶向下的模块化程序设计方法，构建出程序设计的整体框架，包括主程序流程和子模块流程的设计、各功能模块之间的调用关系。在细化流程图的基础上，合理分配系统变量资源，即可轻松编写程序代码。

（3）在调试程序前，一定要预先将源程序分析透彻，这有助于在系统调试过程中，通过现象分析判断产生故障的原因及故障可能存在的大致范围，快速有效地排查和缩小故障范围。

 **5.4　中断的概念**

中断的基本概念

5.4.1　中断及相关概念

中断指通过硬件来改变 CPU 的运行方向。计算机在执行程序过程中，外部设备向 CPU 发出中断请求信号，要求 CPU 暂时中断当前程序的执行而转去执行相应的处理程序，待处理程序执行完毕后，再继续执行原来被中断的程序。这种程序在执行过程中由于外界的原因而被中间打断的情况称为"中断"。

下面给出几个与中断相关的概念，如表 5.13 所示。

表 5.13　中断相关概念

概念	说明
中断服务程序	CPU 响应中断后，转去执行相应的处理程序，该处理程序通常称为中断服务程序
主程序	原来正常运行的程序称为主程序
断点	主程序被断开的位置（或地址）称为断点
中断源	引起中断的原因，或能发出中断申请的来源，称为中断源
中断请求	中断源要求服务的请求称为中断请求（或中断申请）

5.4.2 中断的特点

1. 同步工作

中断是 CPU 与接口之间的信息传送方式之一。它使 CPU 与外设同步工作，较好地解决了 CPU 与慢速外设之间的配合问题。CPU 在启动外设工作后继续执行主程序，同时外设也在工作。每当外设做完件事就发出中断申请，请求 CPU 中断它正在执行的程序，转去执行中断服务程序。当中断处理完后，CPU 恢复执行主程序，外设也继续工作。CPU 可启动多个外设同时工作，极大地提高了 CPU 的工作效率。

2. 异常处理

针对难以预料的异常情况，如掉电、存储出错、运算溢出等，可以通过中断系统由故障源向 CPU 发出中断请求，再由 CPU 转到相应的故障处理程序进行处理。

3. 实时处理

在实时控制中，现场的各种参数、信息的变化是随机的。这些外界变量可根据要求随时向 CPU 发出中断申请，请求 CPU 及时进行处理，如果中断条件满足，CPU 马上就会响应，转去执行相应的处理程序，从而实现实时控制。

5.5 单片机中断系统的结构

5.5.1 中断系统的结构

51 单片机中断系统的内部结构如图 5.11 所示。

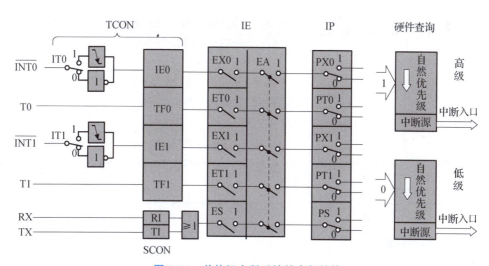

图 5.11 单片机中断系统的内部结构

由图 5.11 可知，中断系统主要包括以下各功能部件：

（1）与中断有关的寄存器有 4 个，分别为中断标志寄存器 TCON、串行口控制寄存器

SCON、中断允许控制寄存器 IE 和中断优先级控制寄存器 IP。

（2）中断源有 5 个，分别为外部中断 0 请求$\overline{INT0}$、外部中断 1 请求$\overline{INT1}$、T0 溢出中断请求 TF0、T1 溢出中断请求 TF1 和串行口中断请求 RI 或 TI。

（3）中断标志位分布在 TCON 和 SCON 两个寄存器中，当中断源向 CPU 申请中断时，相应中断标志由硬件置位。例如，当 T0 产生溢出时，T0 中断请求标志位 TF0 由硬件自动置位，向 CPU 请求中断处理。

（4）中断允许控制位分为中断允许总控制位 EA 与中断源控制位，它们集中在 IE 寄存器中，用于控制中断的开放和屏蔽。

（5）5 个中断源的排列顺序由中断优先级控制寄存器 IP 和自然优先级共同确定。

5.5.2 中断源

51 单片机中断系统有 5 个中断源，如表 5.14 所示。

表 5.14 单片机中断源

序号	中断源		说明
1	$\overline{INT0}$	外部中断 0 请求	由 P3.2 引脚输入，通过 IT0 位（TCON.0）来决定是低电平有效还是下降沿有效。一旦输入信号有效，即向 CPU 申请中断，并建立 IE0（TCON.1）中断标志
2	$\overline{INT1}$	外部中断 1 请求	由 P3.3 引脚输入，通过 IT1 位（TCON.2）来决定是低电平有效还是下降沿有效。一旦输入信号有效，即向 CPU 申请中断，并建立 IE1（TCON.3）中断标志
3	TF0	T0 溢出中断请求	当 T0 产生溢出时，T0 溢出中断标志位 TF0（TCON.5）置位（由硬件自动执行），请求中断处理
4	TF1	T1 溢出中断请求	当 T1 产生溢出时，T1 溢出中断标志位 TF1（TCON.7）置位（由硬件自动执行），请求中断处理
5	RI 或 TI	串行口中断请求	当接收或发送完一个串行帧时，内部串行口中断请求标志位 RI（SCON.0）或 TI（SCON.1）置位（由硬件自动执行），请求中断

5.5.3 中断请求标志

对应每个中断源有一个中断标志位，分别分布在中断标志寄存器 TCON 和串行口控制寄存器 SCON 中。其中断标志如表 5.15 所示。

表 5.15　单片机中断系统中的中断标志位

中断标志位		位名称	说明
TF1	T1 溢出中断标志	TCON.7	T1 被启动计数后，从初值开始加 1 计数，计满溢出后由硬件置位 TF1，同时向 CPU 发出中断请求，此标志一直保持到 CPU 响应中断后才由硬件自动清零。也可由软件查询该标志，并由软件清零
TF0	T0 溢出中断标志	TCON.5	T0 被启动计数后，从初值开始加计数，计满溢出后由硬件置位 TF0，同时向 CPU 发出中断请求，此标志一直保持到 CPU 响应中断后才由硬件自动清零。也可由软件查询该标志，并由软件清零
IE1	$\overline{INT1}$中断标志	TCON.3	IE1 = 1，外部中断 1 向 CPU 申请中断
IT1	$\overline{INT1}$中断触发方式控制位	TCON.2	当 IT1 = 0 时，外部中断 1 控制为低电平触发方式；当 IT1 = 1 时，外部中断 1 控制为边沿（下降沿）触发方式
IE0	$\overline{INT0}$中断标志	TCON.1	IE0 = 1，外部中断 0 向 CPU 申请中断
IT0	$\overline{INT0}$中断触发方式控制位	TCON.0	当 IT0 = 0 时，外部中断 0 控制为低电平触发方式；当 IT0 = 1 时，外部中断 0 控制为边沿（下降沿）触发方式
TI	串行发送中断标志	SCON.1	CPU 将数据写入发送缓冲器 SBUF 时，启动发送，每发送完一个串行帧，硬件都使 TI 置位；但 CPU 响应中断时并不自动清除 TI，必须由软件清除
RI	串行接收中断标志	SCON.0	当串行口允许接收时，每接收完一个串行帧，硬件都使 RI 置位；同样，CPU 在响应中断时不会自动清除 RI，必须由软件清除

当中断源需要向 CPU 申请中断时，相应中断标志位由硬件自动置 1。下面我们来讨论当 CPU 响应中断请求后，如何撤除这些中断标志请求。

对于 T0、T1 溢出中断和边沿触发的外部中断，CPU 在响应中断后即由硬件自动清除其中断标志位 TF0、TF1 或 IE0、IE1，不需要采取其他措施。

对于串行口中断，CPU 在响应中断后，硬件不能自动清除中断请求标志位 TI 或 RI，必须在中断服务程序中用软件将其清除。

对于电平触发的外部中断，其中断请求撤除方法较复杂，一般采用硬件和软件相结合的方式，这里不再赘述。

5.5.4　中断允许控制

51 单片机的 5 个中断源都是可屏蔽中断，中断系统内部设有一个专用寄存器 IE，用于控制 CPU 对各中断源的开放或屏蔽。IE 寄存器的格式如图 5.12 所示。

IE	D7	D6	D5	D4	D3	D2	D1	D0
(0xA8)	EA	×	×	ES	ET1	EX1	ET0	EX0

图 5.12　IE 寄存器的格式

各中断允许位的含义如表 5.16 所示。

表 5.16　51 单片机中断系统中断允许位的含义

中断允许位		位名称	说明
EA	总中断允许控制位	IE.7	EA = 1，开放所有中断，各中断源的允许和禁止可通过相应的中断允许位单独加以控制；EA = 0，禁止所有中断
ES	串行口中断允许位	IE.4	ES = 1，允许串行口中断；ES = 0，禁止串行口中断
ET1	T1 中断允许位	IE.3	ET1 = 1，允许 T1 中断；ET1 = 0，禁止 T1 中断
EX1	外部中断 1（$\overline{\text{INT1}}$）中断允许位	IE.2	EX1 = 1，允许外部中断 1 中断；EX1 = 0，禁止外部中断 1 中断
ET0	T0 中断允许位	IE.1	ET0 = 1，允许 T0 中断；ET0 = 0，禁止 T0 中断
EX0	外部中断 0（$\overline{\text{INT0}}$）中断允许位	IE.0	EX0 = 1，允许外部中断 0 中断；EX0 = 0，禁止外部中断 0 中断

5.5.5　中断优先级别

51 单片机有两个中断优先级：高优先级和低优先级。

每个中断源都可以通过设置中断优先级控制寄存器 IP 确定为高优先级中断或低优先级中断，实现二级嵌套。同一优先级别的中断源可能不止一个，因此，也需要进行优先权排队。同一优先级别的中断源采用自然优先级。

中断优先级控制寄存器 IP 用于锁存各中断源优先级控制位。IP 中的每一位均可由软件来置 1 或清零，1 表示高优先级，0 表示低优先级。其格式如图 5.13 所示。

IP	D7	D6	D5	D4	D3	D2	D1	D0
(0xB8)	×	×	×	PS	PT1	PX1	PT0	PX0

图 5.13　IP 中断优先级控制寄存器的格式

各中断优先级控制位的含义如表 5.17 所示。

表 5.17　单片机中断系统中断优先级控制位的含义

中断优先级控制位		位名称	说明
PS	串行口中断优先控制位	IP.4	PS = 1，设定串行口为高优先级中断； PS = 0，设定串行口为低优先级中断
PT1	定时器 T1 中断优先控制位	IP.3	PT1 = 1，设定定时器 T1 为高优先级中断； PT1 = 0，设定定时器 T1 为低优先级中断
PX1	外部中断 1 中断优先控制位	IP.2	PX1 = 1，设定外部中断 1 为高优先级中断； PX1 = 0，设定外部中断 1 为低优先级中断
PT0	T0 中断优先控制位	IP.1	PT0 = 1，设定定时器 T0 为高优先级中断； PT0 = 0，设定定时器 T0 为低优先级中断
PX0	外部中断 0 中断优先控制位	IP.0	PX0 = 1，设定外部中断 0 为高优先级中断； PX0 = 0，设定外部中断 0 为低优先级中断

当系统复位后，IP 低 5 位全部清零，所有中断源均设定为低优先级中断。

同一优先级的中断源将通过内部硬件查询逻辑，按自然优先级顺序确定其优先级别。自然优先级由硬件形成，排列如下：

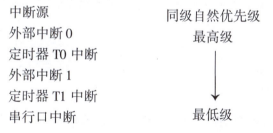

中断源　　　　　　　同级自然优先级
外部中断 0　　　　　　　最高级
定时器 T0 中断
外部中断 1
定时器 T1 中断
串行口中断　　　　　　　最低级

 5.6　**中断处理过程**

中断相关寄存器
及处理过程

中断处理过程包括中断响应和中断处理两个阶段。这里介绍 51 单片机的中断过程并对中断响应时间加以讨论。

5.6.1　中断响应条件

中断响应是指 CPU 对中断源中断请求的响应。CPU 并非任何时刻都能响应中断请求，而是在满足所有中断响应条件且不存在任何一种中断阻断情况时才会响应。

CPU 响应中断的条件是：①有中断源发出中断请求；②中断总允许位 EA 置 1；③申请中断的中断源允许位置 1。

CPU 响应中断的阻断情况有：①CPU 正在响应同级或更高优先级的中断；②当前指令未执行完；③正在执行中断返回或访问寄存器 IE 和 IP。

5.6.2 中断响应过程

中断响应过程就是自动调用并执行中断函数的过程。

C51 编译器支持在 C 源程序中直接以函数形式编写中断服务程序。中断函数的定义形式如下：

```
void 函数名()interrupt n
```

其中 n 为中断类型号，C51 编译器允许 0～31 个中断，n 的取值范围为 0～31。表 5.18 所示为 8051 控制器所提供的 5 个中断源所对应的中断类型号和中断服务程序的入口地址。

表 5.18 8051 控制器的中断源对应的中断类型号与入口地址

中断源	中断类型号	入口地址
外部中断 0	0	0x0003
定时/计数器 0	1	0x000b
外部中断 1	2	0x0013
定时/计数器 1	3	0x001b
串行口	4	0x0023

在上面任务中用到了定时器 T1 溢出中断，中断类型号为 3，该中断函数的结构如下：

```
Void timer_1()interrupt 3        //Interrupt 3 表示该函数为中断类型号 3 的中断函数
{
......
}
```

5.6.3 中断响应时间

中断响应时间是指从中断请求标志位置位到 CPU 开始执行中断服务程序的第一条语句所需要的时间。中断响应时间形成的过程比较复杂，下面分两种情况加以讨论。

1. 中断请求不被阻断的情况

以外部中断为例，CPU 在每个机器周期采样其输入引脚 INT0 或 INT1 端的电平，如果中断请求有效，则自动置位中断请求标志位 IE0 或 IE1，然后在下一个机器周期再对这些值进行查询。如果满足中断响应条件，则 CPU 响应中断请求，在下一个机器周期执行一条硬件长调用指令，使程序转入中断函数执行。该调用指令的执行时间是两个机器周期，因此，外部中断响应时间至少需要 3 个机器周期，这是最短的中断响应时间。一般来说，若系统中只有一个中断源，则中断响应时间为 3～8 个机器周期。

2. 中断请求被阻断的情况

如果系统不满足所有中断响应条件或者存在任何一种中断阻断情况，那么中断请求将被阻断，中断响应时间将会延长。

例如，一个同级或更高级的中断正在进行，则附加的等待时间取决于正在进行的中断服务程序的长度。如果正在执行的一条指令还没有进行到最后一个机器周期，则附加的等待时间为 1~3 个机器周期（因为一条指令的最长执行时间为 4 个机器周期）。如果正在执行的指令是返回指令或访问 IE 或 IP 的指令，则附加的等待时间在 5 个机器周期之内（最多用 1 个机器周期完成当前指令，再加上最多 4 个机器周期完成下一条指令）。

5.6.4 中断请求撤除

中断响应后，TCON 或 SCON 中的中断请求标志应及时清除。否则就意味着中断请求仍然存在，可能会造成中断的重复查询和响应，因此就存在一个中断请求的撤除问题。

1. 定时器中断请求的撤除

定时中断响应后，硬件自动把标志位 TF0（或 TF1）清零，因此定时中断的中断请求是自动撤除的，不需要用户干预。

2. 串行中断软件撤除

对于串行中断，CPU 响应中断后，没有用硬件清除它们的中断标志 R1、T1，必须在中断服务程序中用软件清除，以撤除其中断请求。

3. 外部中断请求的撤除

外部中断的撤除包括中断标志位 IE0（或 IE1）的清零和外部中断请求信号的撤除。其中 IE0（或 IE1）清零是在中断响应后由硬件电路自动完成的。剩下的只是外部中断引脚请求信号的撤除了。

5.7 小结

本项目从中断控制 LED 闪烁到数字钟控制系统，涉及单片机定时/计数器和中断技术的综合运用，重点训练了定时/计数器和中断的应用与编程方法；依托程序设计，循序渐进地训练了程序综合分析与调试能力。

本项目要掌握的重点内容如下：

（1）单片机定时器的工作方式；

（2）单片机中断的概念和结构；

（3）单片机中断程序的编写。

思考与练习题

一、单选题

1. 51 单片机串行口发送/接收中断源的工作过程是：当串行口接收或发送完一帧数据时，将 SCON 中的（　　），向 CPU 申请中断。

A. RI 或 TI 置 1　　　　　　　　　　　B. RI 或 TI 置 0

C. RI 置 1 或 TI 置 0　　　　　　　　　D. RI 置 0 或 TI 置 1

2. 当 CPU 响应定时器 T1 的中断请求后，程序计数器 PC 的内容是（　　）。

A. 0x0003　　　　　　　　　　　　　　B. 0x000b

C. 0x0013　　　　　　　　　　　　　　　D. 0x001b

3. 当 CPU 响应外部中断 0 的中断请求后，程序计数器 PC 的内容是（　　　）。

A. 0x0003　　　　　　　　　　　　　　　B. 0x000b

C. 0x0013　　　　　　　　　　　　　　　D. 0x001b

4. 51 单片机在同一级别里除串行口外，级别最低的中断源是（　　　）。

A. 外部中断 1　　　　　　　　　　　　　B. 定时器 T0

C. 定时器 T1　　　　　　　　　　　　　D. 串行口

5. 当外部中断 0 发出中断请求后，中断响应的条件是（　　　）。

A. ET0 = 1　　　　　　　　　　　　　　B. EX0 = 1

C. IE = 0x81　　　　　　　　　　　　　D. IE = 0x61

6. 51 单片机 CPU 关中断语句是（　　　）。

A. EA = 1;　　　　　　　　　　　　　　B. ES = 1;

C. EA = 0;　　　　　　　　　　　　　　D. EX0 = 1;

7. 在定时/计数器的计数初值计算中，若设最大计数值为 M，对于工作方式 1 下的 M 值为（　　　）。

A. $M = 2^{13} = 8\ 192$　　　　　　　　　B. $M = 2^8 = 256$

C. $M = 2^4 = 16$　　　　　　　　　　　D. $M = 2^{16} = 65\ 536$

二、填空题

1. 51 单片机的中断系统由（　　）、（　　）、（　　）的（　　）等寄存器组成。

2. 51 单片机的中断源有（　　）、（　　）、（　　）、（　　）和（　　）。

3. 如果定时器控制寄存器 TCON 中的 IT1 和 IT0 位为 0，则外部中断请求信号方式为（　　）。

4. 中断源中断请求撤销包括（　　）、（　　）和（　　）三种形式。

5. 外部中断 0 的中断类型号为（　　）。

三、简答题

1. 什么叫中断？中断有什么特点？

2. 51 单片机有哪几个中断源？如何设定它们的优先级？

3. 外部中断有哪两种触发方式？如何选择和设定？

4. 中断函数的定义形式是怎样的？

四、操作题

设计可控霓虹灯。系统包括 8 个发光二极管，在 P3.2 引脚连接一个按键，通过按键改变霓虹灯的显示方式。要求正常情况下 8 个霓虹灯依次顺序点亮、循环显示，时间间隔为 1 s。按键按下后 8 个霓虹灯同时亮灭一次，时间间隔为 0.5 s。按键动作采用外部中断 0 实现。

项目 6　单片机串行口通信设计

✍学习任务

　　单片机与计算机进行数据通信可以通过并行口实现，也可以通过串行口实现。通常，单片机与外围芯片（如存储器、I/O 口等）之间的通信采用并行通信方式；单片机与外部系统（如单片机、计算机等）之间的通信采用串行通信方式。本项目实现了单片机与计算机之间的双向串行通信，利用单片机的串行口连接单片机和计算机，使双方可以进行通信。要求学生通过学习本项目掌握单片机串行口的工作方式，以及单片机与单片机之间和单片机与计算机之间进行通信的方法。

✍学习目标

知识目标

1. 了解串行通信的基本知识；
2. 了解 RS–232C 接口；
3. 了解 MCS–51 系列单片机串行口的组成；
4. 掌握 MCS–51 系列单片机串行口的工作原理及应用方法；
5. 掌握 MCS–51 系列单片机串行口工作电路的分析与设计方法；
6. 掌握单片机与计算机串行口通信系统的设计方法。

能力目标

1. 能熟练编写单片机串行口通信的发送和接收数据的程序；
2. 能独立分析和解决硬件设计和软件设计中的问题；
3. 会设计串口控制 2 个 LED 数码管显示软硬件。

素养目标

1. 能利用团队力量完成任务，具备团队合作精神；
2. 能够根据任务，制订合理的实施计划；
3. 具备严谨细致的学习态度和科学精神；
4. 具备创新精神和实践能力。

✍思维导图

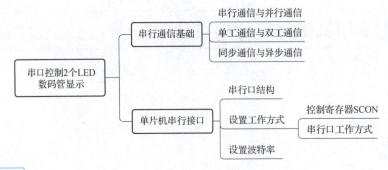

✍任务分析

6.1 串口控制 2 个 LED 数码管显示

串行通信的程序设计

6.1.1　目的与要求

采用串入并出移位寄存器 74LS164 实现单片机串行口的并行 I/O 口扩展，并编程实现 2 位数码管的显示程序，让读者熟悉采用串行口扩展并行 I/O 口的方法和应用。任务要求利用单片机串行口扩展并行 I/O 口电路，驱动 2 个数码管，并编写控制程序，使每片 74LS164 所连接的数码管显示给定的内容。

6.1.2　电路与元器件

利用单片机串行口扩展并行 I/O 口控制 2 位数码管显示的硬件电路如图 6.1 所示。利用单片机的串行口与 2 片 74LS164 连接，扩展 8×2 根输出口线，每 8 根输出口线为一组与数码管的段码控制端相连，共阳极数码管的公共端连接到 +5 V 电源上。当 74LS164 的并行输出端输出低电平时，相应端口所接数码管的字段便被点亮。

串口控制 2 个 LED 数码管显示系统电路的元器件清单如表 6.1 所示。

对电路中的主要器件介绍如下：

74LS164 移位寄存器如图 6.2 所示，是一种 8 位边沿触发式移位寄存器，串行输入数据，然后并行输出。数据通过 2 个输入端（DSA 或 DSB）之一串行输入；任一输入端可以用作高电平使能端，控制另一输入端的数据输入。2 个输入端或者连接在一起，或者把不用的输入端接高电平，一定不能悬空。该 8 位移位寄存器具有与门使能控制串口输入和一个异步复位输入的特点。使能控制输入端能控制不需要的输入数据信号使其为低电平。当复位信号为低电平时，不管其他信号为何状态，其输出均为低电平；复位信号为高电平时，寄存器从第一位开始在每个时钟信号的上升沿对输入数据依次移位存储。

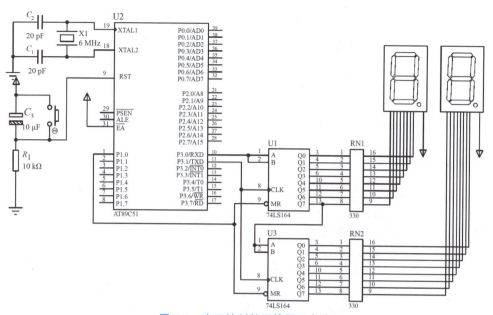

图 6.1　串口控制数码管显示电路

表 6.1　串口控制两个 LED 数码管显示的元器件清单

元器件名称	参数	数量	元器件名称	参数	数量
单片机	DIP40 封装的 51 单片机	1	弹性按键		1
晶体振荡器	6 MHz	1	电阻	330 Ω	16
瓷片电容	20 pF	2	LED 数码管	共阳极	2
电解电容	10 μF	1	移位寄存器	74LS164	2

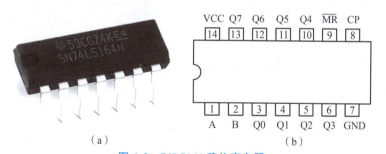

（a）　　　　　　　　　　　　　　（b）

图 6.2　74LS164 移位寄存器

（a）外形；（b）引脚

74LS164 移位寄存器的工作条件如表 6.2 所示。

表 6.2　74LS164 移位寄存器的工作条件

符号	参数	最小值	典型值	最大值	单位
VCC	电源电压	4.75	5	5.25	V
VIH	输入高电平电压	2	—	—	V

续表

符号	参数		最小值	典型值	最大值	单位
VIL	输入低电平电压		—	—	0.8	V
IOH	输出高电平电流		—	—	− 0.4	mA
IOL	输出低电平电流		—	—	8	mA
fCLK	时钟频率		0	—	25	MHz
tW	脉冲宽度	时钟	20	—	—	ns
		清除	20	—	—	
tSU	数据设置时间		17	—	—	ns
tH	数据保持时间		5	—	—	ns
tREL	建立时间		30	—	—	ns
TA	工作温度		0	—	70	℃

74LS164 移位寄存器的电气特性如表 6.3 所示。

表 6.3　74LS164 移位寄存器的电气特性

符号	参数	测试条件	最小值	典型值	最大值	单位
VI	输入钳位电压	VCC = Min, II = − 18 mA	—	—	− 1.5	V
VOH	输出高电平电压	VCC = Min, IOH = Max VIL = Max, VIH = Min	2.7	3.4	—	V
VOL	输出低电平电压	VCC = Min, IOL = Max VIL = Max, VIH = Min		0.35	0.5	V
		IOL = 4 mA, VCC = Min		0.25	0.4	
II	最大输入电压时 输入电流	VCC = Max, VI = 7 V	—	—	0.1	mA
IIH	输入高电平电流	VCC = Max, VI = 2.7 V	—	—	20	μA
IIL	输入低电平电流	VCC = Max, VI = 0.4 V	—	—	− 0.4	mA
IOS	输出短路电流	VCC = Max(Note 4)	− 20	—	− 100	mA
ICC	电源电流	VCC = Max(Note 5)	—	16	27	mA

6.1.3　硬件电路板制作

在面包板上按照电路图连接好元器件，完成电路板的制作。图 6.3 所示为连接好的串口控制 2 个 LED 显示电路板。

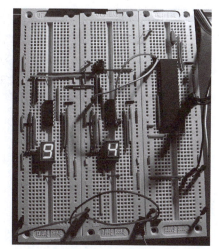

图 6.3 连接好的串口控制 2 个 LED 显示电路板

> **小提示**
>
> 74LS164 移位寄存器无并行输出控制端,在串行输入过程中,其输出端的状态会不断变化,故在某些使用场合,在 74LS164 移位寄存器与输出装置之间,还应加上输出可控的缓冲级(如 74LS244),以便串行输入过程结束后再输出。另外,由于 74LS164 移位寄存器在低电平输出时,允许通过的电流可达 8 mA,故不需再加驱动电路。

6.1.4 源程序

必须在单片机芯片的内部存储器中烧录预先编写好的控制程序,才能看到 LED 数码管的显示效果。

具体源程序如下所示:

```c
//程序:ex6_7.c
//程序功能:实现在数码管上显示数字 0~9 的功能
#include "reg51.h" //包含头文件 reg51.h,定义 51 单片机的专用寄存器
unsigned char da[ ] ={0xc0,0xf9,0xa4,0xb0,0x99,0x92,0x82,0x0f8,0x80,0x90};
                      //定义 0~9 的共阳极字型显示码
void delay (unsigned int i);    //延时函数声明
main()
{
        unsigned char i;
        P1 =0xff;                  //P1.0 置 1,允许串行移位
        SCON =0x00;                //设串行口方式 0
        while(1){
         for (i =0;i <8;i ++)
                    {
                       SBUF =da[i];   //发送显示数据
                       TI =0;
          while(!TI);                 //等待发送完毕
```

```
                delay(2000);
                         }

          }

}
//函数名:delay
//函数功能:实现软件延时
//形式参数:无符号整型变量i,控制空循环的循环次数
//返回值:无
void     delay(unsigned int i) //延时函数
{
   unsigned int k;
           for(k=0;k<i;k++);
}
```

6.1.5　程序下载

将二进制文件下载到单片机中的方法有很多,例如可以选用具有 ISP 功能的单片机,如 AT89S51、宏晶单片机等。宏晶单片机不仅具有 ISP 下载功能,还具有串口下载功能,使用起来非常方便。

6.1.6　任务梳理

根据单片机开发流程,对任务串口控制 2 个数码管显示进行梳理总结,并填写表6.4。

表6.4　任务单

任务名称	串口控制 2 个数码管显示		
任务描述			
小组名称		组长	
组员			
序号	人员	负责内容	完成情况
知识准备	1. 串行通信的基本概念。 ――――――――――――――――― 2. 单片机串行口的结构和工作方式。 ――――――――――――――――― 		

续表

知识准备	3. 单片机串行口波特率设置。
	4. 74LS164 移位寄存器的工作原理。
	5. 串口控制数码管显示程序编写。
	6. 单片机应用系统的开发过程。
电路图	

续表

| 程序 | ```
#include "reg51.h" //包含头文件 reg51.h,定义 51 单片机的专用寄存器
unsigned char
_____; //定义 0~9 的共阳极字型显示码
_____; //延时函数声明
main()
{
    unsigned char i;
_____;//P1.0 置 1,允许串行移位
_____;//设串行口方式 0
    while(1)
    {
      for（i=0;i<8;i++)
                {
_____;//发送显示数据
                T1 = 0;
_____;//等待发送完毕
      delay(2000);
                }
    }
}
void    delay(unsigned int i)      //延时函数
{
    unsigned int k;
    for(k=0;k<i;k++);
}
``` |
|---|---|
| 编程调试的过程中存在的问题及解决方法 | |

6.1.7 任务评价

1. 任务验收

根据项目要求和电气控制工艺规范，进行任务验收，并填写表6.5。

表6.5 项目验收报告

项目名称			组名	
项目概况				
序号	验收项目	验收记录	存在问题	完成时间
1	硬件电路检查			
```

续表

序号	验收项目	验收记录	存在问题	完成时间
2	软件程序检查			
3	电气元件布局规范性检查			
4	功能检查			
5	技术文档检查			
6	其他			
预验收结论：			签字： 时间：	

2. 展示评价

各组展示作品，介绍任务完成过程，制作过程视频，运行结果视频，整理技术文档并提交汇报材料，进行小组自评、组间互评、教师评价，完成考核评价表，如表6.6所示。

表6.6　考核评价表

序号	评价项目	评价内容	分值	自评 20%	互评 20%	师评 60%	合计
1	职业素养	分工合理，制订计划能力强					
		能够采用多种信息化手段解决问题					
		主动性强，保质保量完成任务					
		遵守行业规范、现场"6S"标准					
		具备团队合作、交流沟通分享的能力					
2	专业能力	电路图设计正确					
		程序设计合理					
		调试结果正确					
		技术总结文档完整					
		汇报思路清晰、表达清楚					
3	创新能力	创新性思维和实现效果					
		拓展任务完成情况					

6.1.8　任务小结

本任务完成的功能是通过串行口对 2 片 8 位串入并出移位寄存器 74LS164 写入数据，然后再逐一送到输出端口，控制数码管显示。如果直接采用单片机的并行 I/O 口资源控制 2 个数码管，则需占用单片机至少 16 位并行 I/O 口，而采用串行口进行并行 I/O 口扩展，则只需 2 位 I/O 口资源。

由此可见，在实时性要求不高的场合下，这种采用串行口扩展并行 I/O 口的方法，可有效减少单片机 I/O 口的资源开销。

6.2　单片机双机通信设计

6.2.1　目的与要求

本任务是将距离较近的两个单片机的串行口直接相连，实现双机通信，为了增加通信距离，减小通道和电源干扰，可以在通信线路上利用 RS – 232C 接口等标准接口进行双机通信。通过本任务的设计与制作，读者可以理解串行通信与并行通信两种通信方式的异同；掌握串行通信的重要指标：字符帧和波特率；了解 51 单片机串行通信接口的使用方法。

6.2.2　电路与元器件

单片机双机通信控制系统硬件电路如图 6.4 所示。甲机的 RXD（P3.0，串行数据接收端）引脚连接乙机的 TXD（P3.1，串行数据发送端）引脚，甲机的 TXD 引脚连接乙机的 RXD 引脚。值得注意的是，两个系统必须共地。

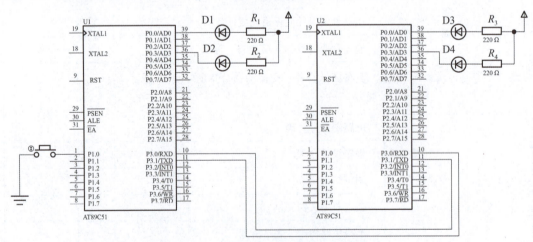

图 6.4　单片机双机通信控制系统硬件电路

图 6.4 中 U1 是甲机，其 P1.0 口连接一个接地的轻触按键，P0.0 口和 P0.3 口分别控制 2 个 LED。U2 是乙机，其 P0.0 口和 P0.3 口分别控制 2 个 LED。

按照任务要求和任务分析，需要 2 个 AT89C51 单片机，甲机连接一个轻触按键和 2 个 LED，乙机连接 2 个 LED，所要用到的元器件清单如表 6.7 所示。

表 6.7　双机通信设计元器件清单

元器件名称	参数	数量	元器件名称	参数	数量
单片机	DIP40 封装的 51 单片机	1	弹性按键		1
晶体振荡器	11.059 2 MHz	1	电阻	1 kΩ	2
瓷片电容	30 pF	2	电阻	220 Ω	4
电解电容	22 μF	1	发光二极管	LED – YELLOW	4

由于甲机和乙机的距离很近，或者就在同一块电路板上，所以可以将甲机的通信线直接与乙机的相连。本任务的主要元器件是 AT89C51。为了检验通信是否成功，我们要用甲机的按键控制乙机的 LED 点亮。

任务的具体要求如下：甲机发送数据，乙机接收数据，甲机的 K1 通过串行口发送信息控制乙机的 D3 和 D4 闪烁。

（1）第一次按下 K1，甲机发送字符"A"，甲机的 D1 和乙机的 D3 都闪烁。

（2）第二次按下 K1，甲机发送字符"B"，甲机的 D2 和乙机的 D4 都闪烁。

（3）第三次按下 K1，甲机发送字符"C"，甲机的 D1、D2 和乙机的 D3、D4 都闪烁。

（4）第四次按下 K1，甲机停止发送，甲机的 D1、D2 和乙机的 D3、D4 都熄灭。

6.2.3　硬件电路板制作

在面包板上按照电路图连接好元器件，完成电路板的制作。图 6.5 所示为连接好的电路板。

图 6.5　连接好的单片机双机通信电路板

小提示

在单片机串行通信接口设计中，建议使用频率为 11.059 2 MHz 的晶体振荡器，可以计算出比较精确的波特率。尤其在单片机与 PC 的通信中，必须使用 11.059 2 MHz 的晶体振荡器。

6.2.4 源程序

必须在单片机芯片的内部存储器中烧录预先编写好的控制程序，才能看到单片机双机通信下的 LED 闪烁效果。双机通信的软件程序由甲机发送数据的源程序和乙机接收数据的源程序组成。

甲机发送数据的源程序如下：

```c
# include < reg51.h >
# define uchar unsigned char
# define uint unsigned int
sbit K1 = P1^0;
sbit D1 = P0^0;
sbit D2 = P0^3;
//延时 1 ms 子程序
void Delay ( uint x )
{
    uchar i;
    while ( x -- )
    for ( i = 0; i < 120; i ++);
}
//甲机串行口发送字符
void putc _ to _ SerialPort ( uchar c )
{
    SBUF = c;
    while ( TI == 0);
    TI = 0;
}
//主程序
void main ( )
{
    uchar Operation _ NO = 0;
    SCON = 0x40;              //串行口工作方式1
    TMOD = 0x20;             //T1 工作方式2
    PCON = 0x00;
    TH1 = 0xfd;              //波特率为 9 600 bit/s
    TL1 = 0xfd;
    TI = 0;
    TR1 = 1;
    while (1)
    {
        if ( K1 == 0 )
        {
            while ( K1 == 0);
```

```
            Operation_NO =( Operation_NO +1)%4;
        }
    switch ( Operation_NO )
    {
            case 0:D1 = D2 =1; break ;
            case 1 : putc _ to _ SerialPort ('A ');
                    Dl = ~D1;
                    D2 =1;
                    break ;
            case2:putc _ to _ SerialPort ('B ');
                    D2 =~ D2;
                    D1 =1;
                    break ;
                    case 3 : putc_to_SerialPort ('C ');
                    D1 =~ D1;
                    D2 =~ D2;
                    break ;
        }
    Delay (100);
    }
}
```

甲机串行口发送字符的程序编写在 putc_to_SerialPort 函数中，把字符"C"送至 SBUF，等待 TI 置 1，一个字节发送完成后由硬件将 TI 置 1，之后将 TI 清零。主程序首先完成甲机串行口工作方式和 T1 工作方式的初始化，TI 清零，开启 TI，由于要求的 4 种类型的操作是要能反复执行的，所以放入 while 无限循环中。K1 一旦为 0，表明按键按下，检测 Operation_NO 的值是几，按键就是第几次按下。Operation_NO 初始化为 0，按键第一次按下时 Operation_NO 为 1，执行第一种操作：调用 putc_to_SerialPort 函数，串行口发送 'A' 字符，甲机的 D1 闪烁，D2 熄灭。Operation_NO 为 2，执行第二种操作：调用 putc_to_SerialPort 函数，串行口发送 'B' 字符，甲机的 D2 闪烁，D1 熄灭。Operation_NO 为 3，执行第三种操作：调用 putc_to_SerialPort 函数，串行口发送 'C' 字符，甲机的 D1 和 D2 都闪烁。Operation_NO 为 0，执行第四种操作：甲机的 D1 和 D2 都熄灭。要求甲机的 LED 的设置与乙机的一致，是为了检验甲机的发送数据和乙机的接收数据是否正确。

乙机接收数据的源程序如下：

```
# include <reg51.h >
# define uchar unsigned char
# define uint unsigned int
sbit Dl = P0^0;
sbit D2 = P0^3;
//延时 1 ms 子程序
void Delay ( uintx )
{
    uchar i ;
```

```
while ( x -- )
for ( i = 0; i < 120; i ++);
//主程序
void main ( )
{
        SCON = 0x50;
        TMOD = 0x20;
        PCON = 0x00;
        TH1 = 0xfd;                   //波特率为 9 600 bit /s
        TL1 = 0xfd;
        RI = 0;
        TR1 = 1;
        D1 = D2 = 1;
        while (1)
        {
            if ( RI )
            {
                RI = 0;
                Switch ( SBUF )
                {   case ' A ':D1 = ~ D1;
                              D2 = 1;
                              break;
                    case ' B ':D2 = ~ D2;
                              D1 = 1;
                              break;
                    case' C ':D1 = ~ D1;
                              D2 = ~ D2;
                              break ;
                }
            }
            else D1 = D2 = 1;
            Delay (100);
        }
}
```

　　乙机在本任务中的作用是接收数据。主程序首先对乙机的串行口工作方式和 T1 工作方式进行初始化，RI 清零，开启 T1，先将乙机的 D3 和 D4 熄灭。查询到 RI 为 1 表明接收完一字节数据，将 RI 清零，检查 SBUF 接收的数据是什么，若为 'A'，则乙机的 D3 闪烁，D4 熄灭；若为 'B'，则乙机的 D4 闪烁，D3 熄灭：若为 'C'，则乙机的 D3 和 D4 都闪烁；若串行口没有接收到数据，则 D3 和 D4 熄灭。可见如果操作 K1，乙机的 D3 和 D4 与甲机 D1 和 D2 工作情况一致，则表明乙机通过串行口正确地接收到了甲机发送的数据，两机通信成功。

6.2.5 程序下载

将甲机发送数据源程序编译成甲机.hex文件下载到甲实验板的单片机中,将乙机接收数据源程序编译成乙机.hex文件下载到乙实验板的单片机中,两机同时通电,按任务要求检验是否通信成功。

6.2.6 任务梳理

根据单片机开发流程,对任务单片机双机通信设计进行梳理总结,并填写表6.8。

表6.8 任务单

任务名称	单片机双机通信设计		
任务描述			
小组名称		组长	
组员			
序号	人员	负责内容	完成情况
知识准备	1. 单片机双机通信电路连接。 2. 单片机串行口的工作方式。 3. 单片机串行口波特率设置计算。 4. 单片机双机通信程序编写。 		

续表

知识准备	5. 单片机应用系统的开发过程。 _____ _____ _____
电路图	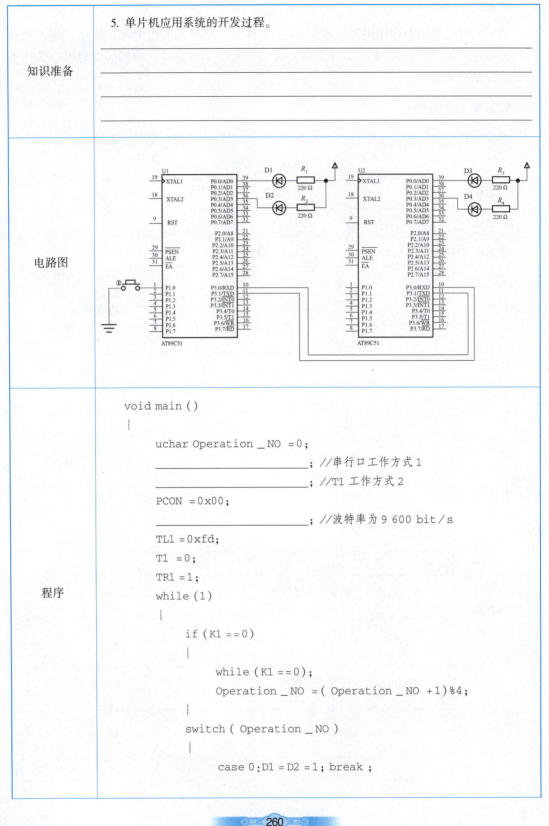
| 程序 | ```c
void main ()
  {
      uchar Operation _NO =0;
      _____ ; //串行口工作方式1
      _____ ; //T1工作方式2
      PCON =0x00;
      _____ ; //波特率为9 600 bit/s
      TL1 =0xfd;
      T1 =0;
      TR1 =1;
      while (1)
      {
          if (K1 ==0)
          {
              while (K1 ==0);
              Operation _NO =( Operation _NO +1)%4;
          }
          switch ( Operation _NO )
          {
              case 0:D1 =D2 =1; break ;
``` |
```

续表

| 程序 | ```
        case 1:_____;//串行口发送'A'字符
               _____;//甲机的 D1 闪烁
               _____;//D2 熄灭
        break;
        case2:_____;//串行口发送'B'字符
               _____;//甲机的 D2 闪烁
               _____;//D1 熄灭
        break;
        case 3:_____;//串行口发送'C'字符
               _____;//甲机的 D1 闪烁
               _____;//甲机的 D2 闪烁
        break;
      }
   Delay(100);
     }
  }
``` |
|---|---|
| 编程调试的过程中存在的问题及解决方法 | |

6.2.7 任务评价

1. 任务验收

根据项目要求和电气控制工艺规范，进行任务验收，并填写表 6.9。

表 6.9 项目验收报告

项目名称			组名	
项目概况				
序号	验收项目	验收记录	存在问题	完成时间
1	硬件电路检查			
2	软件程序检查			
3	电气元件布局规范性检查			
4	功能检查			
5	技术文档检查			
6	其他			
```

预验收结论：
签字： 时间：

2. 展示评价

各组展示作品，介绍任务完成过程，制作过程视频，运行结果视频，整理技术文档并提交汇报材料，进行小组自评、组间互评、教师评价，完成考核评价表，如表 6.10 所示。

表 6.10　考核评价表

序号	评价项目	评价内容	分值	自评 20%	互评 20%	师评 60%	合计
1	职业素养	分工合理，制订计划能力强					
		能够采用多种信息化手段解决问题					
		主动性强，保质保量完成任务					
		遵守行业规范、现场"6S"标准					
		具备团队合作、交流沟通分享的能力					
2	专业能力	电路图设计正确					
		程序设计合理					
		调试结果正确					
		技术总结文档完整					
		汇报思路清晰、表达清楚					
3	创新能力	创新性思维和实现效果					
		拓展任务完成情况					

6.2.8　任务小结

单片机内部的数据向外传送（例如从甲机传送给乙机）时，不可能 8 位数据同时进行，在一个时刻只可能传送一位数据（例如，从甲机的发送端 TXD 传送一位数据到乙机的接收端 RXD），8 位数据依次在一根数据线上传送，这种通信方式称为串行通信。它与前面介绍的数据传送方式不同，单片机向外传送其内部的数据时，采用 8 位数据同时传送，这种通信方式称为并行通信。通过分析程序还可以看出，通信双方都必须在通信之前设置工作方式和波特率。波特率用于定义串行通信的数据传输速度，而工作方式用于确定串行通信的帧格式。

6.3　单片机与计算机通信设计

6.3.1　目的与要求

计算机系统内部装有异步通信适配器，该适配器的核心元器件是可编程的 Intel8250 芯片，能够与具有 RS-232C 接口、RS-422 接口、RS-485 接口等标准接口的计算机或设备进行通信。MCS-51 系列单片机本身具有全双工的串行口，再配以电平转换电路就可以与计算机组成 1 个简单可行的通信系统，前面已对此进行了介绍。通常计算机工作于查询方式，而 MCS-51 系列单片机既可以工作于查询方式，又可以工作于中断方式。

将实验板的串行口与计算机连接好，打开计算机上的 STC-ISP（V6.85H）串行口调试助手。将通过计算机键盘输入的 1 个字符发送给单片机，单片机接收到计算机发来的字符后，回送同一字符给计算机，并在计算机屏幕上显示出来。只要计算机屏幕上显示的字符与键入的字符相同，就表明计算机与单片机之间通信正常。

6.3.2　电路与器件

实现 MCS-51 系列单片机与计算机的通信，需要准备一个 MCS-51 系列单片机、一台计算机和一根 RS-232C 串行通信线。单片机与计算机的串行口通信电路如图 6.6 所示。

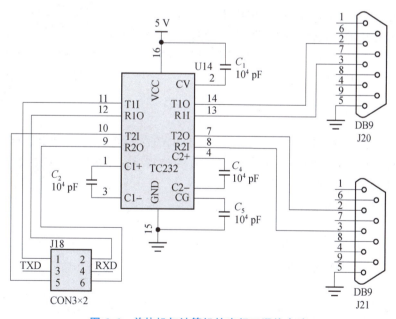

图 6.6　单片机与计算机的串行口通信电路

单片机的串行口采用工作方式1，采用22.118 4 MHz的晶振。单片机在本任务中既要发送数据又要接收数据，所以 REN = 1，T1 用作波特率发生器工作于方式 2，由于其波特率为 9 600 bit/s，所以其初值 TH1 = TL1 = 0xfa(250)。

单片机与计算机通信电路的元器件清单如表 6.11 所示。

表 6.11   单片机与计算机通信电路的元器件清单

元器件名称	参数	数量	元器件名称	参数	数量
单片机	DIP40 封装的 51 单片机	1	弹性按键		1
晶体振荡器	22.118 4 MHz	1	电阻	1 kΩ	2
瓷片电容	10^4 μF	4	串行接口	TC232	1
电解电容	22 μF	1			

6.3.3   硬件电路板制作

在实验板上，单片机采用 STC89C52，计算机上要求安装 STC – ISP(V6.85H) 串行口调试助手，以便与单片机进行通信。单片机与计算机通信的硬件电路板如图 6.7 所示。

将实验板的串行口与计算机连接好，在计算机上打开 STC – ISP(V6.85H) 通信界面右边的"串口助手"选项卡，对"串口""波特率""校验位""停止位"进行设置，通常分别选择"COM1""9 600""无校验""1 位"，如果想以十六进制数的形式发送和显示，就将"HEX 模式"单选按钮选中，如果想以文本的形式直接发送和显示，就将"文本模式"单选按钮选中。

图 6.7   单片机与计算机机通信的硬件电路板

6.3.4   源程序

在进行单片机与计算机通信设计时，计算机上的程序就用 STC – ISP（V6.85H）串行口调试助手中的成熟程序即可，而对于单片机，我们要给 STC89C52 编写接收计算机发送过来的数据和发送数据到计算机的程序。

STC89C52 串行口通信源程序如下：

```
#include <AT89X51.h>
#define uchar unsigned char
#define uint unsigned int
unsigned char a
bit flag = 0;
char str[14] = "I receive !";
//T1 及串行口初始化子程序
```

```
void init()
{
    TMOD = 0x20;            //T1 工作于方式 2
    TH1 = 0xfa;
    TL1 = 0xfa;
    TR1 = 1;               //开启 T1
    SM0 = 0;               //串行口工作于方式 1
    SM1 = 1;
    REN = 1;               //允许串行口接收
    EA = 1;                //开启总中断
    ES = 1;                //开启串行口中断
    RI = 0;
}
//串行口发送数据子程序
void send()
{
    int i;
    ES - 0;
    str[11] = a;
    for(i = 0;i < 14;i ++)
    {
        SBUF = str[i];
        while(! TI);
        TI = 0;
    }
    Flag = 0;
    ES = 1;
}
//串行口接收数据子程序
void receive() interrupt 4
{
    a = SBUF;
    RI = 0;
    flag = 1;
}
//主程序
void main()
{
    init();
    while(1)
    {
        if(flag == 1)
        send();
```

```
    }
  }
```

程序首先定义了全局变量 a 和 flag 及数组 str[14]，对 T1 和串行口的初始化由函数 init() 完成，接收由计算机发送来的数据由函数 receive() 完成，将接收到的数据再次发送给计算机由函数 send() 完成。程序从主程序开始执行，先调用 T1 及串行口初始化子程序，设置好 T1 和串行口的工作方式及初值，开启 T1，开启串行口中断，将 RI 清零。只要计算机向单片机的 RXD 端发送了数据，在接收完一个字符之后 RI 就会自动置 1，同时触发串行口中断，进入串行口接收数据子程序，将 SBUF 接收的数据赋给 a，将 RI 清零，将 flag 置 1。主程序中只要 flag 为 1，就表明接收完一个字符，调用函数 send()，此时暂时将串行口中断关闭，将接收到的数据（放在 a 中）赋给数组元素 str[11]，也就是将接收到的字符放入字符串 "I receive !" 的空格处，如计算机发送的是字符 y，则此时字符数组 str[14] 中会装入 "I receive 'y'!" 字符串。将此字符串逐字送给 SBUF，从单片机的 TXD 端发送给计算机，每发送完一个字符便将 TI 清零，之后再次开启串行口中断等待下一次接收数据，同时将 flag 清零。这样，我们可以在串行口调试助手中发送字符，然后会在串行口调试助手中接收到实验板单片机回送的字符。

6.3.5 程序下载

将编写好的单片机与计算机通信的源程序编译成 *.hex 文件后下载到实验板中，用串行口线连接好实验板和计算机就可以进行调试了。设置好串行口调试助手中的参数，在发送缓冲区输入字符 "y"，则数据送至实验板单片机之后，单片机将接收到的数据又回送给计算机，在接收缓冲区显示 "I receive 'y'!"。这样就说明单片机与计算机之间的通信成功。

6.3.6 任务梳理

根据单片机开发流程，对任务单片机与计算机通信设计梳理总结，并填写表 6.12。

表 6.12 任务单

任务名称		单片机与计算机通信设计		
任务描述				
小组名称			组长	
组员				
序号	人员	负责内容		完成情况

续表

知识准备	1. STC – ISP(V6.85H) 串行口调试助手的使用方法。
	2. 单片机串行口的工作方式。
	3. 单片机串行口波特率设置计算。
	4. 单片机与计算机通信程序编写。
	5. 单片机应用系统的开发过程。
电路图	

续表

程序	```void init()
	{
	    _____;//T1 工作于方式 2
	    TH1 = 0xfa;
	    TL1 = 0xfa;
	    _____;//开启 T1
	    _____;//串行口工作于方式 1
	    SM1 = 1;
	    _____;//允许串行口接收
	    _____;//开启总中断
	    _____;//开启串行口中断
	    R1 = 0;
	}```

编程调试的过程中存在的问题及解决方法	

6.3.7 任务评价

1. 任务验收

根据项目要求和电气控制工艺规范，进行任务验收，并填写表 6.13。

表 6.13 项目验收报告

项目名称			组名	
项目概况				
序号	验收项目	验收记录	存在问题	完成时间
1	硬件电路检查			
2	软件程序检查			
3	电气元件布局规范性检查			
4	功能检查			
5	技术文档检查			
6	其他			

续表

预验收结论：

签字：
时间：

2. 展示评价

各组展示作品，介绍任务完成过程，制作过程视频，运行结果视频，整理技术文档并提交汇报材料，进行小组自评、组间互评、教师评价，完成考核评价表，如表6.14所示。

表6.14 考核评价表

序号	评价项目	评价内容	分值	自评20%	互评20%	师评60%	合计
1	职业素养	分工合理，制订计划能力强					
		能够采用多种信息化手段解决问题					
		主动性强，保质保量完成任务					
		遵守行业规范、现场"6S"标准					
		具备团队合作、交流沟通分享的能力					
2	专业能力	电路图设计正确					
		程序设计合理					
		调试结果正确					
		技术总结文档完整					
		汇报思路清晰、表达清楚					
3	创新能力	创新性思维和实现效果					
		拓展任务完成情况					

6.3.8 任务小结

通过计算机与基于51单片机的数据终端的通信程序调试，读者了解了计算机和单片机进行串口通信的电路设计和控制程序设计方法，尤其是串行通信软硬件调试方法。

6.4　串行通信基础

串行通信的介绍　串行通信的介绍

6.4.1　串行通信与并行通信

在计算机系统中，通信是指部件之间的数字信号传输，通常有两种方式：并行通信和串行通信。并行通信，即数据的各位同时传送；串行通信，即数据一位一位地顺序传送。图 6.8 所示为这两种通信方式的电路连接示意图。表 6.15 对两种通信方式进行了比较。

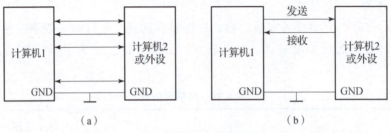

（a）　　　　　　　　　　　　　　　（b）

图 6.8　两种通信方式的电路连接示意图

（a）并行通信；（b）串行通信

表 6.15　并行通信与串行通信的比较

比较项	并行通信	串行通信
数据传送特点	数据的各位同时传送	数据一位一位地顺序传送
传输速度	快	慢
通信成本	高，传输线多	低，传输线少
使用场合	不支持远距离通信，主要用于近距离通信，如计算机内部的总线结构，即 CPU 与内部寄存器及接口之间就采用并行传输	支持长距离传输，计算机网络中所使用的传输方式均为串行传输，单片机与外设之间大多使用各类串行接口，包括 UART、USB、I^2C、SPI 等

6.4.2　单工通信与双工通信

按照数据传送方向，串行通信可分为单工（simplex）、半双工（half duplex）和全双工（full duplex）三种制式。图 6.9 所示为三种制式的示意图。

在单工制式下，通信方只具备发送器，另一方则只具备接收器，数据只能按照一个固定的方向传送，如图 6.9（a）所示。

在半双工制式下，通信双方都备有发送器和接收器，但同一时刻只能有一方发送，另一方接收；两个方向上的数据传送不能同时进行，其收发开关一般是由软件控制的电子开关，如图 6.9（b）所示。

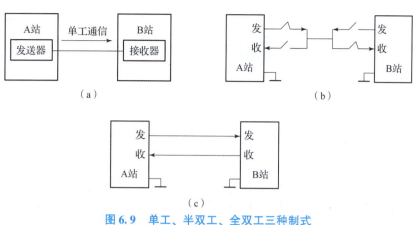

图 6.9　单工、半双工、全双工三种制式

（a）单工；（b）半双工；（c）全双工

在全双工通信制式下，通信双方都备有发送器和接收器，可以同时发送和接收，即数据可以在两个方向上同时传送，如图 6.9（c）所示。

6.4.3　异步通信与同步通信

按照串行数据的时钟控制方式，串行通信可分为异步通信和同步通信两类。

1. 异步通信

在异步通信中，数据通常是以字符为单位组成字符帧传送的。字符帧由发送端一帧一帧地发送，每一帧数据是低位在前、高位在后，通过传输线由接收端一帧一帧地接收。发送端和接收端分别使用各自独立的时钟来控制数据的发送和接收，这两个时钟彼此独立，互不同步。

异步通信的好处是通信设备简单、便宜，但由于要传输其字符帧中的开始位和停止位，因此异步通信的开销所占比例较大，传输效率较低。异步通信有两个比较重要的指标：字符帧格式和波特率。

2. 同步通信

同步通信是一种连续串行传送数据的通信方式，一次通信只传输一帧信息。这里的信息帧和异步通信的字符帧不同，通常有若干个数据字符，如图 6.10 所示。图 6.10（a）为单同步字符帧格式，图 6.10（b）为双同步字符帧格式，它们均由同步字符、数据字符和校验字符 CRC 三部分组成。在同步通信中，同步字符可以采用统一的标准格式，也可以由用户约定。同步通信的特点是要求发送时钟和接收时钟保持严格的同步。

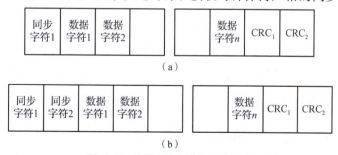

图 6.10　同步通信的字符帧格式

（a）单同步字符帧格式；（b）双同步字符帧格式

6.5　单片机串行接口

6.5.1　串行接口结构

51 单片机内部集成了 1 ~ 2 个可编程通用异步串行通信接口（Universal Asynchronous Receiver/Transmitter，UART），采用全双工制式，可以同时进行数据的接收和发送，也可用作同步移位寄存器。该串行通信接口有 4 种工作方式，可以通过软件编程设置为 8 位、10 位和 11 位的帧格式，并能设置各种波特率。

51 单片机的异步串行通信接口内部结构如图 6.11 所示，主要由串行口数据缓冲器 SBUF、串行口控制寄存器 SCON 和波特率发生器构成，外部引脚有串行数据接收端 RXD（P3.0）和串行数据发送端 TXD（P3.1）。

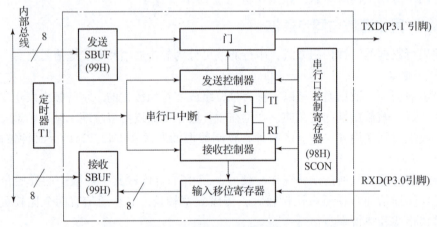

图 6.11　51 单片机异步串行通信接口内部结构

串行口数据缓冲器 SBUF 用于存放发送/接收的数据；串行口控制寄存器 SCON 用于控制串行口的工作方式、表示串行口的工作状态；波特率发生器由定时器 T1 构成，波特率与单片机晶振频率、定时器 T1 初值、串行口工作方式以及波特率选择位 SMOD 有关。

基于两个单片机设备的相互通信称为双机通信。51 单片机通过串行接口完成双机通信的硬件电路如图 6.4 所示，甲方（乙方）发送端 TXD 与乙方（甲方）接收端 RXD 相连，同时双方共地。

双机通信的控制程序设计主要包括串行口初始化和数据发送//接收两大模块，其中，串行口初始化实现工作方式设置、波特率设置、启动波特率发生器和允许接收等功能。由于采用了相同的工作方式和波特率，因此收、发双方的串口初始化程序模块基本相同。

6.5.2　串行接口工作方式

51 单片机的串行口有 4 种工作方式，通过写串行口控制寄存器 SCON 来设置。SCON 用来控制串行口的工作方式和状态，可以进行位寻址，字节地址为 0x98。单片机复位时，所有位全为 0，其格式如图 6.12 所示。

SCON(0x98)

SM0	SM1	SM2	REN	TB8	RB8	TI	RI

图 6.12　SCON 的格式

1. 方式 0

在方式 0 下，串行口作同步移位寄存器使用，其波特率固定为 $f_{osc}/12$。串行数据从 RXD(P3.0) 端输入或输出，同步移位脉冲由 TXD(P3.1) 输出。这种方式通常用于扩展 I/O 口。

2. 方式 1

在方式 1 下，串行口为波特率可调的 10 位通用异步接口 UART，发送或接收的一帧信息包括 1 位起始位 0、8 位数据位和 1 位停止位 1。

发送时，当数据写入发送缓冲器 SBUF 后，启动发送器发送，数据从 TXD 输出。当发送完一帧数据后，置中断标志 TI 为 1。方式 1 下的波特率取决于定时器 T1 的溢出率和 PCON 中的 SMOD 位。

接收时，REN 置 1，允许接收，串行口采样 RXD，当采样由 1 到 0 跳变时，确认是起始位 "0"，开始接收一帧数据。当 RI＝0，且停止位为 1 或 SM2＝0 时，停止位进入 RB8 位，同时置中断标志 RI；否则信息将丢失。所以，采用方式 1 接收时，应先用软件清除 RI 或 SM2 标志。

3. 方式 2

在方式 2 下，串行口为 11 位 UART，传送波特率与 SMOD 有关。发送或接收的一帧数据包括 1 位起始位 0、8 位数据位、1 位可编程位（用于奇偶校验）和 1 位停止位 1。

发送时，先根据通信协议由软件设置 TB8，然后将要发送的数据写入 SBUF，启动发送。写 SBUF 的语句，除了将 8 位数据送入 SBUF 外，同时还将 TB8 装入发送移位寄存器的第 9 位，并通知发送控制器进行一次发送，一帧信息即从 TXD 发送。在发送完一帧信息后，TI 被自动置 1，在发送下一帧信息之前，TI 必须在中断服务程序或查询程序中清零。

当 REN＝1 时，允许串行口接收数据。当接收器采样到 RXD 端的负跳变，并判断起始位有效后，数据由 RXD 端输入，开始接收一帧信息。当接收器接收到第 9 位数据后，若同时满足以下两个条件：RI＝0 和 SM2＝0 或接收到的第 9 位数据为 1，则接收数据有效，将 8 位数据送入 SBUF、第 9 位送入 RB8，并置 RI＝1。若不满足上述两个条件，则信息丢失。

4. 方式 3

方式 3 为波特率可变的 11 位 UART 通信方式。除了波特率以外，方式 3 与方式 2 完全相同。

6.5.3　波特率

51 单片机的串行口通过编程可以有 4 种工作方式，其中方式 0 和方式 2 的波特率是固定的，方式 1 和方式 3 的波特率可变，由定时器 T1 的溢出率决定。

1. 方式0和方式2

在方式0中，波特率为时钟频率的1/12，即$f_{osc}/12$，固定不变。

在方式2中，波特率取决于PCON中的SMOD值，当SMOD = 0时，波特率为$f_{osc}/64$；当SMOD = 1时，波特率为$f_{osc}/32$，即波特率 $= \dfrac{2^{SMOD}}{64} \times f_{osc}$。

2. 方式1和方式3

在方式1和方式3下，波特率由定时器T1的溢出率和SMOD共同决定，即

$$波特率 = \frac{2^{SMOD}}{32} \times T1\,溢出率$$

式中，T1的溢出率取决于单片机定时器T1的计数速率和定时器的预置值。当定时器T1设置在定时方式时，定时器T1溢出率 =（T1计数速率)/产生溢出所需机器周期数，T1计数速率 $= f_{osc}/12$，产生溢出所需机器周期数 = 定时器最大计数值M – 计数初值X，所以串行接口工作在方式1和方式3时的波特率计算公式如下：

$$波特率 = \frac{2^{SMOD}}{32} \times \frac{f_{osc}}{12 \times (M - X)}$$

实际上，当定时器T1作波特率发生器使用时，通常是工作在定时器的工作方式2下，即作为一个自动重装初值的8位定时器，TL1作计数用，自动重装载的值在TH1内。此时，$M = 256$，可得

$$波特率 = \frac{2^{SMOD}}{32} \times \frac{f_{osc}}{12 \times (256 - X)}$$

$$计数初值\,X = 256 - \frac{2^{SMOD}}{32} \times \frac{f_{osc}}{12 \times 波特率}$$

综上所述，设置串口波特率的步骤如下：

（1）写TMOD，设置定时器T1的工作方式；

（2）给TH1和TL1赋值，设置定时器T1的初值X；

（3）置位TR1，启动定时器T1工作，即启动波特率发生器。

6.6　RS – 232C 串行接口

6.6.1　RS – 232C 总线标准

通常RS – 232接口以9个引脚（DB – 9）或是25个引脚（DB – 25）的形态出现，一般计算机上会有2组RS – 232接口，分别称为COM1和COM2。RS – 232标准规定，采用150 pF/m的通信电缆时，最大通信距离为15 m，最高传输速率为20 Kbit/s。

1. RS – 232C 的帧格式

RS – 232C为异步串行通信标准，字符帧格式与UART相同。该标准规定：数据帧的开始为起始位，数据本身可以是5、6、7或8位，1位奇偶校验位，最后为停止位。数据帧之间用"1"，表示空闲位。

2. RS – 232C 的电气标准

RS – 232C 的电气标准采用下面的负逻辑。逻辑"0"：+5 ~ +15 V，逻辑"1"：-5 ~ -15 V。因此，RS – 232C 不能和 TTL 电平直接相连，否则将使 TTL 电路烧坏。在实际应用中，RS – 232C 和 TTL 电平之间必须进行电平转换，该电平的转换可采用得州仪器公司（TI）推出的电平转换集成电路 MAX232。

3. RS – 232C 的总线规定

RS – 232C 标准总线为 25 根，可采用标准的 DB – 25 和 DB – 9 的 D 形插头。目前计算机上只保留了两个 DB – 9 插头，作为主板上 COM1 和 COM2 两个串行接口的连接器。

6.6.2 电平转换电路

目前使用较多的电平转换电路有 MAX220、MAX232、MAX232A 等，它们均集成了 RS – 232C 电平与 TTL 电平的互换电路。如图 6.13 所示，其第一部分是电荷泵电路，由引脚 1、2、3、4、5、6 和 5 个电容构成，功能是产生 +12 V 和 -12 V 的电源，满足 RS – 232C 电平的需要；第二部分是数据转换通道，由引脚 7、8、9、10、11、12、13、14 构成两个数据通道，其中引脚 13（R1IN）、引脚 12（R1OUT）、引脚 11（T1IN）、引脚 14（T1OUT）构成第一数据通道，引脚 8（R2IN）、引脚 9（R2OUT）、引脚 10（T2IN）、引脚 7（T2OUT）构成第二数据通道，TTL/CMOS 数据从 T1IN、T2IN 输入，转换成 RS – 232C 数据后从 T1OUT、T2OUT 送到计算机 DB9 连接器，DB9 连接器的 RS – 232C 数据从 R1IN、R2IN 输入，转换成 TTL/CMOS 数据后从 R1OUT、R2OUT 输出；第三部分是供电电路，由引脚 15（GND）、引脚 16（VCC）构成。

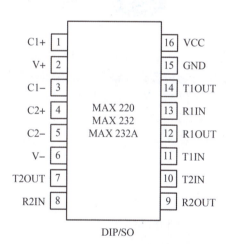

DIP/SO

设备	电容/μF				
	C_1	C_2	C_3	C_4	C_5
MAX220	4.7	4.7	10	10	4.7
MAX232	1.0	1.0	1.0	1.0	1.0
MAX232A	0.1	0.1	0.1	0.1	0.1

图 6.13　电平转换芯片

由 MAX232A 组成的通信接口电路如图 6.14 所示。

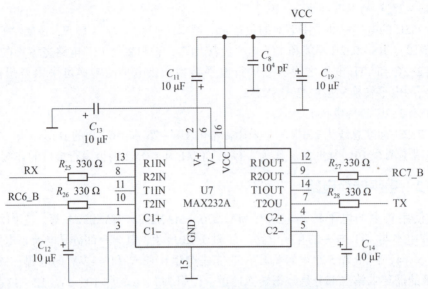

图 6.14　由 MAX232A 组成的通信接口电路

单片机在与其他 CPU（包括单片机）系统、上位机或者计算机进行通信时大都采用 RS‑232C 接口。RS‑232C 接口采用负逻辑电平，所以在通信时要用相应的电平转换电路完成电平转换。

 **小结**

计算机之间或计算机与外设之间的通信有并行通信和串行通信两种方式。51 单片机内部具有一个全双工的异步串行通信接口，该串行口有四种工作方式，其波特率和帧格式可以编程设定。帧格式有 10 位和 11 位。工作方式 0 和工作方式 2 的传送波特率是固定的；工作方式 1 和工作方式 3 的波特率是可变的，由定时器 T1 的溢出率决定。单片机与单片机之间及单片机与计算机之间都可以进行通信，其控制程序设计通常采用两种方法：查询法和中断法。

本项目要掌握的重点内容如下：

（1）串行通信基础知识；

（2）串行口的结构、工作方式和波特率设置；

（3）单片机之间的双机通信；

（4）单片机与计算机之间的通信；

（5）并行 I/O 口的扩展。

思考与练习题

一、单项选择题

1. 串行口是单片机的（　　）。

A. 内部资源　　　　　B. 外部资源　　　　　C. 输入设备　　　　　D. 输出设备

2. 51 单片机的串行口是（　　　）。

A. 单工　　　　　B. 全双工　　　　　C. 半双工　　　　　D. 并行口

3. 表示串行数据传输速度的指标为（　　　）。

A. USART　　　　　B. UART　　　　　C. 字符帧　　　　　D. 波特率

4. 单片机和计算机接口时，往往要采用 RS-232 接口芯片，其主要作用是（　　　）。

A. 增加传输距离　　　　　　　　　　B. 提高传输速度

C. 进行电平转换　　　　　　　　　　D. 提高驱动能力

5. 单片机输出信号为（　　　）电平。

A. RS-232C　　　　　B. TTL　　　　　C. RS-449　　　　　D. RS-232

6. 串行口工作在方式 0 时，串行数据从（　　　）输入或输出。

A. RI　　　　　B. TXD　　　　　C. RXD　　　　　D. REN

7. 串行口的控制寄存器为（　　　）。

A. SMOD　　　　　B. SCON　　　　　C. SBUF　　　　　D. PCON

8. 当采用中断方式进行串行数据的发送时，发送完一帧数据后，TI 标志要（　　　）。

A. 自动清零　　　　　　　　　　　　B. 硬件清零

C. 软件清零　　　　　　　　　　　　D. 软、硬件均可

9. 当采用定时器 T1 作为串行口波特率发生器使用时，通常定时器工作在方式（　　　）

A. 0　　　　　B. 1　　　　　C. 2　　　　　D. 3

10. 当设置串行口工作为方式 2 时，采用（　　　）语句。

A. SCON = 0x80;　　　　　　　　　B. PCON = 0x80;

C. SCON = 0x10;　　　　　　　　　D. PCON = 0x10;

11. 串行口工作在方式 0 时，其波特率（　　　）。

A. 取决于定时器 T1 的溢出率

B. 取决于 PCON 中的 SMOD 位

C. 取决于时钟频率

D. 取决于 PCON 中的 SMOD 位和定时器 T1 溢出率

12. 串行口工作在方式 1 时，其波特率（　　　）。

A. 取决于定时器 T1 的溢出率

B. 取决于 PCON 中的 SMOD 位

C. 取决于时钟频率

D. 取决于 PCON 中的 SMOD 位和定时器 T1 溢出率

13. 串行口的发送数据和接收数据端为（　　　）。

A. TXD 和 RXD　　　　　　　　　　B. TI 和 RI

C. TB8 和 RB8　　　　　　　　　　D. REN

二、简答题

1. 什么是串行异步通信？有哪几种帧格式？

2. 定时器 T1 作串行口波特率发生器时，为什么采用工作方式 2？

✍学习任务

　　本项目以单片机通过温度传感器采集人体温度为例，首先介绍温度测量芯片 DS18S20 的特点、管脚功能、数据操作命令和方法；再介绍液晶屏 LCD1602 的显示原理、外形尺寸、技术参数、引脚功能、指令集和子函数等；最后介绍温度测量系统的主程序，对本章进行总结，并准备了练习题。

✍学习目标

知识目标

1. 掌握 A/D 转换的概念；

2. 掌握单总线通信的概念；

3. 掌握单总线通信的工作原理；

4. 掌握温度测量芯片 DS18S20 的精度；

5. 了解 DS18S20 的功能指令；

6. 掌握 LCD1602 的管脚功能；

7. 了解 LCD1602 的功能指令。

能力目标

1. 能够掌握温度测量系统的电路原理图的设计方法；

2. 能够读懂 DS18S20 的子程序；

3. 能够读懂 LCD1602 的子程序；

4. 能够设计温度测量系统的电路原理图；

5. 能够设计温度测量系统的程序。

素养目标

1. 具备采用多种信息化手段解决问题的能力；

2. 能够根据任务，制订合理的实施计划；

3. 具备爱岗敬业、团结协作、分享沟通的能力；

4. 具备热爱专业、遵守规范的意识。

思维导图

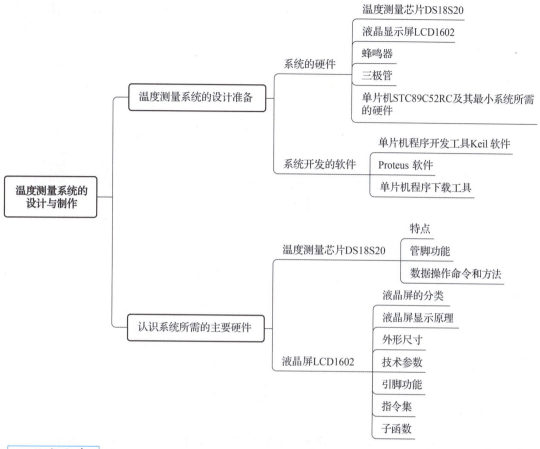

任务分析

7.1　温度测量系统的设计与制作

7.1.1　目的与要求

　　通过温度测量系统的设计与制作，了解国产数字温度测量芯片 DS18S20 的管脚结构、参数、指令、接线方法与使用方法，了解液晶显示屏 LCD1602 的管脚结构、指令、接线方法和使用方法。在洞洞板上焊接温度测量系统的电路，并将程序代码下载到单片机中，实现温度检测和体温报警的效果。

7.1.2　电路与元器件

　　温度测量系统的硬件电路如图 7.1 所示，包括单片机、复位电路、时钟电路、电源电路、DS18S20、显示屏 LCD1602、三极管和蜂鸣器。

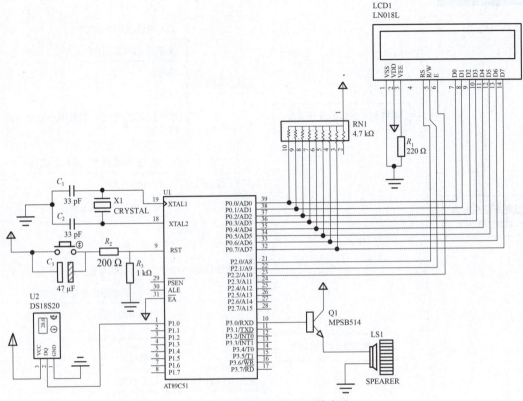

图 7.1　温度测量系统的硬件电路

温度测量系统电路的元器件清单如表 7.1 所示。

表 7.1　温度测量系统电路的元器件清单

元器件名称	参数	数量	元器件名称	参数	数量
单片机	DIP40 封装的 51 单片机	1	弹性按键		1
晶体振荡器	12 MHz	1	电阻	200 Ω	1
瓷片电容	33 pF	2	电阻	1 kΩ	1
电解电容	47 μF	1	排阻	4.7 kΩ	1
温度测量芯片	DS18S20	1	液晶显示屏	LCD1602	1
三极管	NPN	1	蜂鸣器		1
电阻	220 Ω	1			

对电路中的主要器件介绍如下：

（1）DS18S20 温度检测芯片如图 7.2 所示。DS18S20 是一种典型的单总线接口温度传感器，由 Dallas Semiconductor 公司生产。DS18S20 温度测量芯片提供了 9 位高精度的摄氏温度测量，同时具有非易失性、用户可编程、上下触发门限的报警功能。由于独特的单总线接口，其可以占用极少的 I/O 引脚资源，使用起来十分方便。

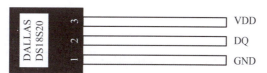

图7.2　DS18S20温度测量芯片及引脚图

DS18S20采用带隙温度检测结构，是DS1820的升级产品。DS18S20内部有三个主要部件，分别为64位激光刻制的唯一ROM序列号、温度传感器及非易失性温度报警触发器TH和TL。DS18S20通过单总线结构，仅需一个引脚即可实现数据的发送或接收。另外，用于DS18S20的供电电源可以从数据线本身获得，无需外部电源。每个DS18S20在出厂时都有唯一的一个ROM序列号，可以将多个DS18S20同时连在一根单总线上，从而实现多点分布温度测量。

（2）LCD1602液晶显示屏如图7.3所示。LCD1602液晶显示屏是广泛使用的一种字符型液晶显示模块。它由字符型液晶显示屏（LCD）、控制驱动主电路HD44780及其扩展驱动电路HD44100，以及少量电阻、电容元件和结构件等装配在PCB板上组成。不同厂家生产的LCD1602芯片可能有所不同，但使用方法都是一样的。该显示屏能够显示英文字母、阿拉伯数字、日文片假名和一般性符号。

图7.3　LCD1602液晶显示屏

（3）蜂鸣器如图7.4所示。蜂鸣器是一种一体化结构的电子讯响器，采用直流电压供电，广泛应用于计算机、打印机、复印机、报警器、电子玩具、汽车电子设备、电话机、定时器等电子产品中作发声器件。蜂鸣器主要分为压电式蜂鸣器和电磁式蜂鸣器两种类型。蜂鸣器在电路中用字母"H"或"HA"（旧标准用"FM""ZZG""LB""JD"等）表示。

（4）三极管如图7.5所示。三极管8550是一种常用的普通三极管。它是一种低电压、大电流、小信号的PNP型硅三极管。最大集电极电流为1.5 A。

图7.4　蜂鸣器

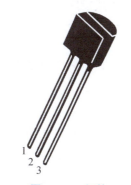

图7.5　三极管

1—发射极；2—基极；3—集电极

7.1.3　源程序

温度测量系统的源程序如 7.6 节的主程序所示。

7.1.4　程序下载

将二进制文件下载到单片机中的方法有很多，例如可以选用具有 ISP 功能的单片机，例如 AT89S51、宏晶单片机等。宏晶单片机不仅具有 ISP 下载功能，还具有串口下载功能，使用起来非常方便。

7.1.5　任务梳理

根据单片机开发流程，对任务温度测量系统的设计与制作进行梳理总结，并填写表 7.2。

表 7.2　任务单

任务名称	温度测量系统的设计与制作		
任务描述			
小组名称		组长	
组员			
序号	人员	负责内容	完成情况
知识准备	1. 什么是 A/D 转换？　　　2. 什么是单总线通信，单总线通信的原理是什么？　　　　　　　　　　　　　　　　　　　　　　　　　　　　　　　　　　　　3. 温度测量芯片 DS18S20 的精度是多少？		

知识准备	4. 给温度测量芯片 DS18S20 写指令和从芯片读数据的方法分别是什么？ 5. LCD1602 液晶显示屏的工作原理是什么？ 6. 温度测量系统的开发过程。
电路图	

续表

程序	
编程调试的过程中存在的问题及解决方法	

7.1.6　任务评价

1. 任务验收

根据项目要求和电气控制工艺规范，进行任务验收，并填写表7.3。

表7.3　项目验收报告

项目名称			组名	
项目概况				
序号	验收项目	验收记录	存在问题	完成时间
1	硬件电路检查			
2	软件程序检查			
3	电气元件布局规范性检查			
4	功能检查			
5	技术文档检查			
6	其他			

续表

预验收结论：
签字： 时间：

2. 展示评价

各组展示作品，介绍任务完成过程，制作过程视频，运行结果视频，整理技术文档并提交汇报材料，进行小组自评、组间互评、教师评价，完成考核评价表，如表 7.4 所示。

表 7.4　考核评价表

序号	评价项目	评价内容	分值	自评 20%	互评 20%	师评 60%	合计
1	职业素养	分工合理，制订计划能力强					
		能够采用多种信息化手段解决问题					
		主动性强，保质保量完成任务					
		遵守行业规范、现场"6S"标准					
		具备团队合作、交流沟通分享的能力					
2	专业能力	电路图设计正确					
		程序设计合理					
		调试结果正确					
		技术总结文档完整					
		汇报思路清晰，表达清楚					
3	创新能力	创新性思维和实现效果					
		拓展任务完成情况					
4	知识目标	能否掌握温度传感器的性能指标					
		能否掌握温度传感器的基本指令					
		能否掌握 LCD1602 的管脚功能					

续表

序号	评价项目	评价内容	分值	自评 20%	互评 20%	师评 60%	合计
5	能力目标	能否掌握电路原理图的设计方法					
		LCD1602 的子程序的设计方法					
		DS18S20 的子程序的设计方法					
		温度测量系统的程序设计方法					
6	素养目标	创新性思维和实现效果					
		拓展任务完成情况					

7.1.7　任务小结

通过温度测量系统的设计和制作过程，读者对单总线通信、温度测量芯片 DS18S20 的使用方法、LCD1602 液晶显示屏的使用方法和蜂鸣器的使用方法有了基本的认识，掌握了 DS18S20、LCD1602 和蜂鸣器的使用方法和温度测量系统的软件开发过程。

 7.2　DS18S20 的详细介绍

DS18B20 的介绍

7.2.1　DS18S20 的特点

DS18S20 的主要特点如下：
（1）单总线接口，通信仅需要一个 I/O 口引脚；
（2）每个器件具有唯一的、存储在片内 ROM 的 64 位序列码；
（3）多节点检测功能简化了分布式温度检测应用；
（4）使用简单方便，无需外部元件；
（5）电源电压范围为 3.0～5.5 V，可选择由数据线供电；
（6）可测量温度范围为 –55～ +1 259 ℃；
（7）9 位数字温度计分辨率；
（8）在 –10～ +85 ℃温度范围内具有 ±0.5 ℃的高精度；
（9）最大温度转换时间 750 ms；
（10）用户可编程的非易失性报警设置；
（11）温度报警搜索命令能够自动识别和寻址温度超出设定门限（温度报警条件）的器件；
（12）适用于温度测量、温度调节装置控制，工业系统，消费类产品，温度计及任何温度敏感系统。

7.2.2　DS18S20 的管脚

DS18S20 各引脚功能如下：

GND（Pin1）：接地引脚；

DQ（Pin2）：单总线的数据输入/输出引脚；

VDD（Pin3）：外部电源引脚。

7.2.3　DS18S20 的供电方式

DS18S20 可以采用两种供电方式，即外部供电方式和寄生电源供电方式。如图 7.6 所示，采用外部供电方式。此时 DS18S20 可以接外界 3.3 V 或 5 V 的电源，而 GND 引脚必须接地。

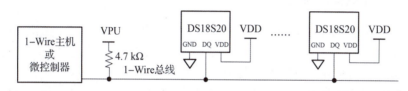

图 7.6　DS18S20 的外部供电方式

如图 7.7 所示，采用寄生电源供电方式。此时，DS18S20 的 VDD 引脚必须接地。另外，为了得到足够的工作电流，应给单总线提供一个强上拉，一般可以使用一个场效应管将 I/O 线直接拉到电源上。DS18S20 从单总线上汲取能量，在信号线 DQ 处于高电平期间把能量存储在内部电容里，在信号线 DQ 处于低电平期间消耗电容上的电量工作，直到高电平到来，再给 DS18S20 内部的寄生电源充电。

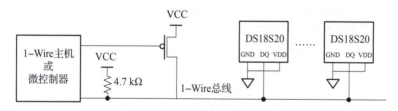

图 7.7　DS18S20 的寄生电源供电方式

在使用 DS18S20 时需注意，如果温度高于 100 ℃，则不推荐使用寄生电源供电方式，而应采用外部电源供电方式。

7.2.4　DS18S20 的数据操作

单总线将通信时使用的引脚减少到只有一根，在数据传输时需要满足特定的格式才能进行。单总线通信的第一步是选择单总线设备，然后单总线主机发送各种命令来进行数据传输。

单总线协议选择单总线设备，主要是读取其内部的 64 位 ROM 序列号。在实际的通信过程中，单总线主机采用以下 5 个 ROM 操作命令。

（1）读出 ROM 序列号命令，用于读出 DS18S20 的 64 位激光 ROM 序列号。

（2）匹配 ROM 序列号命令，用于识别（或选中）某一特定的 DS18S20 并进行后续操作。

（3）搜索 ROM 序列号命令，用于确定单总线上的节点数，以及所有节点设备的 ROM 序列号。

（4）跳过 ROM 序列号命令，用于等命令发出后，系统将对所有 DS18S20 进行操作，通常用于启动所有 DS18S20 进行温度转换之前，或单总线中仅有一个 DS18S20 时。

（5）温度报警搜索命令，用于识别和定位系统中超出用户设定的报警温度界限的节点设备。

单总线主机通过这些命令，对每个 DS18S20 的激光 ROM 部分进行操作。如果单总线上连接有多个器件，可以区分出每个单总线器件，同时可以向总线上的单总线主机报告有多少个单总线器件及单总线器件的类型。

7.2.5　存储器操作命令

当通过 ROM 操作命令获取并选择特定的单总线从机后，单总线主机便可以发出与该器件相关的操作命令，实现数据的读写。对于没有选定的单总线从机，均忽略该通信过程，直到单总线主机发出下一个复位脉冲。

DS18S20 内部存储器由一个高速暂存器和一个非易失性电可擦除 EEPROM 组成。DS18S20 的内部存储器映像如图 7.8 所示。其中，高速暂存器用来保持数据的完整性，EEPROM 用来存储高低温报警触发值 TH 和 TL。

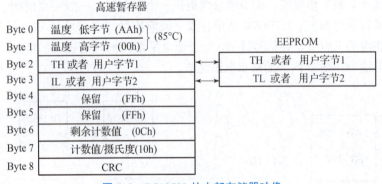

图 7.8　DS18S20 的内部存储器映像

DS18S20 可以采用以下的存储器操作命令：

（1）温度转换命令（代码为 44H），用于启动 DS18S20 进行温度测量。温度转换命令被执行后，DS18S20 进行温度测量和转换。如果使用外部电源供电，在 DS18S20 处于温度转换的过程中，主机发送读时间隙，DS18S20 将在单总线上输出"0"；如果温度转换完成，则输出"1"。如果使用寄生电源供电，单总线主机在发出温度转换命令后，必须立即启动强上拉并保持 750 ms，在这段时间内单总线上不允许进行任何其他操作。

（2）复制暂存器命令（代码为 48H），用于将高速暂存器中的内容复制到 DS18S20 的 EEPROM 中，即把温度报警器触发字节复制到非易失性存储器中。如果使用外部电源供电，在 DS18S20 执行这条命令的过程中，主机发送读时间隙，DS18S20 将在单总线上输出一个"0"；如果复制过程结束，DS18S20 则输出"1"。如果使用寄生电源供电，单总线主机必须在发出复制暂存器命令后，立即启动强上拉并最少保持 10 ms，在这段时间内单总线上不允许进行任何其他操作。

（3）写暂存器命令（代码为 4EH），用于将数据写入 DS18S20 高速暂存器的地址 2（TH 字节）和地址 3（TL 字节）。当 DS18S20 执行写暂存器命令时，可以通过复位命令来种植写入。

（4）读电源命令（代码为 B4H），用于读取 DS18S20 的供电方式。读电源命令执行后，通过读命令将返回其供电模式，"0" 表示使用寄生电源，"1" 表示使用外部电源。

（5）重读 EEPROM 命令（代码为 B8H），用于将存储在非易失性 EEPROM 中的内容重新读入暂存器中。该命令在 DS18S20 上电时会自动执行，这样器件一开始工作，暂存器里便存在有效数据了。重读 EEPROM 命令执行后，如果执行读时间隙，DS18S20 会输出温度转换忙的标志，如果返回 "0" 表示忙，返回 "1" 表示温度转换完成。

（6）读暂存器命令（代码为 BEH），用于读取高速暂存器中的内容。从高速暂存器字节 0 开始，最多读取 9 个字节，在读暂存器命令执行过程中，单总线主机可以在任何时间发出复位命令来中止读取。

当 DS18S20 在单总线上通信时，高速暂存器用于确保数据的完整性。数据先被写入高速暂存器，并可被读回，数据经过 CRC 校验后，用一个复制暂存器命令将数据复制到非易失性 EEPROM 中。这一过程确保更改存储器时数据的完整性，从而保证准确性。

通过单总线端口访问 DS18S20 的流程图如图 7.9 所示。

DS18S20 需要严格的时序协议才能实现单总线通信。单总线协议包括几种典型的信号类型，分别为复位脉冲、存在脉冲、写0、写1、读0 和读1。其中，存在脉冲由单总线从机发出，其余均由单总线主机发出。单总线主机与 DS18S20 之间的任何操作都需要初始化开始。初始化时，单总线主机发出复位脉冲，单总线从机紧跟其后发出存在脉冲。存在脉冲通知单总线主机 DS18S20 在总线上已准备好，可以进行后续的 ROM 命令和存储器操作命令。

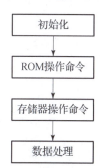

图 7.9　通过单总线端口访问 DS18S20 的流程

单总线主机和 DS18S20 的直接数据读写是通过前面介绍的 ROM 操作命令、存储器操作命令及时间隙处理来实现的。时间隙包括写时间隙和读时间隙。

（1）写时间隙：当单总线主机把数据线 DQ 从逻辑高电平拉到逻辑低电平时，写时间隙便开始。DS18S20 需要写 0 时间隙和写 1 时间隙两种写时间隙。当写时间隙开始后，DS18S20 在 15~60 μs 的时间窗口内对数据线 DQ 采样。如果 DQ 是低电平，就写 0；否则，就写 1。单总线主机要发出一个写 1 时间隙，必须把数据线 DQ 拉到低电平然后释放，在写时间隙开始后的 15 μs 内，允许数据线 DQ 拉到高电平。单总线主机要生成一个写 0 时间隙，必须把数据线拉到低电平并保持 60 μs。

（2）读时间隙：从 DS18S20 读取数据时，当单总线主机把数据线 DQ 从逻辑高电平拉到逻辑低电平时，读时间隙开始。数据线 DQ 必须至少持续 1 μs；从 DS18S20 输出的数据在读时间隙的下降沿出现后 15 μs 内有效。此时，单总线主机必须在这 15 μs 内停止把 DQ 引脚驱动为低电平，以读取数据线 DQ 状态。在读时间隙的结尾，数据线 DQ 将被外部上拉电阻拉到高电平。

从上面的介绍可以看出，所有写时间隙必须至少持续 60 μs，包括两个写周期及至少

1 μs 的总线恢复时间。所有读时间隙必须至少持续为 60 μs，包括两个读周期和至少 1 μs 的恢复时间。

DS18S20 为 9 位数字温度分辨率，精度为 0. 5 ℃，其温度数据格式如图 7. 10 所示。DS18S20 的温度与数据对应关系如表 7. 5 所示。所有数据都是以最低有效位（LSB）在前的方式进行读写的。

	BIT 7	BIT 6	BIT 5	BIT 4	BIT 3	BIT 2	BIT 1	BIT 0
LS BYTE	2^6	2^5	2^4	2^3	2^2	2^1	2^0	2^{-1}

	BIT 15	BIT 14	BIT 13	BIT 12	BIT 11	BIT 10	BIT 9	BIT 8
MS BYTE	S	S	S	S	S	S	S	S

图 7. 10　DS18S20 的温度数据格式

表 7. 5　DS18S20 的温度与数据对应关系

温度/℃	数据（二进制）	数据（十六进制数）
125	0000 0000 1111 1010	0x00FA
25	0000 0000 0011 0010	0x0032
0. 5	0000 0000 0000 0001	0x0001
0	0000 0000 0000 0000	0x0000
-0. 5	1111 1111 1111 1111	0xFFFF
-25	1111 1111 1100 1110	0xFFCE
-55	1111 1111 1001 0010	0xFF92

DS18S20 通过温度转换命令启动一次温度测量，测量结果存放在高速暂存器中，占有存放器的字节 0（LSB）和字节 1（MSB）。由于 DS18S20 可以测量正负温度，因此测量数据是以 16 位带符号位扩展的二进制补码形式存放的。单总线主机使用读暂存器命令可以把高速暂存器中的测量结果读出。

DS18S20 的温度报警触发器 TH 和 TL 各由一个 EEPROM 字节构成。单总线主机对 TH 和 TL 的读取需要通过高速暂存器，而对 TH 和 TL 的写操作则直接使用写存储器命令即可。

虽然 DS18S20 的精度为 ±0. 5 ℃，但是其提供了另外一种方法可以得到更高的精度。首先从高速暂存器读取字节 0 和字节 1 中的温度值，并去除最低有效位，记为“COUNT_REMAIN”，最后读取高速暂存器的字节 7，记为“COUNT_PER_C”，则扩展精度的温度值如下：

$$\text{TEMPERATURE} = \text{TEMP_READ} - 0.25 + \frac{\text{COUNT_PER_C} - \text{COUNT_REMAIN}}{\text{COUNT_PER_C}}$$

每完成一次温度转换后，DS18S20 自动将测量的温度值和温度报警限 TH 和 TL 中的值进行比较。如果温度值超出范围则置位其内部的报警标志。当报警标志被置位时，DS18S20 将会响应单总线主机的报警搜索命令，这样便可以实现多个 DS18S20 并联分布式测温。

7.3　LCD1602 的详细介绍

液晶显示屏是一种功耗很低的显示器，它是利用液晶的扭曲——向列效应制成，这是一种电场效应。液晶显示屏可以显示数字、字母、字符、汉字或图形，它可以多行显示，弥补了数码管显示器的缺点，广泛用于电子表、计算器、数码相机、电视机、计算机的显示屏等应用场合。

液晶是固液态之间的一种中间类状态。一般情况下，最常见的物质有三种形态，即固态、液态和气态。液晶是另外一种特殊的物质形态，由澳大利亚植物学者莱尼茨尔在 1888 年发现，后来经过广泛的研究，液晶于 20 世纪 50 年代开始获得大规模应用。

液晶的成分是一种有机化合物，在一定的温度范围内，它既具有液体的流动性、黏度、形变等性质，又具有晶体的热（热效应）、光（光学各向异性）、电（电光效应）、磁（磁光效应）等物理性质。光线穿透液晶的路径由其分子排列所决定。人们通过研究发现，给液晶充电会改变它的分子排列，进而造成光线的扭曲或折射。液晶显示便是根据此原理来制成的。按照分子结构排列的不同，液晶可以分为以下三类。

近晶相（Smectic）液晶：这种液晶的晶体颗粒为黏土状；

向列相（Nematic）液晶：这种液晶的晶体颗粒类似细火柴棒；

胆甾相（Cholestic）液晶：这种液晶的晶体颗粒类似胆固醇状。

这三种液晶的物理特性都不尽相同。目前，用于液晶显示屏的是向列相液晶。

7.3.1　液晶显示屏的显示原理

点阵图形式液晶由 $M \times N$ 个显示单元组成，假设 LCD 显示屏有 64 行，每行有 128 列，每 8 列对应 1 字节的 8 位，即每行由 16 字节，共 $16 \times 8 = 128$ 个点组成。显示屏上 64×16 个显示单元与显示 RAM 区的 1 024 字节相对应，每一字节的内容与显示屏上相应位置的亮暗对应。例如显示屏第一行的亮暗由 RAM 区的 000H～00FH 的 16 字节的内容决定，当（000H）= FFH 时，屏幕左上角显示一条短亮线，长度为 8 个点；当（3FFH）= FFH 时，屏幕右下角显示一条短亮线；当（000H）= FFH，（001H）= 00H，（002H）= 00H，…，（00EH）= 00H，（00FH）= 00H 时，在屏幕的顶部显示一条由 8 条亮线和 8 条暗线组成的虚线。这就是 LCD 显示的基本原理。

7.3.2　LCD1602 的外形尺寸

LCD1602 分为带背光和不带背光两种，其控制器大部分为 HD44780。带背光的比不带背光的厚，是否带背光在实际应用中并无差别，具体的鉴别办法可参考图 7.11 所示的器件尺寸示意图。

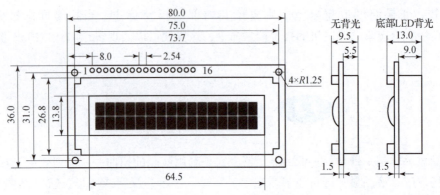

图7.11　LCD1602 的尺寸（单位：mm）

7.3.3　LCD1602 的技术参数

（1）显示容量：16×2 个字符。

（2）芯片工作电压：4.5~5.5 V。

（3）工作电流：2.0 mA（5.0 V）。

（4）模块最佳的工作电压：5.0 V。

（5）字符尺寸：2.95 mm×4.35 mm（宽×高）。

7.3.4　LCD1602 的引脚功能

LCD1602 采用标准的 14 脚（无背光）或 16 脚（带背光）接口，各引脚接口说明如表 7.6 所示。

表 7.6　LCD 引脚功能

编号	符号	引脚说明	编号	符号	引脚说明
1	VSS	电源地	9	D2	数据
2	VDD	电源正极	10	D3	数据
3	VL	液晶显示偏压	11	D4	数据
4	RS	数据/命令选择	12	D5	数据
5	R/W	读/写选择	13	D6	数据
6	E	使能信号	14	D7	数据
7	D0	数据	15	BLA	背光源正极
8	D1	数据	16	BLK	背光源负极

各引脚的功能介绍如下。

引脚 1：VSS 为地电源。

引脚 2：VDD 接 5 V 正电源。

引脚3：VL 为液晶显示器对比度调整端，接正电源时对比度最弱，接地时对比度最高。对比度过高时会产生"鬼影"现象，使用时可以通过一个 10 kΩ 的电位器调整其对比度。

引脚4：RS 为寄存器选择脚，高电平时选择数据寄存器、低电平时选择指令寄存器。

引脚5：R/W 为读/写信号线，高电平时进行读操作，低电平时进行写操作。当 RS 和 R/W 共同为低电平时，可以写入指令或显示地址；当 RS 为低电平，R/W 为高电平时，可以读忙信号；当 RS 为高电平，R/W 为低电平时，可以写入数据。

引脚6：E 端为使能端，当 E 端由高电平跳变为低电平时，液晶模块执行命令。

引脚7~14：D0~D7 为 8 位双向数据线。

引脚15：背光源正极。

引脚16：背光源负极。

7.3.5 LCD 的指令集

LCD1602 液晶模块的读/写操作、显示屏和光标的操作都是通过指令编程来实现的（其中，1 为高电平，0 为低电平）。显示屏的控制指令如表 7.7 所示。

表 7.7 LCD 的控制指令

序号	指令	RS	R/W	D7	D6	D5	D4	D3	D2	D1	D0
1	清屏	0	0	0	0	0	0	0	0	0	1
2	光标复位	0	0	0	0	0	0	0	0	1	×
3	输入方式设置	0	0	0	0	0	0	0	1	1/D	S
4	显示开关控制	0	0	0	0	0	0	1	D	C	B
5	光标或字符移位控制	0	0	0	0	0	1	S/C	R/L	×	×
6	功能设置	0	0	0	0	1	DL	N	F	×	×
7	字符发生存储器地址设置	0	0	0	1	字符发生存储器地址					
8	数据存储器地址设置	0	0	1	显示数据存储器地址						
9	读忙标志或地址	0	1	BF	计数器地址						
10	写入数据至 CGRAM 或 DDRAM	1	0	要写入的数据内容							
11	从 CGRAM 或 DDRAM 中读取数据	1	1	读取的数据内容							

（1）清屏。指令码 01H，光标复位到地址 00H。

（2）光标复位。光标复位到地址 00H。

（3）输入方式设置。其中，1/D 表示光标的移动方向，高电平右移，低电平左移；S 表示显示屏上所有文字是否左移或右移，高电平表示有效，低电平表示无效。

（4）显示开关控制。其中，D 用于控制整体显示的开与关，高电平表示开显示，低电平表示关显示；C 用于控制光标的开与关，高电平表示有光标，低电平表示无光标；B 用于控制光标是否闪烁，高电平闪烁，低电平不闪烁。

（5）光标或字符移位控制。其中，S/C 表示在高电平时移动显示的文字，低电平时移动光标。

（6）功能设置。其中，DL 表示在高电平时为 8 位总线，低电平时为 4 位总线；N 表示在低电平时为单行显示，在高电平时双行显示；F 表示在低电平时显示 5×7 的点阵字符，在高电平时显示 5×10 的点阵字符。

（7）字符发生存储器 RAM 地址设置。

（8）DDRAM 地址设置。

（9）读忙信号和光标地址。其中，BF 为忙标志位，高电平表示忙，此时模块不能接收命令或数据；如果为低电平则表示不忙。

（10）写数据。

（11）读数据。

7.4　LCD1602 的子函数

如图 7.1 所示，LCD1602 的 D0～D7 口接 P0，RS 口接 P2.0，R/W 口接 P2.1，E 口接 P2.2。为了阅读和写程序方便，对 LCD1602 的管脚进行如下定义。

```
sbit RS = P2^0;
sbit RW = P2^1;
sbit EN = P2^2;
#define LCDDATA P0
```

延时 1 ms 的子函数、延时 12 μs 的子函数、控制 LCD 写时序的子函数、写指令的子函数、写数据的子函数、字符显示的初始地址设置的子函数、在第 X 列 Y 行开始显示字符串的子函数、写一个无字符整数的子函数、清屏函数分别如下所示。

```
/****功能：延时 1 ms ****/
void Delay_xms(unsigned int x)
{
    unsigned int i,j;
    for(i =0;i <x;i ++)
      for(j =0;j <122;j ++);
}

    /****功能：12 μs 延时 ****/
  void Delay_xus(unsigned int t)
  {
      for(;t >0;t --)
      {
          _nop_();
      }
  }
```

```
/****控制 LCD 写时序,下降沿有效****/
void LCD_en_write()
{
    E = 1;
    Delay_xus(20);
    E = 0;
    Delay_xus(20);
}
/****写指令函数****/
void Write_Instruction(unsigned char command)
{
    RS = 0;
    RW = 0;
    EN = 1;
    LCDDATA = command;
    LCD_en_write();   //写入指令数据,下降沿有效
}
/****写数据函数****/
void Write_Data(unsigned char Wdata)
{
    RS = 1;
    RW = 0;
    EN = 1;
    LCDDATA = Wdata;
    LCD_en_write();   //写入数据,下降沿有效
}
/****字符显示初始地址设置****/
void LCD_SET_XY(unsigned char X,unsigned char Y)
{
    unsigned char address;
    If(Y == 0)
        address = 0x80 + X;          //Y = 0,表示在第一行显示,地址基数为 0x80
    else
        address = 0xc0 + Y;          //Y 不等于 0 时,表示在第二行显示,地址基数为 0xc0
    Write_Instruction(address);   //写指令,设置显示初始地址
}
/****在第 X 列 Y 行开始显示,指针 *S 所指向的字符串****/
void LCD_write_str(unsigned char X,unsigned char Y,unsigned char *s)
{
    LCD_SET_XY(X,Y);          //设置初始字符显示地址
    while(*s)                 //逐次写入显示字符,直到最后一个字符'/0'
    {
        write_Data(*s);   //写入当前字符并显示
        s ++;                 //地址指针加 1,指向下一个待写字符
```

```
        }
    }
/**** 写一个无字符整数 ****/
void LCD_write_int(unsigned char X,unsigned char Y,unsigned int intdat)
{
    unsigned char i = 0,temp[5];
    while(intdat /10 || intdat%10)
    {
        temp[i] = intdat%10;
        Intdat /= 10;
        i ++;
    }
    LCD_SET_XY(X,Y);
    while(i)
    {
        1 --;
        Write_Data(temp[i] +0x30);
    }
}

/**** 清屏函数 ****/
void LCD_clear()
{
    Write_Instruciton(0x01);
    Delay_xms(5);
}
//显示屏初始化函数
void LCD_init()
{
    Write_Instruciton(0x38);    //8 bit interface,21ine,5 ×7dots
    Write_Instruciton(0x08);    //关显示,不显光标,光标不闪烁
    Write_Instruciton(0x01);    //清屏
    Delay_xms(5);

    Write_Instruciton(0x04);    //写一字符,整屏显示不移动
    Delay_xms(5);
    Write_Instruciton(0x07);    //开显示,光标闪烁都关闭
}
```

7.5　DS18S20 的读写子函数

DS18B20 的编程

　　这里将 DS18S20 所支持的 ROM 操作命令、存储器操作命令等封装为子函数，方便调用。

7.5.1 延时函数

延时函数 Delay 用于延时指定的时间，用来构成单总线协议所需要的时序。在程序中通过一个空循环语句便可以实现延时，延时函数 Delay 的程序代码如下：

```
void Delay(int useconds)
{
    int s;
    for(s =0;s <useconds;s ++);   //空循环语句实现延时
}
```

7.5.2 复位函数

复位函数 Reset 用于完成单总线的复位操作。程序中首先将数据线 DQ 拉低并保持一段时间来实现单总线上所有器件的复位。接着主机等待 DS18S20 返回的存在脉冲，并返回存在信号。如果返回 0，则表示器件存在；如果返回 1，则表示无器件。复位函数 Reset 的程序代码如下：

```
uchar Reset( )
{
    uchar PresenceSignal;
    DS18S20_DQ =0;                  //拉低数据线 DQ
    Delay(30);                      //延时
    DS18S20_DQ =1;                  //置数据线 DQ 为高电平
    Delay(3);                       //延时
    PresenceSignal =DS18S20_DQ;     //读取存在信号
    Delay(30);                      //延时,等待时间隙结束
    Return PresenceSignal;          //返回存在信号
}
```

7.5.3 位写入函数

位写入函数 WriteBit 用于向单总线上的器件写入一位值。程序中首先拉低数据线 DQ 开始写时间隙，然后向 DQ 写入数据。如果写入 1，则数据线 DQ 置 1；如果写入 0，则数据线 DQ 置 0。位写入函数 WriteBit 的程序代码如下：

```
void WriteBit(char val)
{
    DS18S20_DQ =0;                  //拉低数据线 DQ 开始写时间隙
    if(val ==1)
        DS18S20_DQ =1;              //数据线 DQ 置 1,写 1
    else
        DS18S20_DQ =0;              //数据线 DQ 置 0,写 0
        Delay(5);                   //延时,在时间隙内保持电平值
        DS18S20_DQ =1;              //拉高数据线 DQ
}
```

7.5.4　字节写入函数

字节写入函数 WriteByte 用于向单总线上的器件写入一个字节数据。程序中采用循环移位的方式，每次调用位写入函数 WriteBit 写入一位。字节写入函数 WriteByte 的程序代码如下：

```
void WriteByte(char val)
{
    uchar i;
    uchar temp;
    for(i = 0;i < 8;i ++)          //循环写入字节,每次写入一位
    {
        temp = val >> i;          //移位
        temp & = 0x01;
        WriteBit(temp);           //调用位写入函数
    }
    Delay(5);
}
```

7.5.5　位读取函数

位读取函数 ReadBit 用于从单总线上读取从器件返回的一位值。程序中首先拉低数据线 DQ 开始读时间隙，然后将 DQ 置 1。延时一段时间，读取并返回数据总线 DQ 上的位数据。位读取函数 ReadBit 的程序代码如下：

```
uchar ReadBit( )
{
    uchar i;
    DS18S20_DQ = 0;               //拉低数据总线 DQ 开始时间隙
    DS18S20_DQ = 1;               //DQ 置 1
    for(i = 0;i < 3;i ++);        //延时
    return DS18S20_DQ;            //返回数据总线 DQ 上的位数据
}
```

7.5.6　字节读取函数

字节读取函数 ReadByte 用于从单总线上读取从器件返回的一个字节数据。程序中采用循环移位的方式，每次调用位读取函数 ReadBit 读取一位。字节读取函数 ReadByte 的程序代码如下：

```
uchar ReadByte( )
{
    uchar i;
    uchar value = 0;
    for(i = 0;i < 8;i ++)          //读取字节,每次读取一位
    {
```

```
if(ReadBit())
value |=0x01<<i;   //循环左移
Delay(7);
}

return(value);       //返回字节数据
}
```

7.5.7　读取 ROM 代码函数

读取 ROM 代码函数 ReadROMSerialNumber，用于读取单总线上单个 DS18S20 器件的 ROM 代码。程序中首先使用 Reset 函数复位单总线上的所有器件，然后调用字节写入函数来执行读出 ROM 序列号命令（代码为 33H）。接着，循环调用字节读取函数来读取 DS18S20 返回的 8 个 ROM 序列号字节。最后，通过串口输出该 ROM 序列号。读取 ROM 代码函数 ReadROMSerialNumber 的程序代码如下：

```
void ReadROMSerialNumber( )
{
    int n;
    char dat[9];
    printf(" \nReading DS18S20 ROM Code \n");   //输出信息
    Reset();                                    //复位函数
    WriteByte(0x33);                            //读出 ROM 序列号命令
    for(n=0;n<8;n++)
    {
        dat[n]=ReadByte();                      //循环读 ROM 序列号
    }
        printf(" \nDS18S20
    ROMCode=%X%X%X%X \n",dat[7],dat[6],dat[5],dat[4],dat[3],dat[2],dat[1],
dat[0]);
}
```

7.5.8　CRC 校验函数

CRC 校验函数 CRCCheck 用于完成一次循环冗余检验。一般来说，在进行 ROM 搜索时需要 CRC 校验。CRC 校验函数 CRCCheck 的程序代码如下：

```
uchar CRCCheck(uchar x)
{
    CRCdsc=dsc[CRCdsc^x];    //查表校验
    Return CRCdsc;
}
```

其中采用了查表法来实现 CRC 校验，在程序设计时，需要预先定义该 CRC 校验表，示例如下：

```
uchar code dsc[]=
{0,94,188,226,97,63,221,131,194,156,126,32,163,253,31,65,157,195,33,127,252,
162,64,30,95,1,227,189,62,96,130,220,35,125,159,193,66,28,254,160,225,191,93,3,
```

128,222,60,98,190,224,2,92,223,129,99,61,124,34,192,158,29,67,161,255,70,24,250,
164,39,121,155,197,132,218,56,102,229,187,89,7,219,133,103,57,186,228,6,88,25,71,
165,251,120,38,196,154,101,59,217,135,4,90,184,230,167,249,27,69,198,152,122,36,
248,166,68,26,153,199,37,123,58,100,134,216,91,5,231,185,140,210,48,110,237,179,
81,15,78,16,242,172,47,113,147,205,17,79,173,243,112,46,204,146,211,141,111,49,
178,236,14,80,175,241,19,77,206,144,114,44,109,51,209,143,12,82,176,238,50,108,
142,208,83,13,239,177,240,174,76,18,145,207,45,115,202,148,118,40,171,245,23,73,
8,86,180,234,105,55,213,139,87,9,235,181,54,104,138,212,149,203,41,119,244,170,
72,22,233,183,85,11,136,214,52,106,43,117,151,201,74,20,246,168,};116,42,200,150,
21,75,169,247,182,232,10,84,215,137,107,53};

7.5.9　搜索器件函数

搜索器件函数 SearchDevice 用于搜索单总线上的下一个 DS18S20 器件。在程序中主机循环搜索，指导全部 ROM 字节 0～7 都完成。如果单总线上没有其他 DS18S20 器件则返回"FALSE"。在 ROM 搜索时，主机写入搜索 ROM 序列号命令（代码为 F0H）并需要执行 CRC 校验。搜索器件函数 SearchDevice 的程序代码如下：

```
uchar SearchDevice( )
{
    uchar    m = 1;        //DS18S20 ROM 位索引
    uchar    n = 0;        //DS18S20 ROM 字节索引
    uchar    k = 1;
    uchar    x = 0;
    uchar    discrepMarker = 0;
    uchar    g;
    uchar    nxt;
    int    flag;
    nxt = FALSE;
    CRCdsc = 0;
    flag = Reset();        //复位函数
    if(flag || EndFlag)    //如果没有其他器件
    {
            LastData = 0;
            return FALSE;  //返回"FALSE"
    }
    WriteByte(0xF0);       //搜索 ROM 命令
        do                 //循环
    {
        x = 0;
        if(ReadBit() ==1) x = 2;
        Delay(8);
        if(ReadBit() ==1) x |=1;
        if(x ==3) break;
```

```
        else
    {
        if(x > 0)
            g = x >> 1;
        else
    {
        if(m < LastData)
            g = ((DS18S20ROM[n]&k) > 0);
        else
            g = (m == LastData);
        if(g == 0) discrepMarker = m;
    }
        if(g == 1)
            DS18S20ROM[n] |= k;
        else
            DS18S20ROM[n] & =~ k;
            writeBit(g);         //位写入函数
            m ++ ;
            k = k << 1;
        If(k == 0)
    {
        CRCCheck(DS18S20ROM[n]);   //CRC 校验
        n ++ ,k ++ ;
    }
    }
}while(n < 8);         //直到全部 ROM 字节 0~7 都完成
        if(m < 65 ‖ CRCdsc)
        LastData = 0;
    else                     //搜索成功
    {
        LastData = discrepMarker;   //置位 LastData,lastone 和 nxt
        EndFlag = (LastData == 0);
        nxt = TRUE;               //表示总线上还有其他器件,搜索未结束
    }

        return nxt;
}
```

7.5.10 搜索第一个器件函数

搜索第一个器件函数 FindFirstDevice 用于搜索单总线上的第一个 DS18S20。在程序中,主要调用搜索器件函数 SearchDevice 来完成一次搜索。搜索第一个器件函数 FindFirstDevice 的程序代码如下:

```
uchar FindFirstDevice( )
```

```
{
    LastData = 0;
    EndFlag = FALSE;
    return SearchDevice();   //搜索器件函数 SearchDevice
}
```

7.5.11　读取暂存器函数

　　读取暂存器函数 ReadData 用于读取 DS18S20 内部高速暂存器。程序中首先执行读暂存器命令（代码为 BEH），然后通过循环调用字节去读函数来读取暂存器中 9 个字节的数据。读取暂存器函数 ReadData 的程序代码如下：

```
void ReadData( )
{
    int j;
    char pad[10];
    printf("\nReading ScratchPad Data \n");
    WriteByte(0xBE);
    for(j = 0;j < 9;j ++)
    {
        pad[j] = ReadByte();
    }
        printf("\n ScratchPAD DATA = %X%X%X%X%X%X%X \n",pad[8],pad[7],pad[6],
        pad[5],pad[4],pad[3],pad[2],pad[1],pad[0]);
}
```

7.5.12　查找器件函数

　　查找器件函数 FindDevice 用于查找单总线上的所有 DS18S20 器件。程序中首先复位单总线，通过返回值确定是否存在任何器件。如果总线上存在 DS18S20，则将其唤醒并调用。程序中使用 FindFirstDevice 函数查找第一个器件，并返回到 SearchDevice 函数。SearchDevice 函数用于识别总线上每个器件唯一 ROM 序列号。查找器件函数 FindDevice 的程序代码实例如下：

```
void FindDevice(void)
{
    uchar m;
    if(!Reset())
    {
        if(FindFirstDevice())
        {
            numROMs = 0;
            do
            {
                numROMs ++;
                For(m = 0;m < 8;m ++)
```

```
                                    {
                                        ROMFound[numROMs][m] = DS18S20ROM[m];
                                    }
                                    printf("\nDS18S20 ROM CODE = %02X%02X%02X%02X\n",ROM-
Found[5][7],
                                    ROMFound[5][6],ROMFound[5][5],ROMFound[5][4],ROMFound
[5][3],
                                    ROMFound[5][2],ROMFound[5][1],ROMFound[5][0]);
                                }while(SearchDevice()&&(numROMs<10));
                    }
                }
            }
        }
```

7.5.13 读取温度函数

读取温度函数 ReadTemperature 用于读取 DS18S20 测量的温度。如果单总线上只有一个 DS18S20 可以使用该函数来获取测量温度，程序中首先复位单总线，然后启动温度转换命令（代码为 44H）。接着通过读暂存器命令（代码为 BEH）读取温度数据，最后通过处理输出对应的摄氏温度值及华氏温度值。读取温度函数 ReadTemperature 的程序代码如下：

```
void ReadTemperature( )
{
    char get[10];
    char temp_lsb,temp_msb;
    int k;
    char Ftemperature,Ctemperature;
    Reset();        //复位
    WriteByte(0xcc); //跳过 ROM 序列号命令(代码为 CCH)
    WriteByte(0x44); //启动温度转换命令(代码为 44H)
    Delay(5);
    Reset();
    WriteByte(0xcc);
    WriteByte(0xBE); //读暂存器命令(代码为 BEH)
    for(k=0;k<9;k++)
    {
        get[k] = ReadByte();   //循环读取
    }
    printf("\n Scratch DATA = %X%X%X%X%X\n",get[8],get[7],get[6],get[5],get[4],
get[3],get[2],get[1],get[0]);
    temp_msb = get[1];
    temp_lsb = get[0];
    if(temp_msb <= 0x80)
    {
```

```
        temp_lsb = (temp_lsb/2);                    //移位,得到完整的温度值
    }
    temp_msb = temp_msb&0x80;                        //屏蔽符号位之外的所有数据位
    if(temp_msb >= 0x80)
    {
        temp_lsb = (~temp_lsb) +1;                   //temp_lsb 取补码
    }
    if(temp_msb >= 0x80)
    {
        temp_lsb = (temp_lsb/2);                     //移位,得到完整的温度值
    }
    if(temp_msb >= 0x80)
    {
        temp_lsb = (( -1) * temp_lsb);               //符号位
    }
    printf(" \nTempC = %d degrees C \n",(int)temp_lsb);        //摄氏温度值输出
    Ctemperature = temp_lsb;
    Ftemperature = (((int)Ctemperature) * 9) /5 +32;
    printf(" \nTempF = %d degrees F \n",(int)Ftemperature);    //华氏温度值输出
}
```

7.6　主函数

　　以 STC89C51RC 作为单总线主机,定义 P1.0 引脚为单总线的数据总线,驱动蜂鸣器的三极管的基极接 P3.0,LCD1602 的 D0～D7 口接 P0,RS 口接 P2.0,R/W 口接 P2.1,E 口接 P2.2。主函数中首先初始化串行口为模式 1,波特率为 4 800 bit/s;接着通过 while 循环语句来扫描串口输入,根据输入数据来调用函数执行不同的功能。主函数的程序代码如下:

```
#include <stdio.h>
#include <reg52.h>
#define FALSE 0
#define TRUE 1
#define uchar unsigned char
sbit DS18S20_DQ = P1^0;
sbit RS = P2^0;
sbit RW = P2^1;
sbit E = P2^2;
#define LCDDATA P0
void Delay_xms(unsigned int x);
void Delay_xms(unsigned int t);
void LCD_en_write();
```

```c
void Write_Instruction(unsigned char command);
void Write_Data(unsigned char Wdata);
void LCD_SET_XY(unsigned char X,unsigned char Y);
void LCD_write_str(unsigned char X,unsigned char Y,unsigned char * s);
void LCD_clear();
void LCD_init();
char Ftemperature,Ctemperature;
char * s,temp[5]=0;

uchar DS18S20ROM[8];          //DS18S20 ROM 位
uchar LastData=0;
uchar EndFlag=0;
uchar ROMFound[5][8];         //DS18S20 的 ROM 代码表
uchar numROMs;
uchar CRCdsc;        //用于 CRC 校验

void main( )
{
    int i=0,temp_int,m,n,k;
    m=0,n=0,k=0;
    SCON=0x50;        //初始化串行口,模式1
    TMOD=0x20;        //初始化 T1 位定时功能,模式2
    PCON=0x80;        //设置 SMOD=1
    TL1=0xF4;         //波特率4 800 bit/s,初值
    TH1=0xF4;

    TR1=1;            //启动 T1
    TI=1;             //启动发送
    LCD_clear();
    LCD_init();
    LCD_write_str(1,0,"wendu:");
    while(1)
    {

            FindFirstDevice();        //搜索第一个器件
            FindDevices();            //查找器件函数
            WriteByte(0xcc);          //跳过 ROM 序列号命令
            ReadData();               //读取高速暂存器
            ReadTemperature();        //读取温度值
            Temp_int=Ctemperature*10;
            temp[0]=Temp_int/100;
            temp[1]=(temp_int%100)/10;
            Temp[2]='.';
```

```
        temp[3] = (temp_int%100)%10;
        *s = temp;
        LCD_write_str(1,6,*s);
        if(Ctemperature > 37.3)
        {
            P3_0 = 1;
            Delay_xms(200);
            P3_0 = 0;
            Delay_xms(200);
        }
    }
}
```

7.7　小结

本项目介绍了温度测量系统的设计与制作，介绍了 LCD1602 的管脚功能、指令和使用方法，温度测量芯片 DS18S20 的管脚、指令功能和使用方法，三极管和蜂鸣器的使用方法，以及温度测量系统的硬件电路设计、程序的设计方法。本项目要掌握的重点内容如下：

（1）温度传感器的性能指标；

（2）温度传感器的基本指令；

（3）LCD1602 的管脚功能；

（4）LCD1602 的基本指令；

（5）温度传感器的子程序；

（6）LCD1602 的子程序；

（7）温度测量系统的电路设计；

（8）温度测量系统的程序设计。

思考与练习题

一、单选题

1. 以下哪个芯片是温度测量芯片？（　　　）

A. LM1805　　　　　　B. MAX232　　　　　C. DS18S20　　　　　D. DS1302

2. LCD1602 能够显示哪些内容？（　　　）

A. 字符　　　　　　　　　　　　　　　B. 数字

C. 汉字或图形　　　　　　　　　　　　D. 以上都有

3. DS1302 采用哪种通信方式？（　　　）

A. 单总线　　　　　　　　　　　　　　B. SPI 通信

C. I^2C 通信　　　　　　　　　　　　D. 串口通信

4. DS18S20 的测量精度是（　　　）。

A. 0.2 ℃　　　　　　　B. 0.5 ℃　　　　　　C. 0.1 ℃　　　　　　D. 1 ℃

5. （　　　）是 LCD1602 的清屏指令。

A. 0x01　　　　　　　B. 0x38　　　　　　　C. 0x04　　　　　　　D. 0x07

二、简答题

1. 什么是 A/D 转换和 D/A 转换？

2. 什么是单总线通信？

3. 给温度测量芯片 DS18S20 写指令和从芯片读数据的方法分别是什么？

4. LCD1602 的工作原理是什么？

前面已经介绍了单片机的硬件结构、C51 程序设计方法、定时/计数器、人机接口通道设计、模拟量与数字量及其相互转换方法等单片机开发的基本技术。在此基础之上，本项目给出 5 个单片机综合应用实践案例，将所学知识系统化，使读者深入领会单片机应用系统的设计、开发思路和方法。

实例 8.1　数字钟设计

数字钟是单片机应用系统设计的经典项目，综合运用了键盘、定时器、中断等模块，还可以扩展远程通信 A/D 等功能，达到将所学知识融会贯通的目的。数字钟功能和难易程度容易控制，设计方法多种多样，是所有应用系统设计的基础。

8.1.1　任务要求

显示当前的时间。

手动修改时间信息。

手动开启/关闭闹钟功能，而且有闹钟状态指示灯。

手动设置闹钟，而且当达到设置好的时间点时报警。报警时间长度设置为 5 s。

8.1.2　任务分析

51 单片机核心模块包括①51 单片机最小系统模块，是设计应用系统的控制核心；②显示模块用于，显示时间、设置闹钟时间等时间信息；③闹钟状态指示灯，指示闹钟当前状态（开启或关闭）；④闹钟报警模块，采用声音报警；⑤键盘输入模块，用来设置时间、开启或关闭闹钟、设置闹钟时间等。

8.1.3　硬件电路设计

数字钟的硬件电路如图 8.1 所示。

1. 显示模块

采用一个 8 位共阴极 LED 数码管显示时间和闹钟时间，显示格式：hh – mm – ss（时 – 分 – 秒），单片机的 P1 口连接段选端，采用 8 全相三态缓冲器/线驱动器 74LS245，P2 口连接位选码。

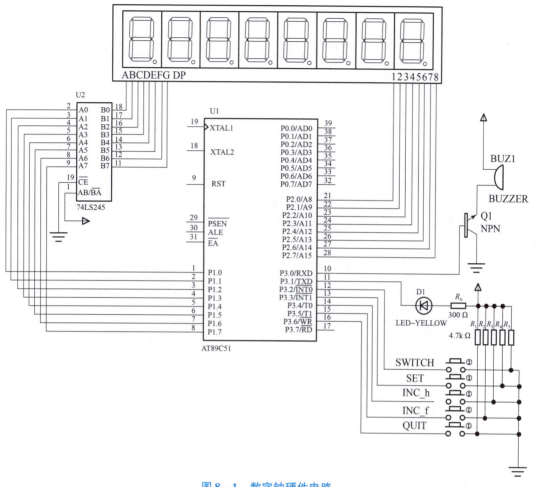

图 8-1　数字钟硬件电路

2. 闹钟指示灯

一个 LED 作为闹钟状态指示灯，LED 亮，表示闹钟功能开启；LED 灭，表示闹钟功能关闭。由单片机的 P3.1 引脚控制。

3. 闹钟警报

闹钟报警采用蜂鸣器发声装置，由单片机的 P3.0 引脚控制。

4. 键盘输入

一般而言，当系统需要键盘数量超过 8 个时，采用矩阵键盘实现；否则，采用独立式按键实现。按照设计要求，数字钟需要 5 个按键，所以采用独立式按键的连接方式，分别由单片机的 P3.2 ~ P3.6 控制。按键的功能定义如表 8.1 所示。

表 8.1　按键功能定义

序号	连接引脚	定义名称	功能
1	P3.2	SWITCH	外部中断 0，闹钟开关
2	P3.3	SET	外部中断 1，进入设置闹钟状态，进行闹钟设置，按下 QUIT 键退出

序号	连接引脚	定义名称	功能
3	P3.4	INC_h	调整时钟和闹钟时,按一下小时加1,加到23后回到0
4	P3.5	INC_f	调整时钟和闹钟时,按一下分钟加1,加到59后回到0
5	P3.6	QUIT	退出设置闹钟

8.1.4　程序设计

主函数完成定时/计数器、中断等初始化设置后,无限循环调用 LED 扫描显示函数、时间调整修改函数和判断报警函数。所以,在系统运行时,只要按下时间调整按键,就可以修改时间。

系统有 5 个按键,其中按键 SWITCH 和 SET 采用外部中断编程。按键 SWITCH 的中断函数,实现闹钟开关功能;按键 SET 的中断函数,实现闹钟设置功能。其余 3 个按键采用查询方式编程,分别在时间修改函数和闹钟设置外部中断 1 函数中使用。

数字钟程序如下。

```
//功能:数字钟程序
#include <REG51.h>
//头文件包含,定义51单片机的专用寄存器
#define uint unsigned int
#define uchar unsigned char
//函数声明
void tiaojie( );//调节时间函数声明
void naozhong();//闹钟设置函数声明
void alarm();//闹钟函数声明
//5个按键定义
sbit SWITCH = P3^2;//外部中断0,闹钟功能切换键
sbit SET = P3^3;//外部中断1,进入设置闹钟状态,按下QUIT键退出
sbit INC_h = P3^4;//设置时钟和闹钟时,小时加1按键,加到23后回到0
sbit INC_f = P3^5;//设置时钟和闹钟时,分钟加1按键,加到59后回到0
sbit QUIT = P3^6;//退出设置闹钟
//蜂鸣器和闹钟开关指示灯定义
sbit BEEP = P3^0;//蜂鸣器端口
sbit LED = P3^1;//闹钟开关指示灯,灯灭表示闹钟关闭,灯亮表示闹钟开启
//定义全局变量
uchar m,f,s,w;//w为累计50ms的次数,m为秒计数,f为分计数,h为时计数
uchar f_nao,s_nao;//f_nao为闹钟分计数,s_nao闹钟时计数
bit flag_nao;//flag_nao=0,off;flag_nao=1,on;
//函数名:ledsan
//函数功能:实现8位LED数码管动态显示时-分-秒
//形式参数:unsigned char h;unsigned char m;unsigned char s
```

```
//扫描的是 h、m、s,分别对应时、分、秒
//返回值:无。
void ledscan(unsigned char h,unsigned char m,unsigned char s) reentrant
{
uchar led[] = {0x3f,0x06,0x5b,0x4f,0x66,0x6d,0x7d,0x07,0x7f,0x6f};//0~9 共阴极
显示码表
unsigned int j;
P1 = led[s%10];            //第 1 位显示,显示秒个位并送入 P1 口
P2 = 0x7f;                 //位选码 0111 1111 送入 P2 口
for(j = 0;j < 100;j ++);//小延时
P2 = 0xff;                 //关闭使能端,消隐
P1 = led[s/10];            //第 2 位显示,显示秒十位并送入 P1 口
P2 = 0xbf;                 //位选码 1011 1111 送入 P2 口
for(j = 0;j < 100;j ++);//小延时
P2 = 0xff;
P1 = 0x40;                 //第 3 位显示,显示字符 - 并送入 P1 口
P2 = 0xdf;                 //位选码 1101 1111 送入 P2 口
for(j = 0;j < 100;j ++);//小延时
P2 = 0xff;
P1 = led[m% 10];           //第 4 位显示,显示分个位并送入 P1 口
P2 = 0xef;                 //位选码 1110 1111 送入 P2 口
for(j = 0;j < 100;j ++);//小延时
P2 = 0xff;                 //关闭使能端,消隐
P1 = led[m/10];            //第 5 位显示,显示分十位并送入 P1 口
P2 = 0xf7;                 //位选码 1111 0111 送入 P2 口
for(j = 0;j < 100;j ++);//小延时
P2 = 0xff;
P1 = 0x40;                 //第 6 位显示,显示字符 - 并送入 P1 口
P2 = 0xfb;                 //位选码 1111 1011 送入 P2 口
for(j = 0;j < 100;j ++);//小延时
P2 = 0xff;
P1 = led[h% 10];           //第 7 位显示,显示时个位并送入 P1 口
P2 = 0xfd;                 //位选码 1111 1101 送入 P2 口
for(j = 0;j < 100;j ++);//小延时
P2 = 0xff;                 //关闭使能端,消隐
P1 = led[h/10];            //第 8 位显示,显示时十位并送入 P1 口
P2 = 0xfe;                 //位选码 1111 1110 送入 P2 口
for(j = 0;j < 100;j ++);//小延时
P2 = 0xff;
}
//函数功能:每次按下 INC_h 实现时钟的小时加1,每次按下 INC_f 实现时钟的分钟加1
//用来调节时间
//形式参数无,返回值无
```

```
void tiaojie()
{
if(INC_h==0)
{
ledscan(s,f,m);
if(INC_h==0)
{
if(s==23)s=0;else s++;
while(!INC_h)ledscan(s,f,m);//判断按键是否释放
}
}
else if(INC_f==0)
{
ledscan(s,f,m);
if(INC_f==0)
{

if(f==59)f=0;else f++;
while(!INC_f)        ledscan(s,f,m);//判断按键是否释放
}
}
}
//函数功能:当时间和设置闹钟时间相等时,闹钟设置5 s
//形式参数无,返回值无
void alarm()
{
if(flag_nao)
{
if(f==f_nao&&s==s_nao)
{
while(m<=5&&flag_nao)
{
BEEP=!BEEP;
ledscan(s,f,m);
}
}
}
}
//函数功能:T0中断服务函数,在T0的工作方式1,采用内部闹钟实现实时时钟
void t0() interrupt 1
{
TH0=(65536-50000)/256;
TL0=(65536-50000)%256;
```

```
w++;
if(w==20)
{
w=0;m++;
if(m==60)
{f++;m=0;
if(f==60){s++;f=0;if(s==24)s=0;}
}
}
}
//函数功能:外部中断0中断服务函数,SWITCH按键控制flag_nao
//当闹钟响时,按下此键立即关掉闹钟,同时关掉闹钟功能
void guan_naozhong()interrupt 0
{
flag_nao=~flag_nao;
LED=~LED;
while(!SWITCH)ledscan(s,f,m);
}
//函数功能:外部中断1中断服务函数,用来调节闹钟时间,实现每次按键INC_h时钟加1,每次按键
INC_f分钟加1
void naozhong() interrupt 2
{
f_nao=f;
s_nao=s;
while(QUIT)
{
ledscan(s_nao,f_nao,0);
if(INC_h==0)
{
ledscan(s_nao,f_nao,0);
if(INC_h==0)
{
if(s_nao==24)s_nao=0;
else         s_nao++;
}
while(!INC_h)ledscan(s_nao,f_nao,0);
}
else if(INC_f==0)
{ledscan(s_nao,f_nao,0);
if(INC_f==0)
{
if(f_nao==59)f_nao=0;
else       f_nao++;
```

```
            }
while(!INC_f)ledscan(s_nao,f_nao,0);
        }
    }
}
void main()
{
TMOD = 0x01;
TH0 = (65536 - 50000)/256;
TL0 = (65536 - 50000)%256;
TR0 = 1;
ET0 = 1;
IT1 = 1;
IT0 = 0;
EX1 = 1;
EX0 = 1;
PT0 = 1;
EA = 1;
f = 0;
m = 0;
BEEP = 0;
flag_nao = 0;
while(1)
{
ledscan(s,f,m);
tiaojie();
alarm();
}
}
```

实例 8.2　十字路口的交通灯设计

8.2.1　任务要求

用单片机 AT89C51 的 T0 中断模拟控制十字路口的交通信号指示灯（红、绿、黄）。具体要求如下：

（1）东西方向的绿灯与南北方向的红灯同时亮 5 s；

（2）东西方向的绿灯熄灭，同时东西方向的黄灯闪烁 5 次，闪烁间隔 400 ms；

（3）东西方向的红灯与南北方向的绿灯同时亮 5 s；

（4）南北方向的绿灯熄灭，同时南北方向的黄灯闪烁 5 次。

（1）～（4）操作按顺序反复执行。

8.2.2 任务分析

用单片机控制交通信号灯，主要就是控制时间，我们可以很直接地运用单片机的定时/计数器来控制时间，采用中断的方式来执行相应的操作任务。本任务在硬件连接上非常简单，用高电平点亮交通信号灯，东西方向的用 P0.0～P0.2 控制，南北方向的用 P0.3～P0.5 控制，由于 P0 口内部没有上拉电阻，信号灯又是高电平点亮，所以 P0 口要外接上拉电阻，可用排阻来实现。

十字路口的交通信号灯通常按照规定的时间交替变化，我们的任务是使交通灯按照 4 种类型的操作循环变化，因此采用开关语句，分为 4 种情况完成。交通信号灯点亮的时间和闪烁的时间由 T0 控制。我们把 T0 设置为工作方式 1，最大计数值为 65 536，为了容易定时为 5 s 和 400 ms，我们将 T0 设置为 15 536，晶振的频率为 12 MHz，机器人周期为 1 μs，这样计数一轮是 50 ms，每次计数满 TF0 置 1 触发中断，经过 8 次中断正好 400 ms，经过 100 次中断正好 5 s。

8.2.3 硬件电路

1. 元器件的选择

根据任务要求，交通信号灯设计元器件清单如表 8.2 所示。

表 8.2 交通信号灯设计元器件清单

元器件名称	参数	数量
单元机	AT89C51	1
晶体振荡器	12 MHz 晶体	1
瓷片电容	22 pF	2
电解电容	10 μF	1
电阻	10 kΩ	1
排阻	200 Ω×8	1
信号灯	红绿黄	4

2. 硬件电路原理图

首先在 Proteus 软件中绘制好 AT89C51 的最小系统电路，将 4 个交通信号灯连接到 P0 口。由于东西方向的交通信号灯的亮法是一样的，所以可以由同一个端口控制，P0.0 口连接红灯，P0.1 口连接绿灯，P0.2 口连接黄灯。同样地，南北方向的红灯连接 P0.3 口，绿灯连接 P0.4 口，黄灯连接 P0.5 口。交通信号灯在控制端送 1 时点亮，送 0 时熄灭，所以 P0 口用排阻上拉。交通信号灯的信号硬件电路如图 8.2 所示。

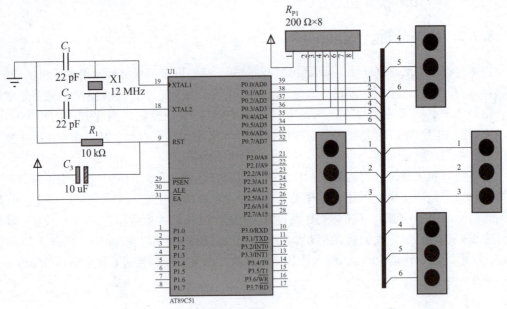

图 8.2 交通信号灯硬件电路

8.2.4 软件程序设计

```
//宏定义
#include < reg51.h >
#define uchar unsigned char
#define uint unsigned int


//定义控制端口
sbit   RED_A = P0^0;          //东西向指示灯
sbit   YELLOW_A = P0^1;
sbit   GREEN_A = P0^2;
sbit   RED_B = P0^3;          //南北向指示灯
sbit   YELLOW_B = P0^4;
sbit   GREEN_B = P0^5;


//定义全局变量
uchar Time_Count = 0;         //延时倍数
uchar Flash_Count = 0;        //闪烁次数
uchar Operation_Type = 1;    //操作类型变量
//T0 中断子程序
void   T0_INT ( ) interrupt 1
{   TH0 = -50000/256;
    TL0 = -50000% 256;
    switch (Operation_Type)
      { case 1:  //东西向绿灯与南北向红灯亮 5 s
```

```
              RED_A = 0; YELLOW_A = 0; GREEN_A = 1;
              RED_B = 1; YELLOW_B = 0; GREEN_B = 0;
              //5 s后切换操作(50 ms×100=5 s)
              if( ++ Time_Count ! = 100) return;
              Time_Count = 0;
              Operation_Type = 2;          //进入操作类型2
              break;
      case 2:  //东西向黄灯开始闪烁,绿灯灭
              if ( ++ Time_Count ! = 8) return;
              Time_Count = 0;
              YELLOW_A = ! YELLOW_A;
              GREEN_A = 0;
              //闪烁5次
              if ( ++ Flash_Count ! = 10) return;
              Flash_Count = 0;
              Operation_Type = 3;          //进入操作类型3
              break ;
      case 3:  //东西向红灯与南北向绿灯亮5 s
              RED_A = 1; YELLOW_A = 0; GREEN_A = 0;
              RED_B = 0; YELLOW_B = 0; GREEN_B = 1;
              //南北向绿灯亮5 s后切换
              if( ++ Time_Count ! = 100) return;
              Time_Count = 0;
              Operation_Type = 4;          //进入操作类型4
              break;
      case 4:  //南北向黄灯开始闪烁,绿灯灭
              if ( ++ Time_Count ! = 8) return;
              Time_Count = 0;
              YELLOW_B = ! YELLOW_B;
              GREEN_B = 0;
              //闪烁5次
              if ( ++ Flash_Count ! = 10) return;
              Flash_Count = 0;
              Operation_Type = 1;          //回到操作类型1
              break ;
      }
}
//主程序
void  main ()
{   TMOD = 0x01;       //T0 工作在方式1
    TH0 = -50000/256; //赋初值,计数50 000 次
    TL0 = -50000%256;
    EA =1 ;            //允许总中断
```

```
        ET0 =1;                //允许 T0 中断
        TR0 = 1 ;              //启动 T0
        while(1) ;
    }
```

注意：理解单片机中断控制交通信号灯程序的关键是理解 T0 中断的时间和过程。

8.2.5 软硬件联合调试

将编写的程序在 Keil C51 中编译成 ∗.hex 文件后调入 Proteus 硬件电路图的 AT89C51 中运行，交通信号灯就会按照任务要求中（1）~（4）的规定交替点亮或闪烁。这里设置的时间较短，不符合实际交通信号灯的要求，可以将其修改为实际的时间，只要修改程序中相应的部分就可以了。

在联合调试时会发现，在开机一瞬间所有的灯都会闪亮一下，时间非常短。那是因为 P0 口在一开始排阻上拉瞬间是高电平，所以连接的灯就都亮了一瞬间。怎么消除这开机瞬间的所有灯点亮的现象呢？请同学们自己想想。

实例8.3 数字电压表设计

8.3.1 任务要求

用 AT89C51 和 ADC0809 设计一只简单的数字电压表，可以测量 0 ~ +5 V 的电压，并将测得的电压数值显示在 4 位共阴极的数码管上，要求测量精度为 0.01 V，即保留两位小数。

8.3.2 任务分析

要实现本任务的要求，ADC0809 是作为读取模拟电压值的 A/D 转换芯片，在其输入通道 IN3 上接入被测电压就可以了。由于 ADC0809 的供电电压是 +5 V，所以其输入通道只能输入 0 ~ +5 V 的电压，正好与任务要求符合，可以使用一只简单的可调电阻，其一端接 +5 V，一端接地，中间的可调脚接入 ADC0809 的 IN3，只要滑动电阻的可调脚，IN3 上就能输出不同的电压值，通过 ADC0809 A/D 转换成数字量后送入 AT89C51 的 P3 口，AT89C51 再将接收到的电压值的数字量还原为模拟量显示在数码管上。

由于 0 ~ +5 V 的模拟电压值转换为 8 位数字量 00000000 ~ 11111111（0~255），一个数字量单位的电压值是 5 V/255，将数字量还原为模拟量时只要将 P3 口读取的数值乘以 5 V/255 就可以了。我们可以用 T0 的定时中断为 ADC0809 提供 CLK 信号。

8.3.3 硬件电路

1. 元器件的选择

根据任务的要求和分析，采用 AT89C51 作为 CPU，ADC0809 作为 A/D 转换芯片，一只可调电阻用来获取不同的电压，一只 4 位的共阴极数码管显示电压，包括 AT89C51 工作的外围电路，设计所用元器件清单如表8.3所示。

表8.3　数字电压表设计元器件清单

元器件名称	参数	数量	元器件名称	参数	数量
单片机	AT89C51	1	可调电阻	1 kΩ	1
晶体振荡器	12 MHz	1	排阻	1 kΩ×8	1
瓷片电容	22 pF	2	LED 数码管	4 位共阴极	1
电解电容	10 μF	2	A/D 转换芯片	ADC0809	1
电阻	10 kΩ	1			

2. 硬件电路设计

根据前面的分析，数字电压表的硬件电路如图8.3所示，首先将AT89C51的基本工作电路（电源电路、时钟电路和复位电路）连接好，ADC0809 的 8 位数字量输出线接AT89C51 的 P2 口，OE 接 P1.0 口，EOC 接 P1.1 口，ALE 接 P1.2 口，CLK 接 P1.3 口，ADDA ~ ADDC 接 P1.4 ~ P1.6 口。IN3 接可调电阻 R_{V1} 的可调脚，VREF（ + ）接 +5 V 电源，VREF（ – ）接地。4 位共阴极 LED 数码管的 3 位位选端由 P2.1 ~ P2.3 口控制，段码接 P0口，需要通过排阻上拉。

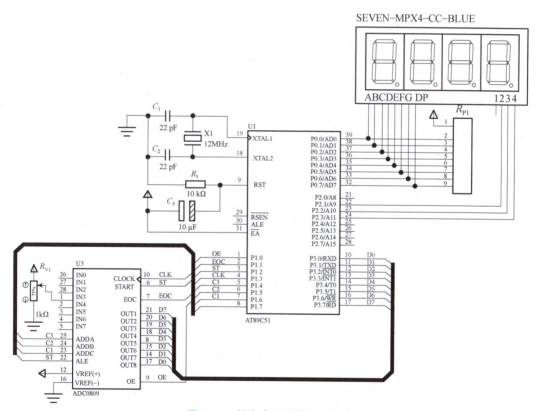

图 8 – 3　数字电压表的硬件电路

8.3.4 程序设计

```
//宏定义

#include < reg51.h >
#define uchar unsigned char
#define uint unsigned int


//数码管码表
uchar code LEDData[ ] = { 0x3f, 0x06, 0x5b, 0x4f, 0x66, 0x6d, 0x7d, 0x07, 0x7f, 0x6f};


//ADC0809 控制脚定义
sbit  OE = P1^0;
sbit  EOC = P1^1;
sbit  ST = P1^2;
sbit  CLK = P1^3;


//延时 1 ms 子程序
void DelayMS(uint x)
{   uchar i;
    while(x -- )
        for(i = 0; i < 120; i ++);
}


//显示转换结果子程序
void Display(uchar d)
{   float a;
    uint b;
    a = d * 5 /255;                 //计算出电压模拟量值
    b = a * 100 + 0.5 ;             //保留两位小数,四舍五入
    P2 = 0xf7;                      //数码管第4位显示个位数
    P0 = LEDData[ b%10];
    DelayMS(5);
    P0 = 0x00;
    P2 = 0xfb;                      //数码管第3位显示十位数
    P0 = LEDData[ b%100 /10];
    DelayMS(5);
    P0 = 0x00;
    P2 = 0xfd;                      //数码管第2位显示百位数和小数点
    P0 = LEDData[ b/100] | 0x80;    //把小数点加入段码
    DelayMS(5);
    P0 = 0x00;
}
```

```
//主程序
void main( )
{   TMOD = 0x02;          //定时器 0 工作在方式 2
    TH0 = 0x14;
    TL0 = 0x14;
    IE = 0x82;            //开 T0 中断
    TR0 = 1;
    P1 = 0x3f;            //选择 ADC0809 的通道 3(011)
                         //高 4 位设通道地址为 011(3),低 4 位为 ST、EOC、OE 等
    while(1)
    {  ST = 0;
       ST = 1;
       ST = 0;           //启动转换
       while(EOC == 0);  //等待转换结束
       OE = 1;           //允许输出
       Display(P3);      //显示 A/D 转换结果
       OE = 0;           //关闭输出
    }
}


//T0 中断子程序
void Timer0_INT( ) interrupt 1
{
    CLK = ! CLK;                //ADC0809 时钟信号
}
```

在程序中首先设置共阴极 LED 数码管的段码表 LEDData[ ]数组，对由 P1.0 ~ P1.3 口控制 ADC0809 的信号进行定义。在主程序中设置 T0 的定时中断，由于采用 12 MHz 的晶振，TH0 = TL0 = 0x14，中断就是对 CLK 取反，两次中断得到一个 CLK 周期，所以 CLK 的周期是 472 μs。P1 口设为 0x3f，表示模拟信号从 IN3 输入。启动 ADC0809 的转换后，等待其转换结束，将显示结果送去显示。转换结果从 P3 口读出后，调用显示转换结果子程序。

在显示转换结果子程序中，首先要把从 P3 口读取的数字量转换为模拟量乘以 5/255，由于要求测量结果保留两位小数，所以把得到的电压值乘以 100 后赋给整型变量就把 3 位以下的小数位都去掉了，在这里加上 0.5 是为了四舍五入。然后把还原的模拟电压值送到共阴极 LED 数码管的相应位去显示即可，注意在第 2 位后要把小数点加上。

8.3.5 软硬件联合调试

将编写的程序在 Keil C51 中编译成 *.hex 后调入 Proteus 硬件电路图的 AT89C51 中运行，就能实现简单的数字电压表功能。运行后，滑动 R_{V1} 的可调脚，数码管会显示不同的电压值，测量范围为 0 ~ +5 V，精确度为 0.01 V。

注意： 在运用 ADC0809 与 51 单片机配合完成 A/D 转换时要注意单片机对 ADC0809 的控制信号的控制过程。

实例8.4　灯光亮度调节器的设计

8.4.1　任务要求

用 AT89C51 单片机和 DAC0832 控制一个发光二极管，使发光二极管的亮度逐渐变暗，再逐渐变亮，不断循环。

8.4.2　任务分析

若要改变发光二极管的亮度，就要改变通过发光二极管的电流。实现方法有很多种，利用 AT89C51 单片机控制 DAC0832 D/A 转换芯片，把 DAC0832 的输出转换成电压去驱动发光二极管。当 DAC0832 的输入数字量变化时，输出电压发生变化，通过发光二极管的电流也发生变化，发光二极管的亮度就改变了。

8.4.3　硬件设计

1. 元器件选择

关于点亮 LED 的电路，用一个电阻的一端连接 LED 的正极，另一端连接电源，LED 的负极接地就可以点亮 LED。当其分压电阻的阻值固定时，改变电源的电压值就可以改变 LED 的亮度。所以，用单片机控制 DAC0832 以产生不同的模拟电压作为 LED 的电源，就能制成一个灯光亮度调节器。所要用到的元器件清单如表 8.4 所示。

表8.4　灯光亮度调节器设计元器件清单

元器件名称	参数	数量
单片机	AT89C51	1
晶体振荡器	6 MHz	1
瓷片电容	22 pF	2
电解电容	10 μF	1
电阻	10 kΩ	1
电阻	470 Ω	1
运算放大器	UA471	1
D/A 转换芯片	DAC0832	1
发光二极管		1

2. 硬件电路设计

DAC0832 工作于单缓冲方式，地址由 P2 口和 P0 口决定，由于片选信号（CS）低电平有效，所以 P2.7 必须为 0，这样 DAC0832 的地址为 0x7ff。由于 DAC0832 的 VREF 端接 −5 V 的基准电压，所以其输出的单极性电压可在 0 ~ +5 V 变化。灯光亮度调节器的硬件电路如图 8.4 所示。

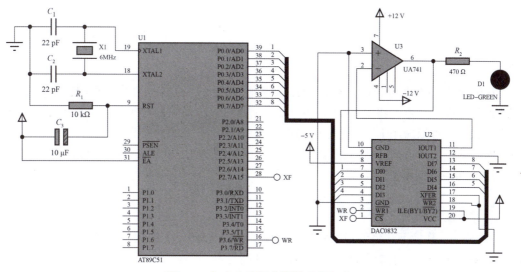

图 8.4　灯光亮度调节器的硬件电路

8.4.4　软件程序设计

根据任务要求，可以将 AT89C51 内部单元中的数据从 0xff 逐渐变到 0x00，再由 0x00 逐渐变到 0xff，并逐一送至 DAC0832，经过 D/A 转换后输出的模拟电压就可以使 LED 的亮暗程度发生变化，先由亮逐渐变暗，再由暗逐渐变亮。

源程序如下：

```c
#include <reg51.h>
#include <absacc.h>
#define uint unsigned int
#define uchar unsigned char
#define   DAC0832   XBYTE[0x7ff]
//延时子程序
void DelayMS(uint x)
{   uchar t;
      while(x--)
            for(t=0;t<120;t++);
}
//主程序控制灯光亮度变化
void main()
{uchar i;
      while(1)
```

```
    {for(i=256;i>0;i--)
            {DAC0832 = i;
                DelayMS(1);
            }
        for(i=0;i<256;i++)
            {DAC0832 = i;
                DelayMS(1);
            }
    }
}
```

DAC0832 的地址为 0xff，在程序的开始就已定义好，这样只要将传送的数字信号送到该地址就可以了。首先将"i－256"送入 DAC0832，转换输出的电压为 ＋5 V，LED 处于最亮的状况，逐渐减小 i 值，则输出的电压也逐渐减小，LED 由亮逐渐变暗，每次改变 i 值延时 1 ms，当 i 值减小到 0 后又逐渐增加，输出的电压就逐渐增大，LED 由暗逐渐变亮，用 while(1) 反复执行。

8.4.5 软硬件联合调试

在 Proteus 环境下，将编译好的软件程序下载到 AT89C51 中运行，可以看到 LED 如任务要求的一样先由亮逐渐变暗，再由暗逐渐变亮。

实例8.5   矩阵键盘控制模拟电子闹钟的设计

8.5.1 任务要求

设计一只模拟电子闹钟，要求用矩阵键盘输入设置，用 4 位共阳极的数码管显示模拟时间，用蜂鸣器提醒设置的时间已到。

具体要求如下：

（1）用按键 K0、K1、K2、K3、K4、K5、K6、K7、K8、K9 输入 0000～9999 中的任意一个数值作为设定时间，数值的 1 表示 1 s，比如输入 0060 就表示 60 s，即 1 分钟，输入 0600 就表示 600 s，即 10 min。

（2）数值由四位共阳极的数码管动态显示，实时显示当前的数值（时间）。

（3）K10 键作为开始键，按下后设置的数值以 1 s 的时间间隔减 1 倒数。

（4）K11 键作为取消键，按下后取消前面的输入重新设置。

（5）当设置的数值减到 0 时蜂鸣器报警。

8.5.2 任务分析

根据任务要求，设计的模拟电子闹钟用矩阵键盘实现输入设置，所以可以用矩阵键盘扫描子程序进行按键扫描。用 AT89C51 的 P1.0～P1.3 口连接矩阵键盘的行线，P1.4～P1.7 口连接矩阵键盘的列线。

LED 数码管是 4 位共阳极 LED 数码管，动态地显示模拟的时间，由于 4 位最大只能显示 9 999，所以显示的时间范围是 0～9 999 s。用 AT89C51 的 P0 口连接 LED 数码管的段选线，用 P2.0～P2.3 口连接 LED 数码管位选线。

由于显示的数值每加 1 表示加 1 s，所以加 1 或减 1 时要定时为 1 s，由定时/计数器的中断来实现。可以采用 T1 的工作方式 2（自动重装计数初值），TMOD 为 0x20，采用 12 MHz 晶振，设置定时时间为 250 μs，中断 4 000 次就为 1 s。

键盘一位一位地输入需要设置的时间数值，按下开始键后，定时/计数器开始计数，每过 1 s 数值减 1，直到数值减为 0 时启动蜂鸣器报警。

本任务的功能相对比较复杂，所以控制软件要采用模块化设计，将各个相对独立的小功能模块写入不同的子程序，主程序只要调用子程序即可。

8.5.3 硬件设计

1. 元器件的选择

单片机选用 AT89C51，矩阵键盘由 16 个轻触按键构成，用 1 个 4 位共阳极 LED 数码管来显示时间数值，LED 数码管位选线端加 NPN 型三极管驱动电路，选择一个蜂鸣器作为定时报警器，加上单片机工作的外围电路，所需的元器件清单如表 8.5 所示。

表 8.5　模拟电子闹钟设计元器件清单

元器件名称	参数	数量
单片机	AT89C51	1
晶体振荡器	12 MHz	1
瓷片电容	22 pF	2
电解电容	10 μF	1
电阻	10 kΩ	1
电阻	510 Ω	1
轻触按键		16
4 位数码管	共阳极	1
三极管	BC850B	4
三极管	BC858B	1
有源蜂鸣器		1

2. 硬件电路

根据任务要求和任务分析，设计模拟电子闹钟的硬件电路，如图 8.5 所示。

AT89C51 的 P1.0～P1.3 口连接矩阵键盘的行线，P1.4～P1.7 口连接矩阵键盘的列线，P0.0～P0.7 口分别连接 LED 数码管段选线的 A～DP，P2.0～P2.3 口分别通过 Q1～Q4 正向驱动 LED 数码管的位选线 1～4，P2.7 口通过 Q5 反向驱动蜂鸣器，当 P2.7 口的电平为 0 时，Q5 的 C 极输出高电平，使蜂鸣器发声。这里用 Q5 反向驱动是为了不让蜂鸣器在一开机就发声。

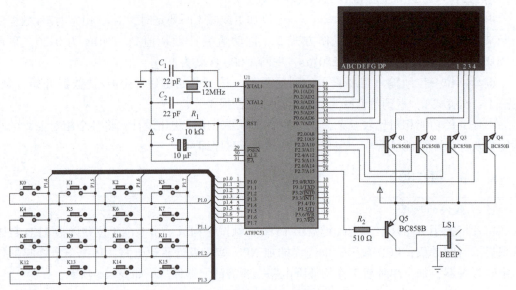

图 8.5　模拟电子闹钟的硬件电路

8.5.4　软件程序设计

源程序编写如下：

```
//宏定义
#include <reg51.h>
#include <intrins.h>
#define uchar unsigned char
#define uint unsigned int
sbit BEEP = P2^7;
//矩阵键盘键值表
uchar  code KeyCodeTable[ ] = {0x11,0x21,0x41,0x81,0x12,0x22,0x42,0x82,0x14,
0x24,0x44,0x84,0x18,0x28,0x48,0x88};
//共阳极数码管段码表
uchar code DisplayTable[ ] = {0xc0,0xf9,0xa4,0xb0,0x99,0x92,0x82,0xf8,0x80,0x90};
//定义全局变量
uchar digbit;        //字位
uchar wordbuf[4];    //字型码缓冲区
uchar count;         //字型码缓冲区计数
int t1count;         //定时器 1 计数

//延时 1 ms 子程序
void DelayMS(uint x)
{uchar i;
```

```
        while(x--) for(i=0; i<120; i++);
}
//矩阵键盘扫描子程序
uchar keyscan()
{ uchar sCode, kCode, i, k;
    P1 = 0xf0;                                  //低4位行线置0
    if((P1&0xf0)!=0xf0)
        { DelayMS (10);
            if((P1&0xf0)!=0xf0)
                { sCode = 0xfe;                 //设置行扫描码初值
                          for (k=0;k<4;k++)     //对4行分别扫描
                    { P1 = sCode;
                        if((P1&0xf0)!=0xF0)
                { kCode =~P1;
                    do{P1 = 0xf0;}              //等待按键弹起
                            while((P1&0xf0)!=0xF0);
                    for (i=0;i<16;i++)  //查表得到按键序号并返回
                          if (kCode==KeyCodeTable[i]) return i;
                                    }
                    else sCode = _crol_(sCode,1);
                }   }   }
        return -1; }
//减1子程序
void plus()
{int i;
    i=wordbuf[0]*1000+wordbuf[1]*100+wordbuf[2]*10+wordbuf[3];
                                //将千百个位合成一整数
    i--;
  if(i<=0)                              //数值减为0时使蜂鸣器响
        BEEP = 0;
    wordbuf[0]=i/1000;          //减1后的数值再分为一位一位地放入数组去显示
    wordbuf[1]=i%1000/100;
    wordbuf[2]=i%100/10;
    wordbuf[3]=i%10;
}
//T1初始化子程序(定时器1,8位自动重装载初值模式2,250次计数)
void init_time1()
    {    TMOD = 0x20;
        TH1 = 0x06;
        TL1 = 0x06;
        EA = 1;
        ET1 = 1;
        TR1 = 1;
```

```
                }

//T1 的定时 1 s 减 1 中断子程序
  timer1( ) interrupt 3
  {    t1count ++;
       if(t1count == 4000)        //进入中断 4000 次为 1s
               {t1count = 0;
    plus( );                       //调用减 1 函数
               }
  }
//LED 数码管实时显示子程序
void display( )
{    uchar i;
     switch (digbit)
     {    case 1:   i = 0; break;
          case 2:   i = 1; break;
          case 4:   i = 2; break;
          case 8:   i = 3; break;
          default:       break;
     }
     P2 = 0x00;                         //关闭显示
     P0 = DisplayTable[wordbuf[i]];      //送字型码
     P2 = digbit;                       //送字位码
   DelayMS (2);
     if (digbit < 0x08)                 //共 4 位
           digbit = digbit * 2;         //左移一位
     else
           digbit = 0x01;
}
//主程序
void main( )
{  int m, j,key;
     count = 0;                  //初始没有输入,计数器设为 0
     for (j = 0;j < 4;j ++)       //刚加电时,初始为 0000
           wordbuf[j] = 0;
     while(count < 5)
     {    key = keyscan( );       //调用键盘扫描函数
        if(key >= 0&&key < 10) m = 1;   //输入 0 ~ 9
        else if(key == 10) m = 2;        //开始倒计时键
        else if(key == 11) m = 3;        //取消键
        else m = 4;                      //其他按键

   switch(m)
```

```
            case 1: if (count < 4)
        { wordbuf[count] = key;        //将按键序号即数字存入数组
          P0 = DisplayTable[key];      //每次输入一个数字时4位都显示该数
          count ++ ;
          break;
    case 2:  count = 5;                //按下开始键就跳出此循环
              break;
              case 3:    count = 0;    //计数清零
                for (j = 0;j < 4;j ++ )
        { wordbuf[j] = 0;              //数码管显示0000
          P0 = DisplayTable[0];
          }
              break;
    default: break;
    }  }
digbit = 0x01;
init_time1();              //打开T1的1 s计时
while(1)
    { display(); }         //调用动态显示
}
```

本程序包含比较多的模块，下面分别加以分析。

（1）主程序：首先将存放需要显示的字型码缓冲区微组 wordbuf［4］中的4个元素清零，count 用来对输入数字的个数进行计数，只能计数到4。将矩阵键盘扫描子程序返回的键号放到 key 中，根据返回值将按键分为4种类型：m＝1 表示输入数字，只要 count＜4，就把输入的键号（正好对应数字）放到数组 wordbuf［4］中，同时把输入的数字显示在 LED 数码管上；m＝2 表示开始倒计时，跳出输入数字的循环；m＝3 表示取消前面的输入，count 清零，wordbuf［4］也全清零；m－4 表示其他按键不作用。将字位 digbit 设为1，开启 T1 计数，不断调用 LED 数码管实时显示子程序。

（2）T1 初始化子程序：T1 工作于方式2，TMOD 为 0x20，250 次计数，机器周期为 1 μs，所以每计一次为 250 μs，初值设为6。开启 TI 中断。

（3）T1 的定时1 s 减1中断子程序：每次 T1 计数值溢出，TF1 为1后进入此中断子程序，t1count 就加1，当 t1count 加到4 000时，250 μs×4 000＝1 s，调用减1子程序。

（4）减1子程序：首先把数组 wordbuf［4］中的各元素按千位、百位、十位、个位合成一个整数，该整数即输入的定时时间，将其减1之后再按千位、百位、十位、个位的顺序放回数组 wordbuf［4］中去实时显示当前时间数值。如果整数减为0，则表明定时的时间到了。BEEP＝0，启动蜂鸣器。

（5）LED 数码管实时显示子程序：按照字位 digbit 的值为1、2、4、8分别对应千位、百位、十位、个位，把数组 wordbuf［4］中存放的千位、百位、十位、个位的数值分别动态地显示在 LED 数码管的相应位，段码送至 P0 口，位码送至 P2 口。

（6）矩阵键盘扫描子程序：此子程序沿用前面介绍过的矩阵键盘扫描子程序，此处不再累述。

（7）延时 1 ms 子程序：当采用 12 MHz 的晶振时，该子程序中的 x 为 1 就表示延时 1 ms。

8.5.5　软硬件联合调试

将编写好的源程序利用 Keil C51 软件编译成 *.hex 文件后下载到 Proteus 软件中的硬件电路原理图中的 AT89C51 上运行，就能实现模拟电子闹钟的功能。由于本任务的程序相对较大，建议大家在调试时分模块进行。根据模块的功能，简单地修改程序，以便能够在运行中直观地检查出本模块是否有问题。我们也可以采用软件仿真调试的方法，将 Keil C51 软件和 Protcus 软件联合在一起调试。

经过调试后，运行电路，利用 K0~K9 任意输入 4 个数字，如"0060"，按下开始键，输入的数字就按 1 s 的时间间隔倒数减 1，显示"0059""0058"…"0000"，蜂鸣器响，说明定时 1 min 到了，实现了模拟电子闹钟的功能。

注意：在综合性的程序设计中，一定要按功能分模块编写程序，这样有利于调试和移植。例如，本程序中的矩阵键盘扫描子程序，只要用 4×4 的矩阵键盘就可以移植它。

参 考 文 献

［1］王旋. 单片机控制技术项目式教程［M］. 北京：电子工业出版社，2020.

［2］叶俊明. 单片机 C 语言程序设计［M］. 西安：西安电子科技大学出版社，2021.

［3］关硕. 单片机原理、应用与 Proteus 仿真［M］. 北京：机械工业出版社，2020.

［4］王静霞. 单片机应用技术（C 语言版）［M］. 2 版. 北京：电子工业出版社，2020.

［5］谭浩强. C 程序设计［M］. 北京：清华大学出版社. 2005.